Machining practice

기계가공실습

김광래 지음

大英社

차 례

제5장 평면 연삭 실습

제6장 용접 실습

제7장 CNC 실습

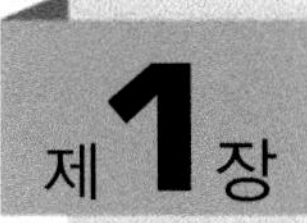

제 1장 측정

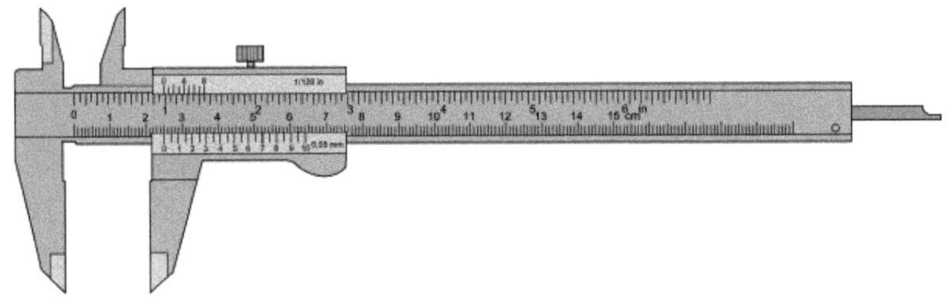

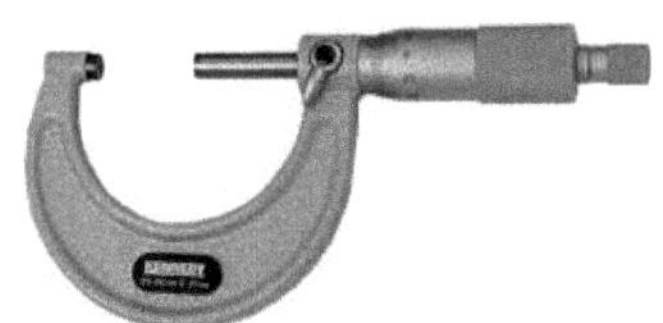

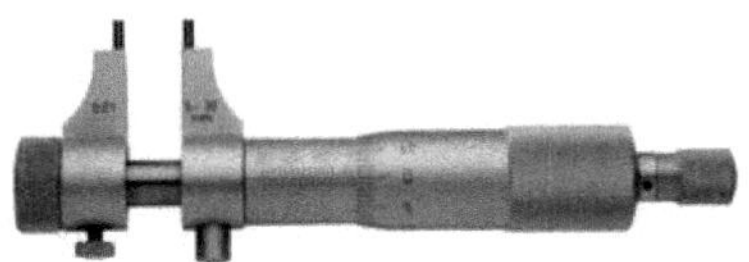

【실습번호 1-1】 길이 및 지름 측정

소요시간 : 3시간

【실습 목적】

1. 기계가공 실습에서 사용되는 측정기의 종류, 기능 및 구조를 이해하고 측정원리를 이해한다.
2. 가공된 공작물의 길이와 원통 형상의 외경 및 내경을 측정할 수 있는 측정기술을 익힌다.

【도 면】

도번 : 측정 1-1 (P.8)

【재 료】

측정용 공작물, 면포, 알코올, 방청유 등

【기계 및 공구】

■ 정밀 측정기

① 버니어 캘리퍼스(150mm)
② 외측 마이크로미터(0~25mm, 25~50mm, 50~75mm)
③ 내측 마이크로미터(5~25mm)
④ 깊이 마이크로미터(0~25mm)

■ 측정 보조기구

① 마이크로미터 스탠드
② 석정반

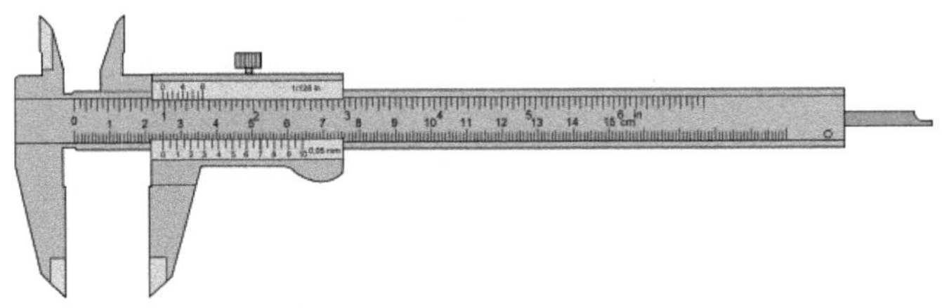

① 버니어 캘리퍼스(150mm, 6inch)

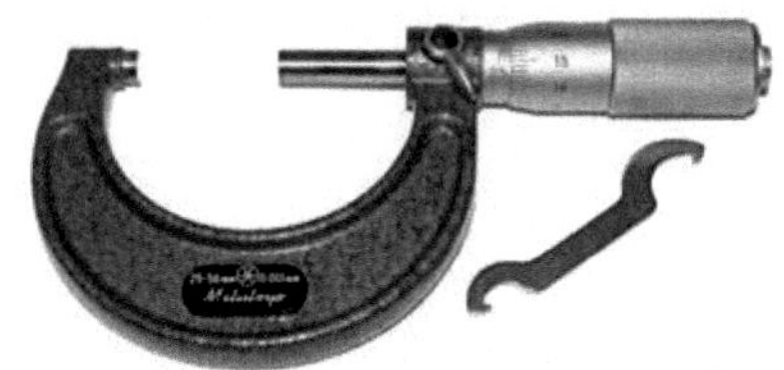

② 외측 마이크로미터(25~50mm)

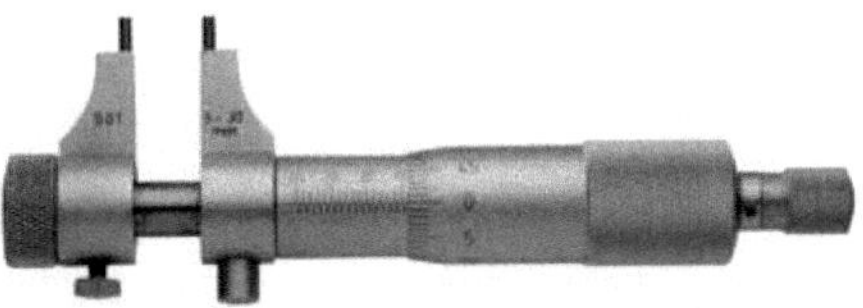

③ 내측 마이크로미터(5~30mm)

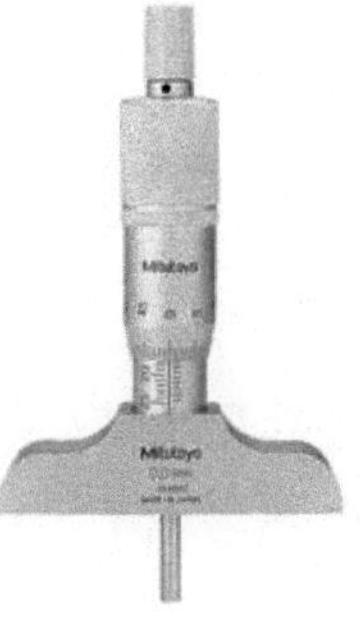

④ 깊이 마이크로미터(0~25mm)

그림 1-1 버니어 캘리퍼스와 마이크로미터의 종류

【실습 순서 Ⅰ】

1. 버니어 캘리퍼스(vernier calipers)에 의한 측정

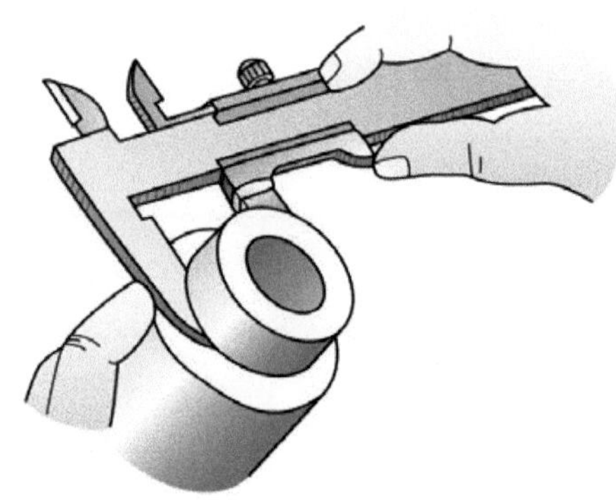

(1) 공작물의 부품도면을 검토한 후, 측정 순서를 결정한다.

(2) 버니어 캘리퍼스의 어미자와 아들자의 눈금의 0점이 일치하는지를 점검 한다.

(3) 공작물의 가공상태를 점검하고, 측정 부위를 정확히 측정한 후, 그 결과를 도면의 1차 기록란에 기록한다.

(4) 같은 방법으로 측정을 되풀이 하면서 2차 및 3차 측정값을 기록란에 기록한다.

(5) 평균값을 구하여 기록한다.

2. 검사와 오차 정리

(1) 평균값과 최소값 및 최대값을 비교한다.

(2) 공작물의 가공 정도 및 측정 기술의 검토 등 측정 오차의 발생 원인을 조사한다.

(3) 사용한 버니어 캘리퍼스와 공작물을 정리, 정돈한다.

【실습 순서 Ⅱ】

1. 마이크로미터(micrometer)에 의한 측정

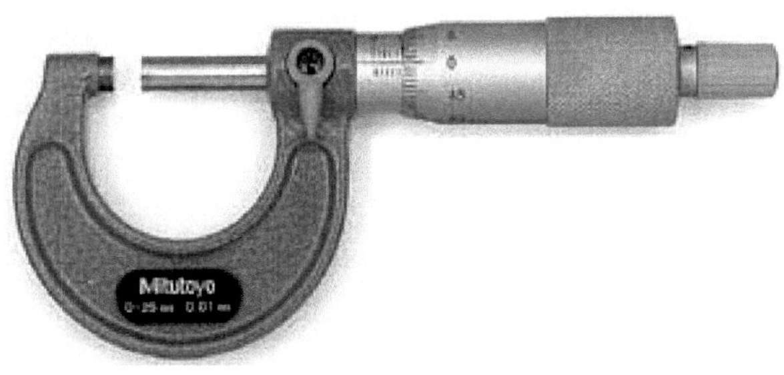

■ 측정 준비

(1) 외측 마이크로미터의 앤빌과 스핀들 측정면을 깨끗이 닦은 다음 측정 범위가 0~25mm인 것은 딤블(thimble)을 돌려 양 측정면을 가볍게 접촉시킨 후, 딤블의 0점이 슬리브의 기준선과 일치하는지를 확인한다.

(2) 측정범위 25mm 이상의 것들은 양 측정면 사이에 기준봉을 넣고 서로 가볍게 접촉시킨 후, 딤블의 0점이 슬리브의 기준선과 일치하는지를 확인한다.

(3) 내측 마이크로미터의 0점 조정은 측정하려고 하는 부위의 치수에 가까운 링 게이지나 외측 마이크로미터 또는 조합된 블록게이지를 사용한다.

(4) 깊이 마이크로미터를 정반이나 연삭된 평면과 같이 평편한 곳에 마이크로미터의 플랫 베이스(flat base, 주면)를 대고 래칫을 돌려 0점이 잘 조절되었는지를 확인한다.

(5) 공작물의 거스러미를 제거하고 깨끗이 닦는다.

(6) 순서에 따라 측정부위를 측정하여 1, 2차 및 3차 측정값을 기록하고 평균값을 구한다.

■ 외측 마이크로미터에 의한 측정

(1) 오른손으로 래칫 스톱을 가볍게 돌려 스핀들의 측정면이 공작물에 완전히 닿게 한다. 마이크로미터의 측정면이 완전히 닿으면 따르락하는 소리가 2~3회 나도록 돌려 측정력을 가한다. 또한 측정 접촉점은 피측정물(공작물)의 중심점을 지나는 선상에 있어야 한다.

(2) 마이크로미터의 눈금을 읽을 때에는 될 수 있는 한 공작물에 마이크로미터가 접촉된 상태에서 직접 읽는다. (그림 1-2)

(3) 측정자세의 불안정 등으로 시차가 발생할 우려가 있어 마이크로미터를 공작물에서 떼어 낼 때에는 클램프를 죈 다음, 가볍게 떼어 낸 후 눈금을 읽는다. (그림 1-3)

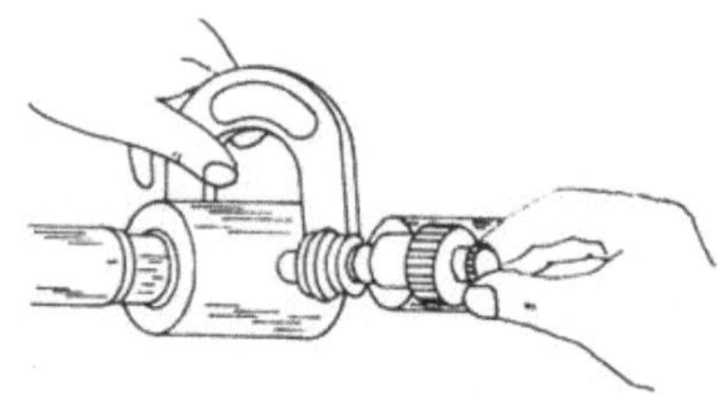

그림 1-2 공작물을 측정하는 방법

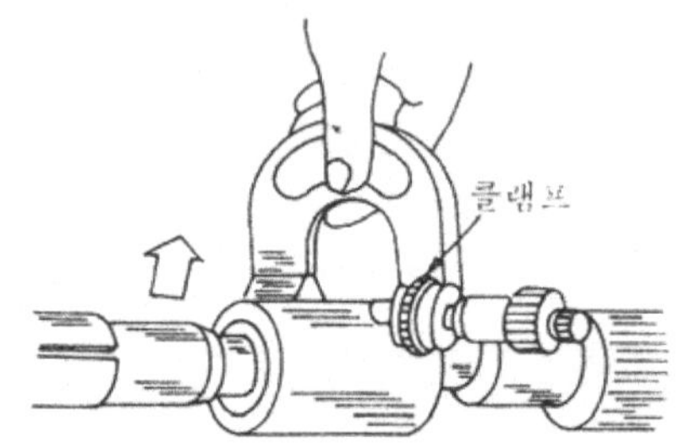

그림 1-3 공작물에서 분리하는 방법

2. 검사와 오차 정리

(1) 평균값을 비교하여 기록한다.

(2) 오차의 발생 원인을 조사한다.

(3) 사용한 마이크로미터와 공작물을 정리, 정돈한다.

【안전 및 유의사항】

1. 버니어 캘리퍼스의 두 측정 면을 서로 접촉 시켰을 때, 아들자와 어미자의 눈금 0점이 일치하고 양 측정 면에 틈이 없어야 한다.

2. 마이크로미터의 래칫(rachet)을 돌릴 때에는 일정한 속도로 가볍게 돌린다.

3. 측정기는 사용 후 항상 깨끗이 닦아야 하며, 측정실(20℃)에 보관하여야 한다.

【평 가】

	평 가 항 목	만점	양호	보통	득점	비고
평가기준	1. 버니어 캘리퍼스 측정시 어떠한 순서로 눈금을 읽는가?	20	16	12		
	2. 마이크로미터 측정시 어떠한 순서로 눈금을 읽어야 하는가?	20	16	12		
	3. 마이크로미터의 0점 조정은 어떻게 해야 하는가?	20	16	12		
	4. 버니어 캘리퍼스와 마이크로미터의 원리를 비교 설명할 수 있는가?	20	16	12		
	5. 마이크로미터의 래칫 원리와 그 역할을 설명할 수 있는가?	20	16	12		
	총 계					

【도 면】

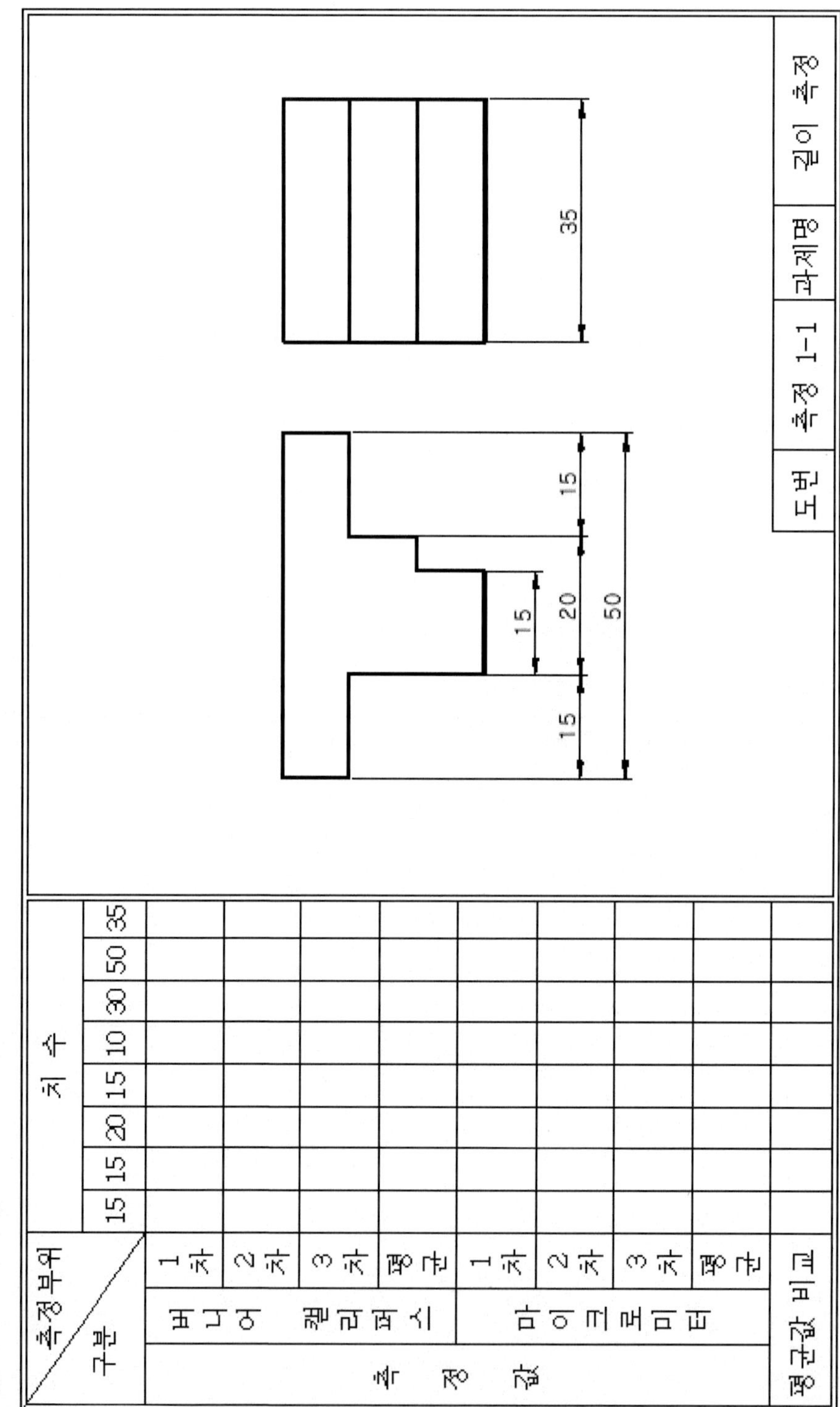

구분 \ 측정부위		치수							
		15	15	20	15	10	30	50	35
측정값	버니어 캘리퍼스 1차								
	2차								
	3차								
	평균								
	마이크로미터 1차								
	2차								
	3차								
	평균								
평균값 비교									

【관계 지식 I : 버니어 캘리퍼스】

1-1-1 측정과 검사

• 자동차나 산업용 기계 등 각종 기계의 부품들은 가공이 완성되면 지시된 모양과 치수가 정확하게 일치하는지를 측정하고 검사해야 한다.

• 측정은 부품의 각 부분에 대한 정확한 치수를 수치와 단위로 표시하는 것을 말한다. 그리고 검사는 도면에서 요구된 치수로 가공되었는지를 판정하는 일을 말한다.

• 대부분의 기계 부품은 높은 정밀도가 요구되지만, 모든 부품이 정밀도를 필요로 하는 것은 아니다. 따라서 도면에서 제시한 치수의 정밀도와 측정목적에 적합한 측정기를 선택하여 사용해야 한다.

1-1-2 길이의 측정

(1) 측정방법의 종류

① 직접 측정(direct measurement)방법

길이의 측정을 위해서 자(scale), 측장기(measuring machine), 버니어 캘리퍼스(vernier calipers), 마이크로미터(micrometer) 등을 사용하여, 공작물의 치수를 직접 측정하는 방식이다.

② 간접 측정(indirect measurement)방법

블록게이지나 원통게이지 등과 같은 기준게이지와 공작물을 비교하여 그 차이를 기준게이지의 치수에 가감하여 공작물의 치수를 구하는 비교측정하는 방식이다. 또한, 일정한 각도 등을 구하여 수학적, 공학적 계산에 의하여 공작물의 치수를 산정하는 방식도 있다.

(2) 한계 게이지

대량 생산을 하는 경우에서는 치수가 허용되는 범위 안에서 공작물이

가공되었는지를 검사하는 한계 게이지(limit gauge)가 있으며, 이는 통과 게이지(go gauge)와 정지 게이지(not go gauge) 로 구분된다.

(3) 측정환경

일반적으로 공작물과 측정기는 금속으로 만들어져 있으므로, 온도의 변화에 따라 팽창과 수축이 일어난다. 따라서 공작물의 가공 치수가 정밀하게 요구될 때에는 정밀 측정실(20℃유지)에서 측정하도록 한다.

1-1-3 버니어 캘리퍼스의 구조와 사용방법

그림 1-4는 일반적으로 많이 사용되는 버니어 캘리퍼스의 구조를 나타낸 것이다. 버니어 캘리퍼스는 기본적으로 2개의 눈금으로 표시된 자로 구성되어 있다. 그 하나는 어미자(main scale)이며 프레임의 한 쪽 끝에 눈금이 표시되어 있다. 다른 하나는 프레임을 따라 움직일 수 있는 아들자(vernier)이며 슬라이드에 눈금이 표시되어 있다.

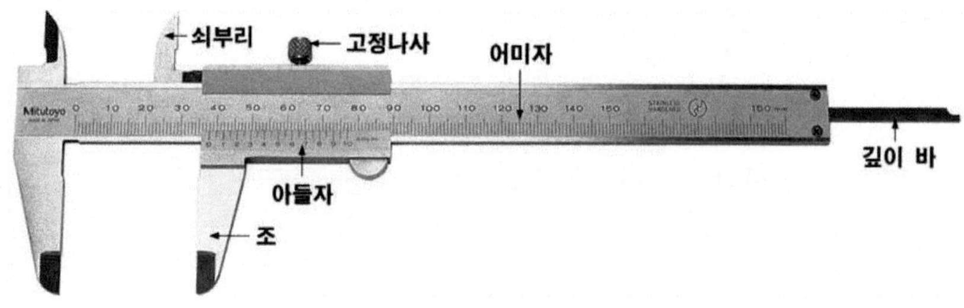

그림 1-4 버니어 캘리퍼스의 구조, M_1형(호칭 150mm)

이와 같이 버니어 캘리퍼스는 어미자와 아들자가 하나의 몸체로 조립되어 있다. 버니어 캘리퍼스의 측정 기능은 측정물의 안지름, 바깥지름 및 깊이 등을 측정할 수 있으므로 일반적으로 사용하기에 매우 편리한 측정기이다. 보통, 버니어 캘리퍼스는 조작방법에 따라 가장 많이 사용되는 M_1형을 비롯하여 M_2형, CB형, CM형, 다이얼형, 디지메틱형 등 여러 종류가 있다. 호칭 치수는 미터식인 경우 일반적으로 150mm, 200mm, 300mm, 600mm, 1000mm의 크기로 구분한다.

(1) 버니어 캘리퍼스의 눈금

그림 1-5에서 알 수 있듯이 버니어 캘리퍼스의 어미자(main scale) 하단에 표시된 어미자 눈금 39mm의 크기는 아들자 20눈금의 크기와 같다. 이를 이용하여 어미자 한 눈금(1mm) 이하의 길이(소수점으로 읽는 치수)를 아들자에게서 읽을 수 있다. 버니어 캘리퍼스 아들자의 한 눈금 크기는 어미자 39mm를 20등분 하였으므로 1.95mm 이다.

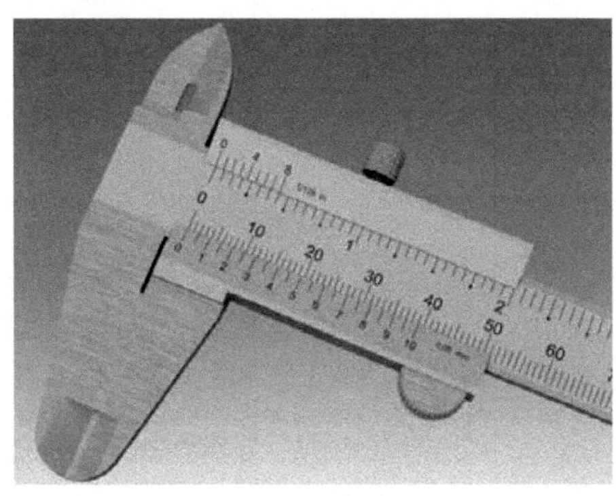

그림 1-5 버니어 캘리퍼스의 제로 세팅(밀리미터 및 인치 겸용)

(가) 버니어 캘리퍼스에서 아들자의 측정 범위(1/20mm)

그림 1-6(a),(b)에서 아들자의 1번째 눈금은 어미자의 2번째 눈금(화살표 표시)과 일치되어 있다. 그러므로 어미자 두 눈금(2mm)과 아들자 한 눈금(1.95mm)의 차이는 0.05mm가 되기 때문에 1/20mm까지 측정할 수 있다. 만일, 아들자의 2번째 눈금과 어미자의 4번째 눈금이 일치한다면 그 차이의 크기는 (0.05×2눈금) = 0.1mm가 된다.

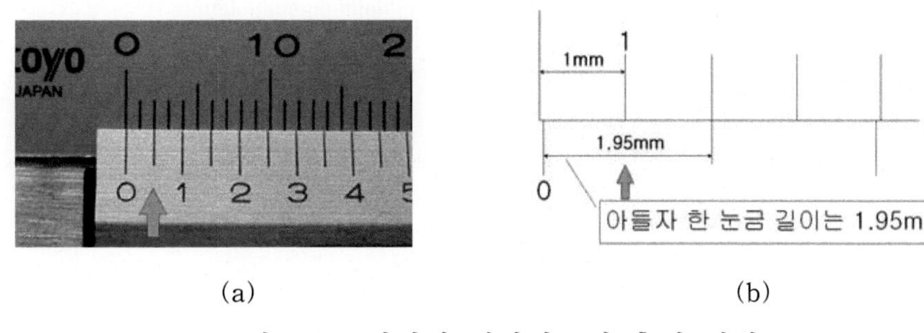

(a) (b)

그림 1-6 버니어 캘리퍼스의 측정 범위

(나) 버니어 캘리퍼스의 측정

그림 1-7(a),(b)는 실제 공작물을 측정한 버니어 캘리퍼스를 확대한 것으로 사진의 아들자에 표시된 동그란 점이 어미자의 눈금과 일치한다. 따라서 눈금들이 서로 일치하는 동그란 점까지의 눈금을 읽어보자.

그림 1-7(a)에서는 어미자(16) + 아들자(0.05×12눈금) = 16.6mm가 된다.

그림 1-7(b)에서는 어미자(3) + 아들자(0.05×8눈금) = 3.4mm가 된다.

즉, 어미자와 아들자의 눈금이 일치하는 부분에서 아들자의 눈금값(숫자)을 읽어주면 소수점 이하의 크기를 갖는 공작물의 치수가 측정된다.

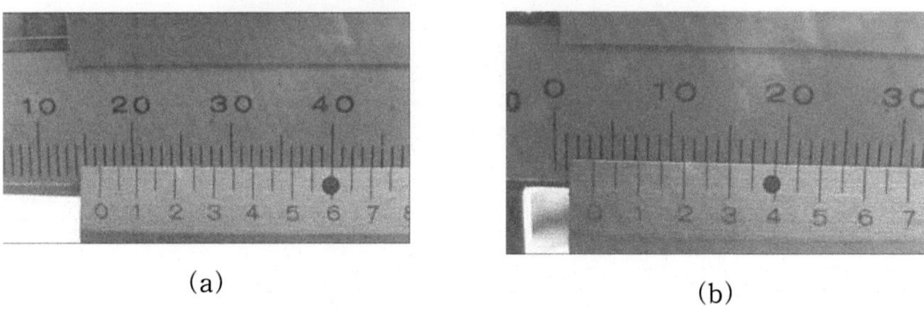

(a) (b)

그림 1-7 버니어 캘리퍼스의 눈금 일치

그림 1-8에서 공작물의 치수를 버니어 캐리퍼스로 측정한 결과값은 어미자(23) + 아들자(0.05×12눈금) = 23.6mm가 된다.

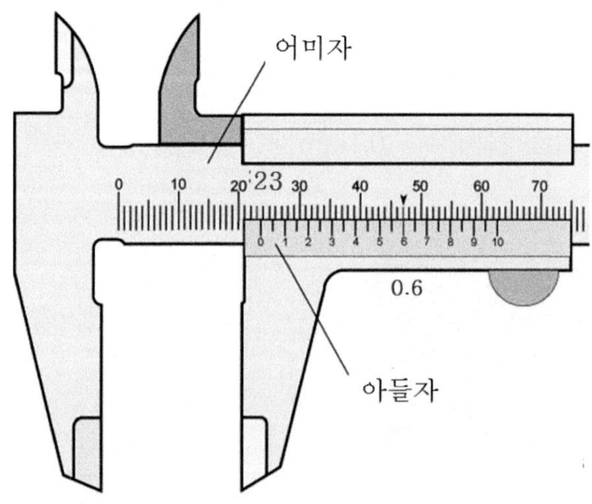

그림 1-8 버니어 캘리퍼스의 측정값

(2) 버니어 캘리퍼스 사용방법

(가) 0점을 점검하는 방법

① 슬라이더에 있는 고정나사의 풀림을 확인한다.

② 버니어 캘리퍼스의 측정면을 깨끗이 닦고 흠이 있는지를 확인한다.

③ 측정면들을 밀착시킨 후 빛을 비추고, 빛이 새어 나오는 틈새가 있는지 확인한다.

④ 측정면들을 밀착시킨 상태에서 어미자와 아들자의 0점이 일치하는지를 조사한다.

(나) 사용할 때 주의 사항

① 측정에서 생기는 오차는 과실오차, 우연오차 등이 있으므로 측정 정도를 향상시키기 위해서는 오차의 원인을 분석하여야 한다.

② 버니어 캘리퍼스에 의한 측정값의 정밀도는 측정하는 사람의 측정능력과 습관에 따라 달라질 수 있다. 이것을 개인 오차(personal errors)라 한다. 측정에 숙달하기 위해서는 개인이 측정한 측정값과 표준 게이지(블록게이지 또는 한계 게이지 등)로 측정한 값을 서로 비교해 봄으로써 측정에 있어서의 개인오차를 줄일 수 있다.

③ 원통의 지름이나 사각 막대의 두께를 측정할 때에는 그림 1-9(a)와 같이 버니어 캘리퍼스 양 측정면의 중앙 부위나 안쪽 부위에 대고 측정한다. 그림 1-9(b)와 같이 버니어 캘리퍼스 측정면의 앞끝 부분으로 측정하지 않도록 한다.

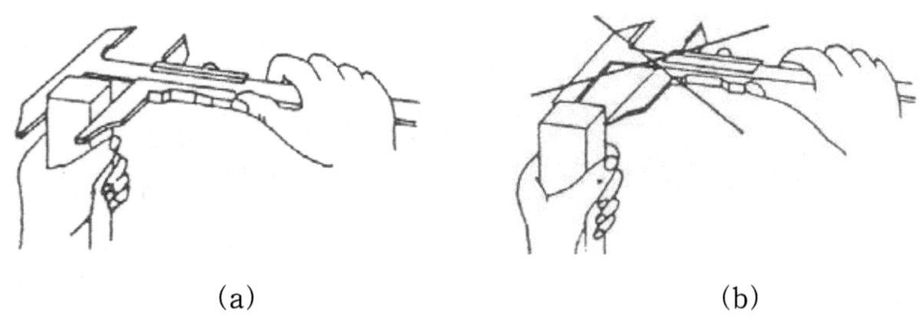

(a) (b)

그림 1-9 사각 막대의 측정방법

④ 그림 1-10과 같이, 원통형 공작물의 바깥지름을 측정할 때에는 버니어 캘리퍼스의 양 측정면을 공작물의 측정할 부분에 직각으로 가볍게 대고 측정한다. 안지름을 측정할 때에는 측정면이 원의 중심선을 지나는 평면 위에 일치시키고 측정한다.

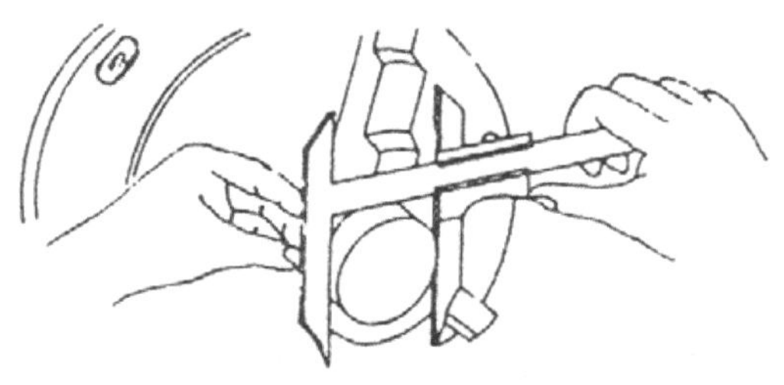

그림 1-10 공작물의 바깥지름 측정

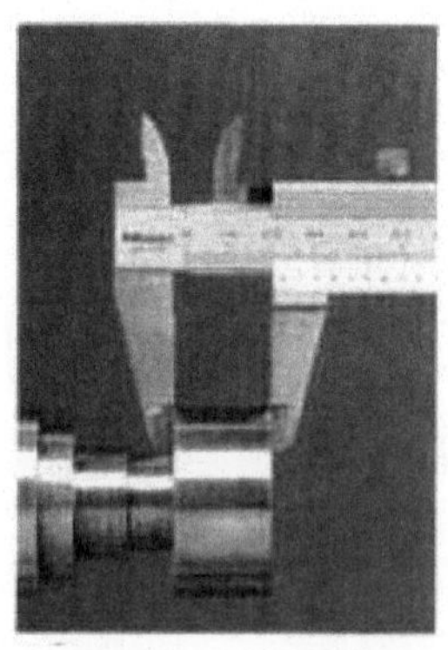

(a) outside measurement

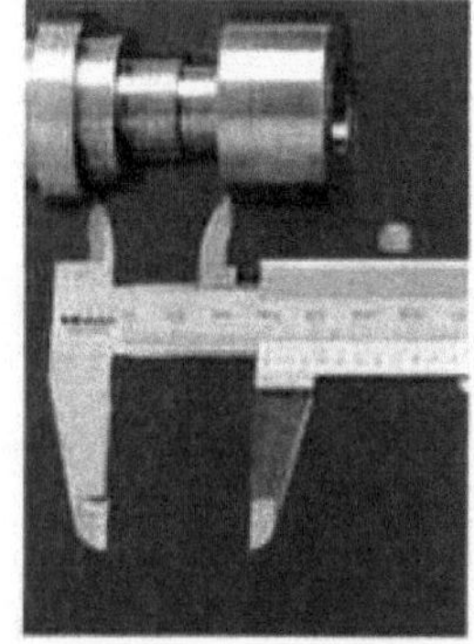

(b) inside measurement

(c) depth measurement

그림 1-11 버니어 캘리퍼스에 의한 측정

【관계 지식 Ⅱ : 마이크로미터】

1-1-4 외측 마이크로미터의 구조와 사용방법

마이크로미터는 직접 측정용 기기로서 많은 공업 분야에서 정밀한 측정기로 널리 사용되고 있는데 버니어 캘리퍼스보다 정밀도가 높다. 보통 0.01mm와 0.001mm까지 측정할 수 있는 두 가지가 많이 사용되고 있다.

마이크로미터는 스핀들에 정밀하게 가공된 나사의 피치(pitch)와 회전각을 이용하여 길이를 재는 측정기로서 외측 마이크로미터는 측정물의 길이, 바깥지름의 치수를 측정한다.

마이크로미터의 크기는 측정할 수 있는 최대 범위로 표시하며, 측정범위를 0~25mm, 25~50mm, 50~75mm 등과 같이 25mm씩의 차이를 둔 여러 단계의 것이 있다. 그림 1-12는 외측 마이크로미터의 구조를 나타낸 것이다.

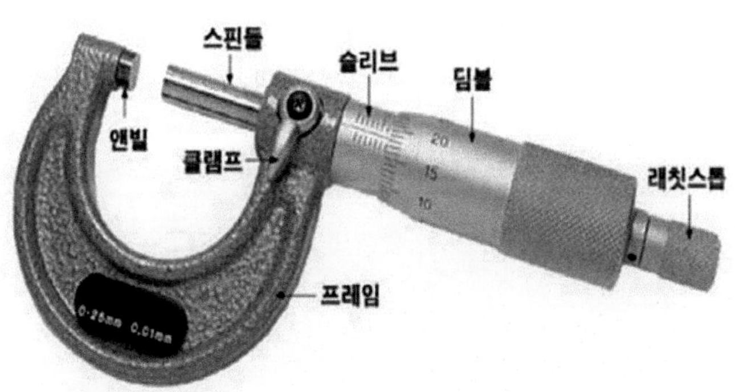

그림 1-12 외측 마이크로미터의 구조

▣ 마이크로미터의 구조와 원리

① 마이크로미터의 원리는 나사를 이용한 것으로서 스핀들에 가공된 수나사가 암사나 속에서 1회전 할 때 스핀들 축의 진행거리는 나사의 1피치만큼 이동한다.

② 앤빌(anvil)은 프레임(frame)에 고정되어 있으며, 스핀들(spindle)의 1 피치는 0.5mm의 정밀나사로 딤블(thimble)에 고정되어 있다.

③ 딤블은 원둘레를 50등분하여 최소 0.01mm로 읽도록 제작되었다.

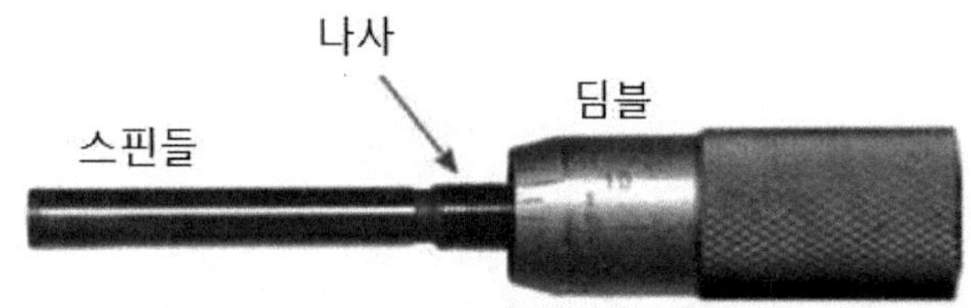

그림 1-13 외측 마이크로미터의 스핀들과 딤블

(1) 외측 마이크로미터의 눈금

딤블을 한바퀴 돌리면 마이크로미터 나사의 피치만큼 스핀들이 축 방향으로 움직이게 되는데, 그 이동량은 나사의 회전각에 비례한다.

마이크로미터는 그림 1-14와 같이 스핀들의 나사피치를 0.5mm로 만들고 딤블의 원주를 50등분하여 눈금을 만들었다. 그러므로 딤블의 1눈금이 회전하면 스핀들(Spindle)이 전진하는데 이 길이를 L이라 하면

$$L = 0.5\text{mm} \times 1/50 = 0.5/50 = 1/100\text{mm}$$

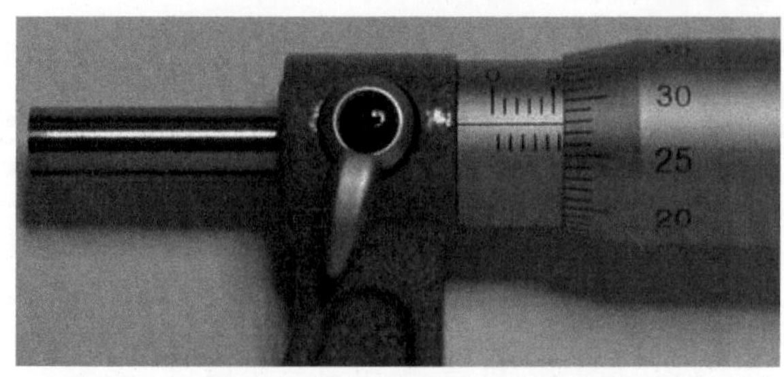

그림 1-14 외측 마이크로미터의 눈금

즉, 최소 눈금이 0.01mm까지 측정할 수 있도록 만들어졌다. 이와 같이, 마이크로미터는 나사의 회전에 따라 미소한 스핀들 축 방향의 이동량을 큰 각도로 확대하여 측정물을 스핀들과 앤빌 사이에 두고 정확하게 길이를 측정할 수 있다.

(가) 마이크로미터에서 딤블의 측정 범위

스핀들 나사의 피치를 0.5mm로 하고 딤블의 둘레를 50등분 했을 때, 스핀들을 1회전 시키면 스핀들은 축 방향으로 0.5mm만큼 이동한다. 마이크로미터의 스핀들과 딤블은 일체이므로, 딤블이 한 눈금(1/50) 회전하면 스핀들은 0.5×(1/50) = 1/100 = 0.01mm 움직인다. 즉, 딤블의 한 눈금을 움직이면 스핀들은 0.01mm만큼 축 방향으로 움직인다.

(나) 마이크로미터의 측정

① 1/100mm눈금 읽는 방법

그림 1-15(a)에서 슬리브의 기준선과 일치된 딤블의 눈금은 36을 가리키고 있으므로 36/100mm, 즉, 0.36mm이고 슬리브의 눈금을 읽으면 12mm까지이므로 12mm + 0.36mm = 12.36mm가 된다. 그림 1-15(b)에서는 12.5mm + 0.36mm = 12.86mm가 된다.

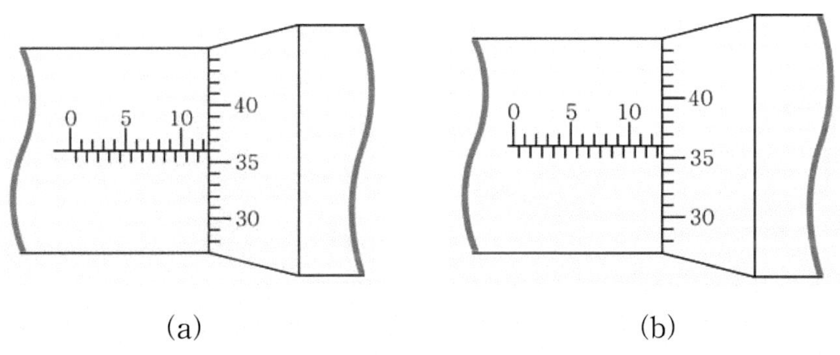

그림 1-15 마이크로미터의 눈금 읽기(1/100mm)

② 1/1000mm눈금을 읽는 방법

스핀들 나사의 피치와 딤블의 등분은 1/100mm 마이크로미터와 같으나 딤블 9눈금을 10등분 하여 슬리브에 길이 방향으로 새겨서 아들자(버니어)로 하였다. 그림 1-16에서는 ①10mm + ②0.31mm + ③0.007mm = 10.317mm가 된다.

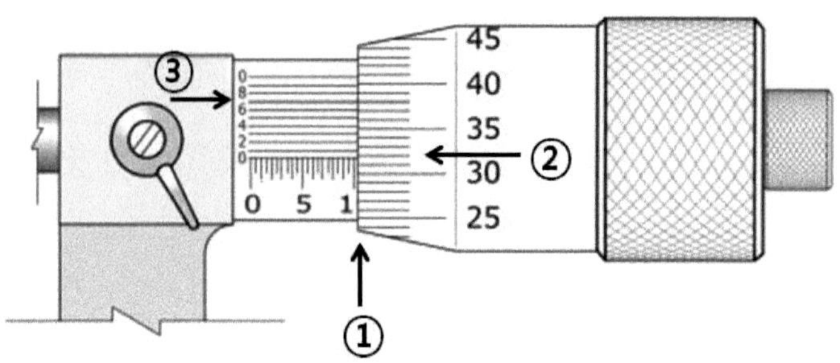

그림 1-16 마이크로미터의 눈금 읽기(1/1000mm)

1-1-5 내측 마이크로미터

안지름이나 평면에 가공된 홈의 폭을 측정하는데 사용하는 내측 마이크로미터는 그림 1-17과 같이 측정범위가 내경 5~30mm, 25~50mm 등이 있다. 내경 75mm 이상의 측정물을 측정할 때에는 연장봉(extension rod)을 사용하여 내경 150mm정도의 범위까지 측정할 수 있다.

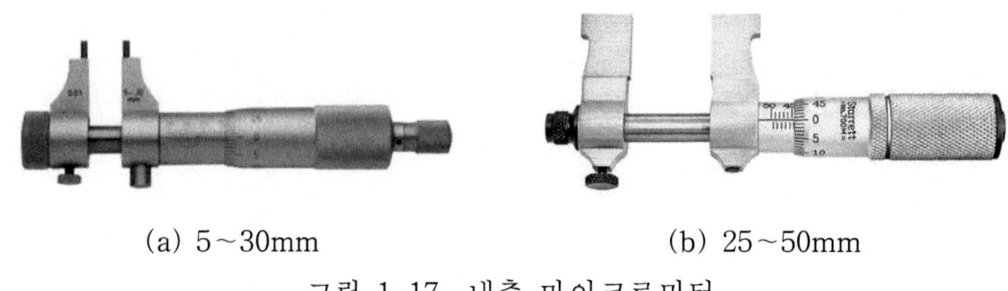

(a) 5~30mm (b) 25~50mm

그림 1-17 내측 마이크로미터

1-1-6 깊이 마이크로미터

공작물의 깊이(높이)를 측정하는 데 사용하는 깊이 마이크로미터는 그림 1-18과 같이 보통 마이크로미터의 머리 부분에 측정 기준면을 붙인 것으로, 측정 원리는 외측 마이크로미터와 같다. 측정 기준면의 길이는 50~150mm정도의 것이 있으며 깊이가 변할 때에는 연장봉의 길이를 바꾸어 주면 225mm까지 측정이 가능하다.

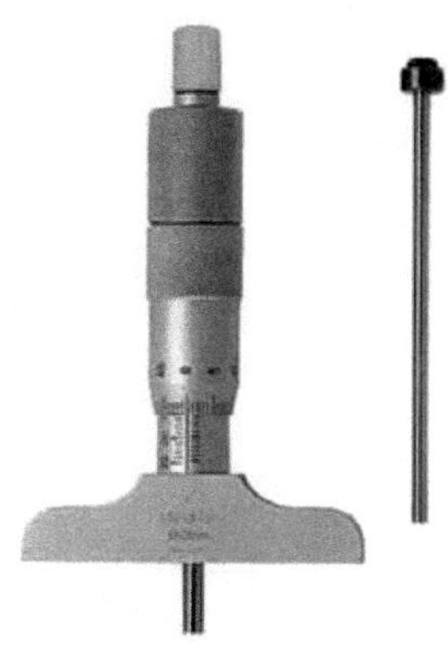

그림 1-18 깊이 마이크로미터와 연장봉

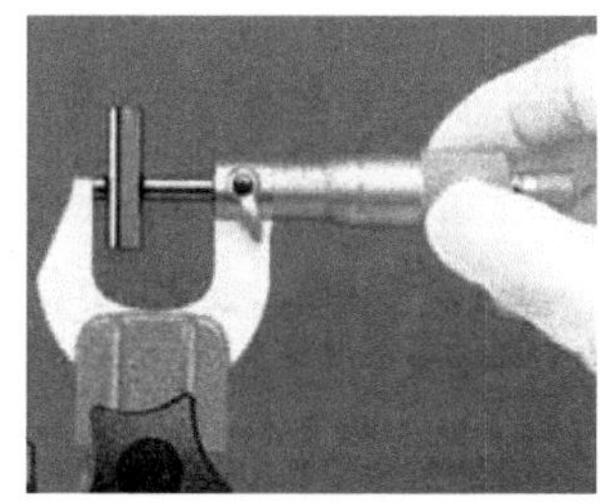

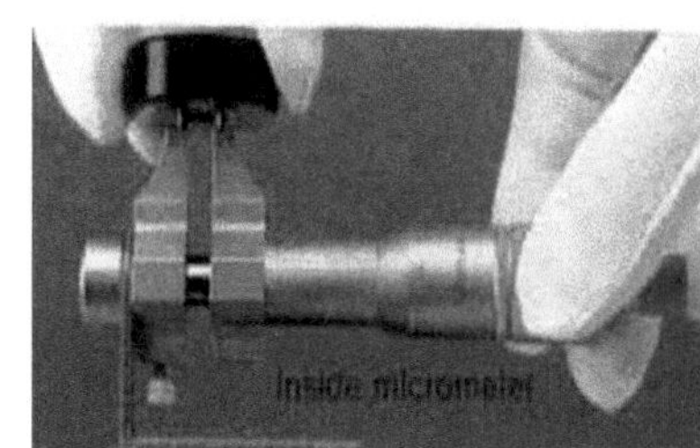

(a) outside (b) inside (c) depth

그림 1-19 마이크로미터 종류에 의한 측정

1-1-7 마이크로미터의 0점 조정

마이크로미터는 사용하기 전에 반드시 0점에 맞는지를 확인하고 맞지 않을 때에는 다음과 같이 0점을 조정한다.

■ 마이크로미터의 0점 조정

① 앤빌과 스핀들의 측정면을 깨끗이 닦아낸 후, 일정한 측정력을 준다.

② 딤블의 0점과 슬리브의 기준선이 일치하는지를 확인한다.

③ 만일, 0점과 기준선이 일치하지 않으면 클램프로 스핀들을 고정한다.

④ 스패너로 슬리브를 돌려 딤블의 0점과 슬리브 기준선이 정확히 일치하도록 조정한다.

【실습번호 1-2】 비교 측정

소요시간 : 3시간

【실습 목적】

1. 높이 게이지(height gauge), 다이얼 게이지(dial gauge) 및 인디케이터(indicator)의 종류와 기능을 이해하고, 그 사용 방법을 익힌다.
2. 직접 측정(direct measurement)방법과 블록게이지(block gauge)를 이용한 비교 측정(comparative measurement)방법을 이해하여 공작물의 높이를 측정할 수 있는 기능을 익힌다.

【도 면】

도번 : 측정 1-2 (P.25)

【재 료】

측정용 공작물, 면포, 알코올, 방청유 등

【기계 및 공구】

높이 게이지, 다이얼 게이지, 인디케이터, 블록게이지, 정밀정반 등

【작업 순서】

1. 높이 게이지(height gauge)에 의한 측정

(1) 측정을 위해 준비된 공작물과 도면을 비교, 검토하여 측정 순서를 정한다.

(2) 정반의 표면과 높이 게이지의 밑면을 깨끗이 닦고 높이 게이지를 정반 위에 올려놓는다.

(3) 높이 게이지에 스크라이버(scriber)를 끼워 고정한다.

(4) 스크라이버의 밑면을 정반의 측정면에 대고 높이 게이지의 0점을 맞추어 고정한다.

(5) 측정 공작물의 한 면을 기준면으로 정한 후, 정반 위에 올려놓고 그림 1-20과 같이 측정면에 스크라이버의 밑면을 가볍게 접촉시킨다.

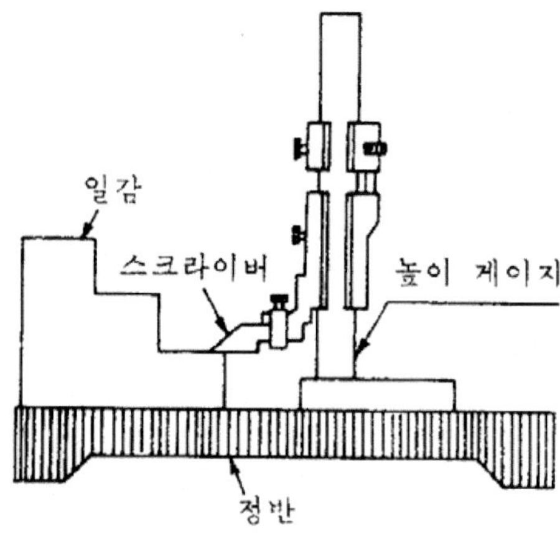

그림 1-20 높이 게이지에 의한 공작물의 높이 측정

(6) 높이 게이지의 지시 눈금을 읽고 그 값을 기록한다.

(7) 위와 같은 방법으로 모든 측정 부위를 측정 순서에 따라 측정하고, 그 값을 1차 기록란에 기록한다.

(8) 측정 공작물의 다른 면을 기준면으로 하여 같은 방법으로 측정한 후, 그 결과를 2차 기록란에 기록한다.

(9) 같은 방법으로 측정을 2, 3차 되풀이 하여 그 결과를 기록한다.

(10) 평균값을 구하여 기록한다.

2. 검사와 오차 정리

(1) 평균값을 비교하여 기록한다.

(2) 오차의 발생 원인을 조사한다.

(3) 사용한 측정기와 공작물을 정리, 정돈한다.

【실습 순서】

1. 비교 측정

(1) 그림 1-21과 같이 다이얼 게이지나 인디케이터를 마그네트 스탠드에 고정한다. 비교 측정을 위해서 블록게이지를 몇 개 조합하여 30mm의 높이로 맞추고 정반에 밀착시켜 놓는다.

(a) 다이얼 게이지

(b) 인디케이터

그림 1-21 마그네트 스탠드의 이용

(2) 다이얼 게이지(인디케이터)의 측정자(촉침)를 블록게이지에 접촉시킨 후, 눈금바늘(장침)을 0점에 맞춘다.

(3) 그림 1-22와 같이 다이얼 게이지(인디케이터)로 블록게이지의 높이와 공작물 높이와의 차를 읽어 블록게이지의 치수에서 가감하여 측정한다.

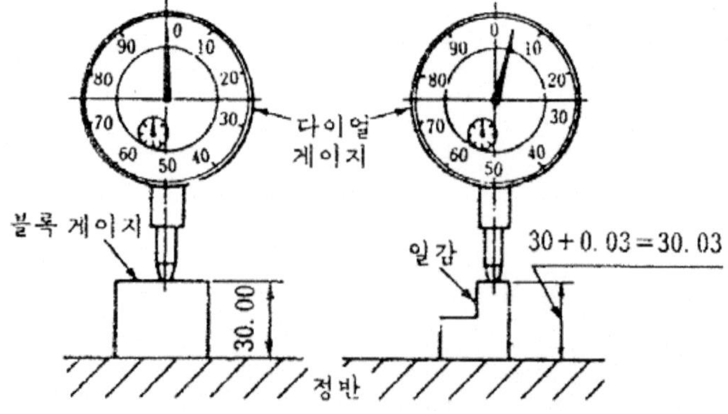

그림 1-22 다이얼 게이지에 의한 비교 측정

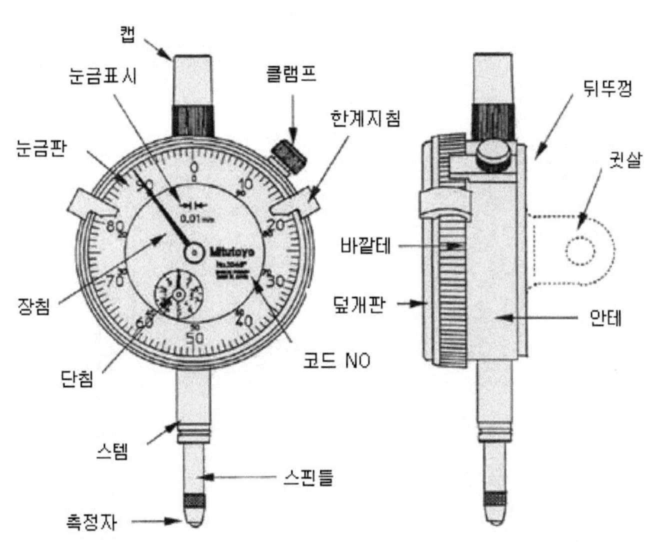

그림 1-23 다이얼 게이지의 구조

2. 검사와 정리

(1) 평균값을 비교하여 기록한다.

(2) 오차의 발생 원인을 확인, 검사한다.

(3) 사용한 측정기의 공작물을 잘 닦은 후 정리, 정돈한다.

【안전 및 유의 사항】

1. 비교 측정에 사용하는 정밀 정반의 표면은 깨끗이 닦은 후에 사용하며, 측정기나 공구를 함부로 올려놓지 않는다.

2. 정밀 정반은 사용 후 덮개를 덮어 충돌로 인한 흠이나 돌기 등이 생기지 않도록 유의한다.

3. 블록게이지는 사용전이나 후에도 잘 닦아 놓는다. 특히 블록게이지의 표면에 상처가 나지 않도록 주의해야 한다. 블록게이지의 표면에 돌기가 생기면 밀착이 잘 되지 않으므로, 떨어뜨리거나 충격을 주지 않도록 한다.

4. 다이얼 게이지(인디케이터)는 측정 범위 내에서 사용해야 하며, 측정자를 무리하게 움직이지 않도록 한다.

5. 높이게이지의 스크라이버 끝이 상하지 않도록 주의해야 하며, 스크라이버를 필요 이상으로 길게 내밀지 않도록 한다.

【평 가】

	평 가 항 목	만점	양호	보통	득점	비고
평가기준	1. 비교 측정과 직접 측정의 차이점을 설명하라.	20	16	12		
	2. 테스트 인디케이터의 측정자 위치에 따르는 측정 오차에 대하여 설명할 수 있는가?	20	16	12		
	3. 높이게이지를 사용하여 측정할 수 있는가?	20	16	12		
	4. 비교 측정할 수 있는가?	20	16	12		
	5. 블록게이지를 원하는 치수로 조합할 수 있는가?	20	16	12		
	총 계					

【도 면】

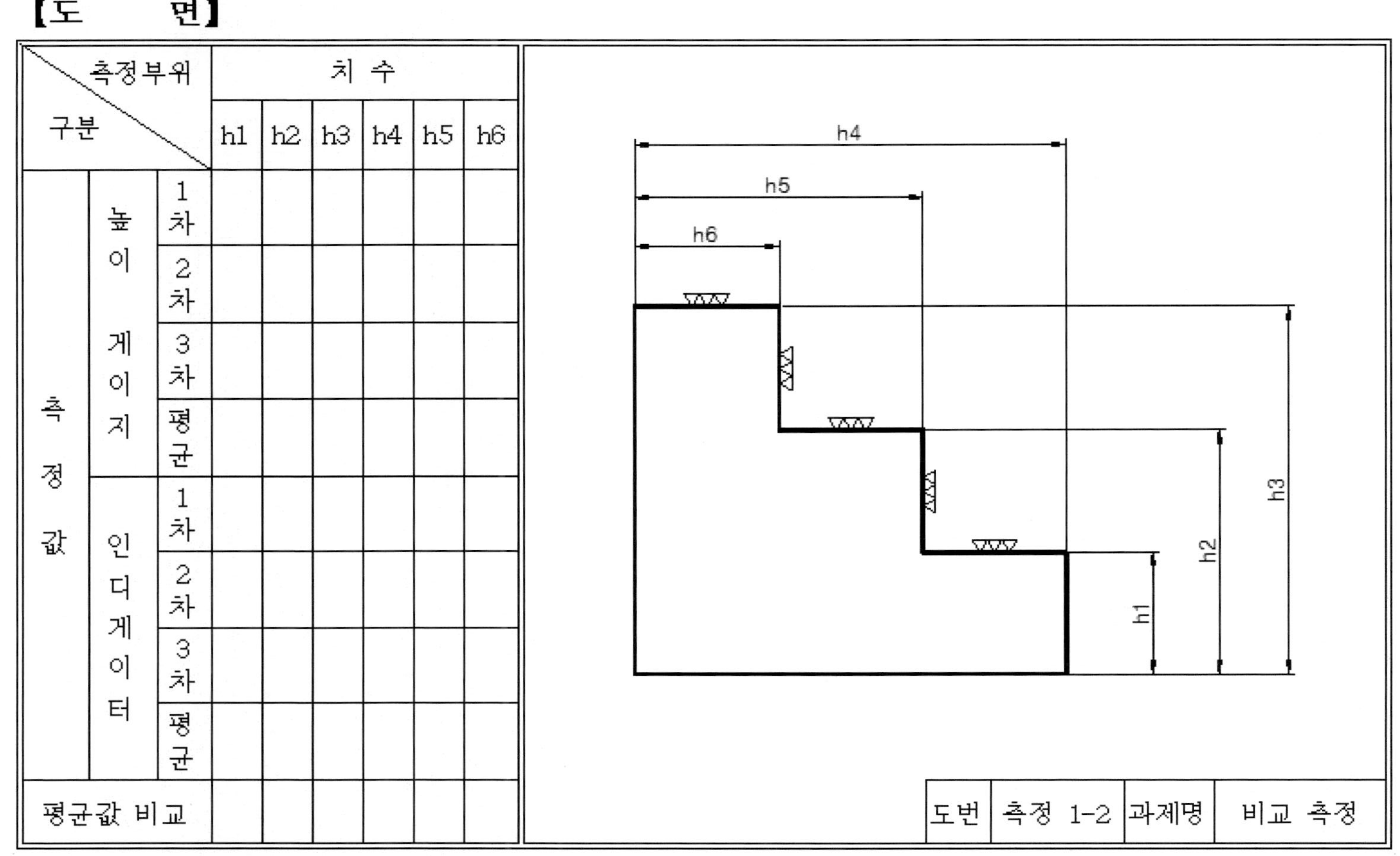

구분 \ 측정부위			치 수					
			h1	h2	h3	h4	h5	h6
측정값	높이 게이지	1차						
		2차						
		3차						
		평균						
	인디케이터	1차						
		2차						
		3차						
		평균						
평균값 비교								

도번	측정 1-2	과제명	비교 측정

【관계 지식: 비교 측정】

1-2-1 높이 게이지의 사용방법과 종류

높이 게이지는 그림 1-24와 같이 높이를 측정함과 동시에 금긋기 작업도 할 수 있는 측정기이다. 구조는 버니어 캘리퍼스를 세로로 세워 고정한 모양이며 사용방법, 눈금의 읽는 방법도 버니어 캘리퍼스와 같다.

어미자를 따라 위 아래로 이동하는 슬라이더가 붙어 있으며 슬라이더에는 턱이 붙어있고, 이 턱에 스크라이버가 클램프에 의해서 고정된다. 금긋기 작업에 사용할 때에는 슬라이더를 이동시켜 어미자 눈금과 아들자 눈금에 따라서 필요한 치수를 맞추고 슬라이더의 고정 나사와 스크라이버 클램프의 고정나사를 잠근 후, 높이 게이지의 베이스를 정반위에서 이동시키면서 공작물에 금긋기를 할 수 있다.

그림 1-24 높이 게이지에 의한 금긋기 작업

높이 게이지는 그림 1-25(b)와 같이 다이얼을 이용하여 눈금을 표시하는 다이얼식 높이 게이지와 그림 1-25(c)와 같이 눈금을 디지털 방식으로 읽을 수 있는 디지매틱 높이 게이지 등이 있다. 한편, 본체에 리니어 스케일을 장착하여 블록게이지 없이 높이를 정밀하게 측정할 수 있는 1차원 높이 측정기가 있다.

높이 게이지의 최소 눈금은 보통 0.05mm가 많이 사용된다. 호칭치수는 300mm, 600mm, 1000mm의 것이 있다.

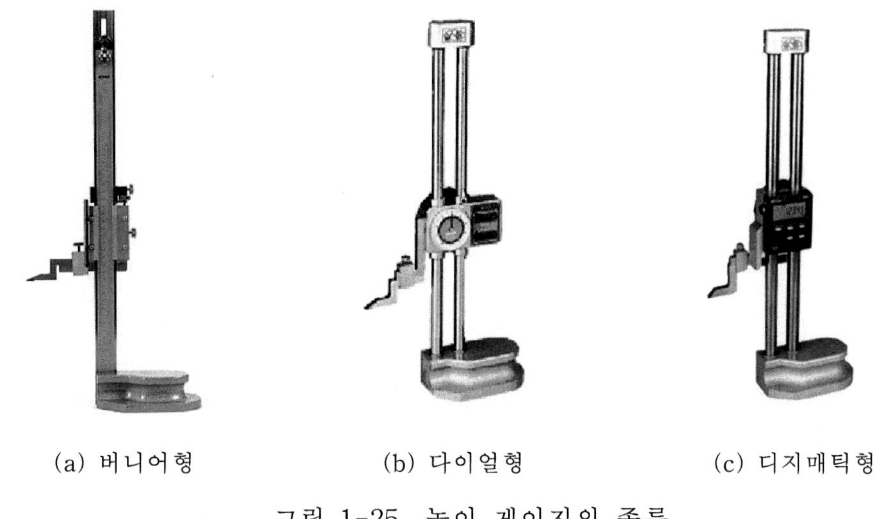

(a) 버니어형　　(b) 다이얼형　　(c) 디지매틱형

그림 1-25 높이 게이지의 종류

1-2-2 인디케이터(indicator)의 종류와 사용방법

(1) 인디케이터와 다이얼 게이지의 측정범위

인디케이터는 그림 1-26(a)와 같으며, 원호로 운동하는 측정자의 움직임이 레버와 기어에 의하여 확대되어 바늘의 움직임으로 나타난다. 최소 측정단위는 0.01mm, 0.002mm, 0.001mm의 것 등이 있다.

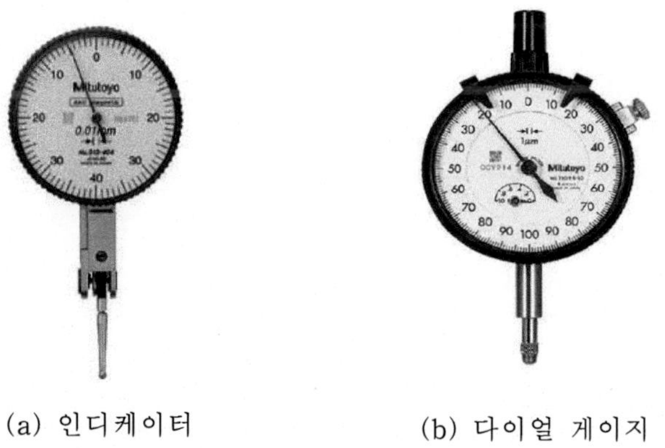

(a) 인디케이터　　(b) 다이얼 게이지

그림 1-26 인디케이터와 다이얼 게이지

(2) 인디케이터의 사용방법

인디케이터는 레버식 다이얼 게이지(lever type dial gauge)라고도 하는

데, 측정자의 움직임에 따라 세로형, 가로형, 수직형 등으로 나누며, 그 중 세로형이 가장 많이 쓰인다. 측정자는 일반적으로 구형이 많이 쓰이지만, 공작물의 재질이 연한 경우에는 적당한 것으로 바꾸어야 한다. 측정자의 위치는 그림 1-27과 같이 항상 측정면에 수직(S방향)으로 움직이도록 조정해야 한다.

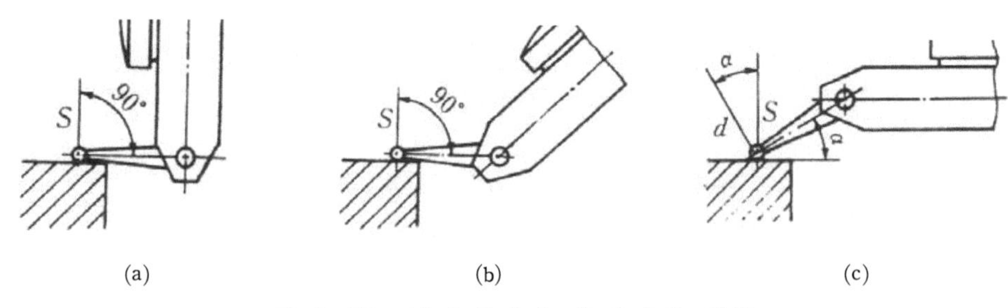

그림 1-27 인디케이터 측정자의 위치

1-2-3 블록게이지(block gauge)의 종류와 사용방법

(1) 블록게이지의 종류

블록게이지는 가장 대표적인 길이에 대한 표준 게이지로 1898년 스웨덴의 요한슨(Johanson)에 의해서 최초로 고안 되었으며 치수의 정도가 상당히 높고 사용이 용이하다.

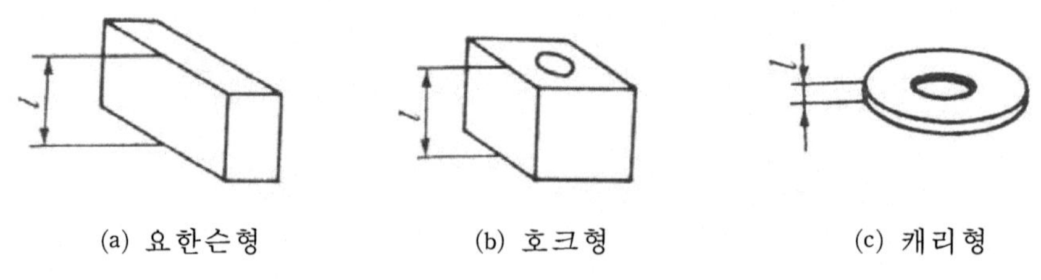

그림 1-28 블록게이지의 형상 (l 은 블록게이지의 호칭 치수)

블록게이지의 측정 표면은 매우 정밀하게 가공이 되어 있으므로 서로 밀착(wringing)하는 성질이 있다. 그림 1-29와 같이 서로 밀착 조합하여 많은 치수의 기준을 만들 수 있기 때문에 비교 측정의 기준 게이지로 많이 사용한다.

블록게이지의 종류에는 직사각형의 단면을 가진 요한슨형(Johanson type), 중앙에 구멍이 뚫린 정사각형의 단면을 가진 호크형(hoke type), 원형으로 중앙에 구멍이 뚫린 캐리형(cary type)의 3종류가 있다. 일반적으로 편평한 측정면을 가진 블록으로 되어 있는 요한슨형이 많이 사용되며, 단면은 35mm×9mm 또는 30mm×9mm인 직사각형이다.

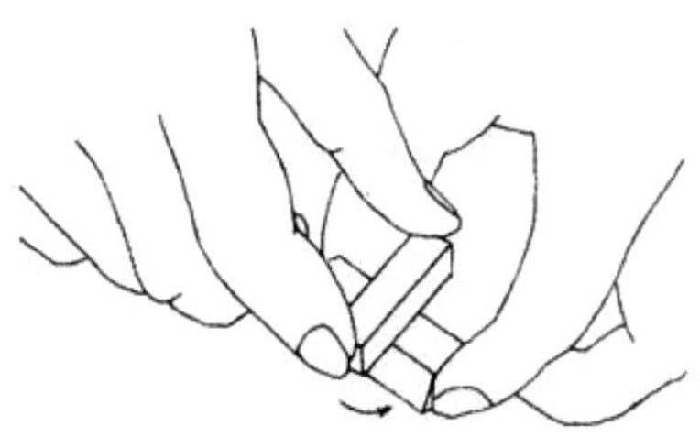

그림 1-29 블록게이지의 밀착

블록게이지의 재료는 보통 탄소 0.9% 이상의 고탄소강을 많이 사용하며 크롬이 함유된다. 마멸을 방지하기 위하여 초경합금과 세라믹으로도 제작된다. 치수의 정도에 따라 AA급, A급, B급, C급 등의 종류가 있다. 블록게이지의 치수는 대단히 정확하여 A급 25mm의 게이지에서는 허용치수 오차가 ±0.1μm이다. 또 2개의 블록게이지의 측정 표면은 서로 밀착되므로 여러 개의 블록이 조합되어도 그 치수의 합은 정확히 동일하다.

(2) 블록게이지의 조합

블록게이지는 여러 가지 치수를 가진 블록의 개수가 103개, 76개 또는 그 이하의 세트로 제작된다. 블록게이지 조합시에는 사용하고자 하는 블록게이지의 세트를 확인하여 알맞은 블록게이지를 선택한다.
블록게이지의 표준 선택은 다음의 조건을 고려해서 선택하는 것이 좋다.

① 필요로 하는 최소 치수의 단계

② 필요로 하는 측정 범위

③ 밀착되는 블록게이지의 개수를 될 수 있는 한 적게 한다.

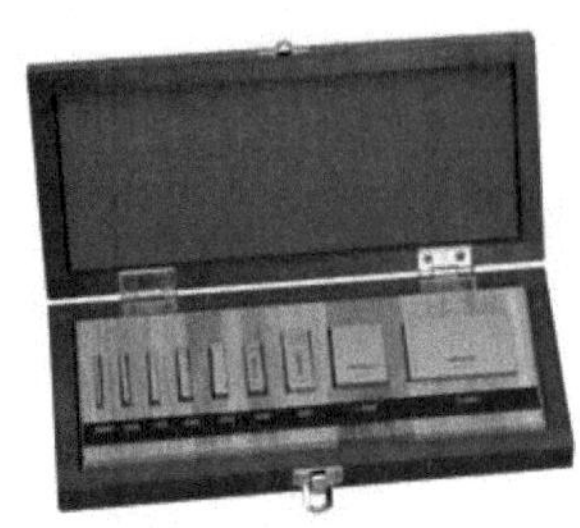

그림 1-30 블록게이지

(3) 블록게이지의 밀착방법

① 밀착하기 전에 깨끗한 천으로 방청유와 먼지를 깨끗이 닦아 낸다.

② 두 개의 블록게이지를 측정면의 중앙에서 서로 직교하도록 댄다.

③ 가볍게 누르면서 방향이 일치하도록 회전시키면 밀착이 된다.

④ 두꺼운 블록게이지와 얇은 블록게이지의 밀착은 얇은 것을 두꺼운 것의 한 쪽에 대고 가볍게 누르면서 회전시키면 밀착이 된다.

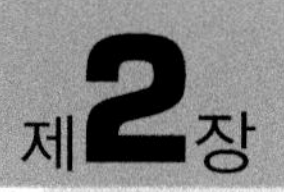

제 2장 다듬질 실습

【실습번호 2-1】 줄 작업

소요시간 : 3시간

【실습 목적】

금속 표면을 가공하기 위한 줄 작업 기능을 습득한다.

【도 면】

도번 : 다듬질 2-1 (P.35)

【재 료】

평철(95×50×9mm)

【기계 및 공구】

평황목줄, 평중목줄, 평세목줄, 삼각줄, 줄솔, 버니어 캘리퍼스 등

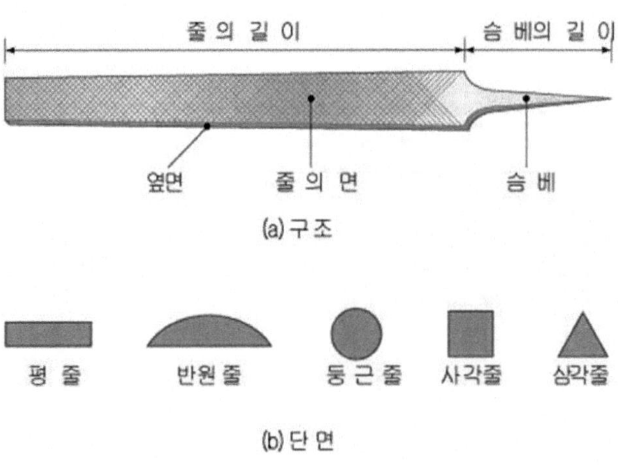

그림 2-1 줄 단면 모양에 따른 줄의 종류

【실습 순서】 ☞ 다듬질 실습 관련 동영상 자료 참고

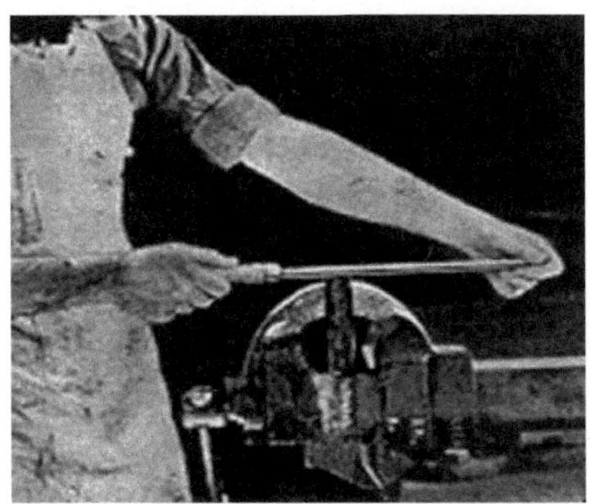

(1) 공작물의 치수를 검사하고, 도면에서 지시한 줄긋기를 한다.

(2) 공작물을 바이스 윗면에서 20mm정도 나오도록 단단히 고정한다.

(3) 평황목줄로 공작물에 첫번째 줄긋기한 표시선까지 평면으로 줄질한다. 이 때, 줄의 전체 길이를 사용하여 작업해야 하며, 표시선을 눈으로 확인하면서 줄질해야 한다.

(4) 평황목줄로 두번째 줄긋기한 선까지 평면으로 줄질한다. 각 단계가 끝날 때마다 지도교수에게 공작물을 제시하고, 새로운 지도를 받도록 한다.

(5) 평황목줄로 세번째 줄긋기한 선까지 평면으로 줄질한다.

(6) 평세목줄로 공작물의 날카로운 모서리를 줄질한다.

(7) 강철자를 사용하여 줄작업 가공면에 대한 평행도를 검사한다.

【안전 및 유의 사항】

1. 안전을 위해 공작물을 바이스에 단단히 고정한다.
2. 줄의 손잡이가 줄의 자루에 단단하게 끼워져 있는지 살펴본다.
3. 줄 작업할 때 줄의 손잡이가 공작물에 부딪치지 않도록 한다.
4. 줄 작업으로 생긴 쇳밥을 손으로 털거나 입으로 불지 말고, 반드시 줄솔을 이용하여 제거한다.

【평 가】

	평 가 항 목	만점	양호	보통	득점	비고
평가기준	1. 줄의 구조를 설명하여라.	20	16	12		
	2. 줄을 잡는 자세에 대하여 설명하여라.	20	16	12		
	3. 줄 작업을 할 때 몸의 동작에 대하여 설명하여라.	20	16	12		
	4. 작업대 높이는 어느 정도가 적당한가?	20	16	12		
	5. 줄의 청소를 어떻게 하는지 설명하여라.	20	16	12		
	총 계					

【도 면】

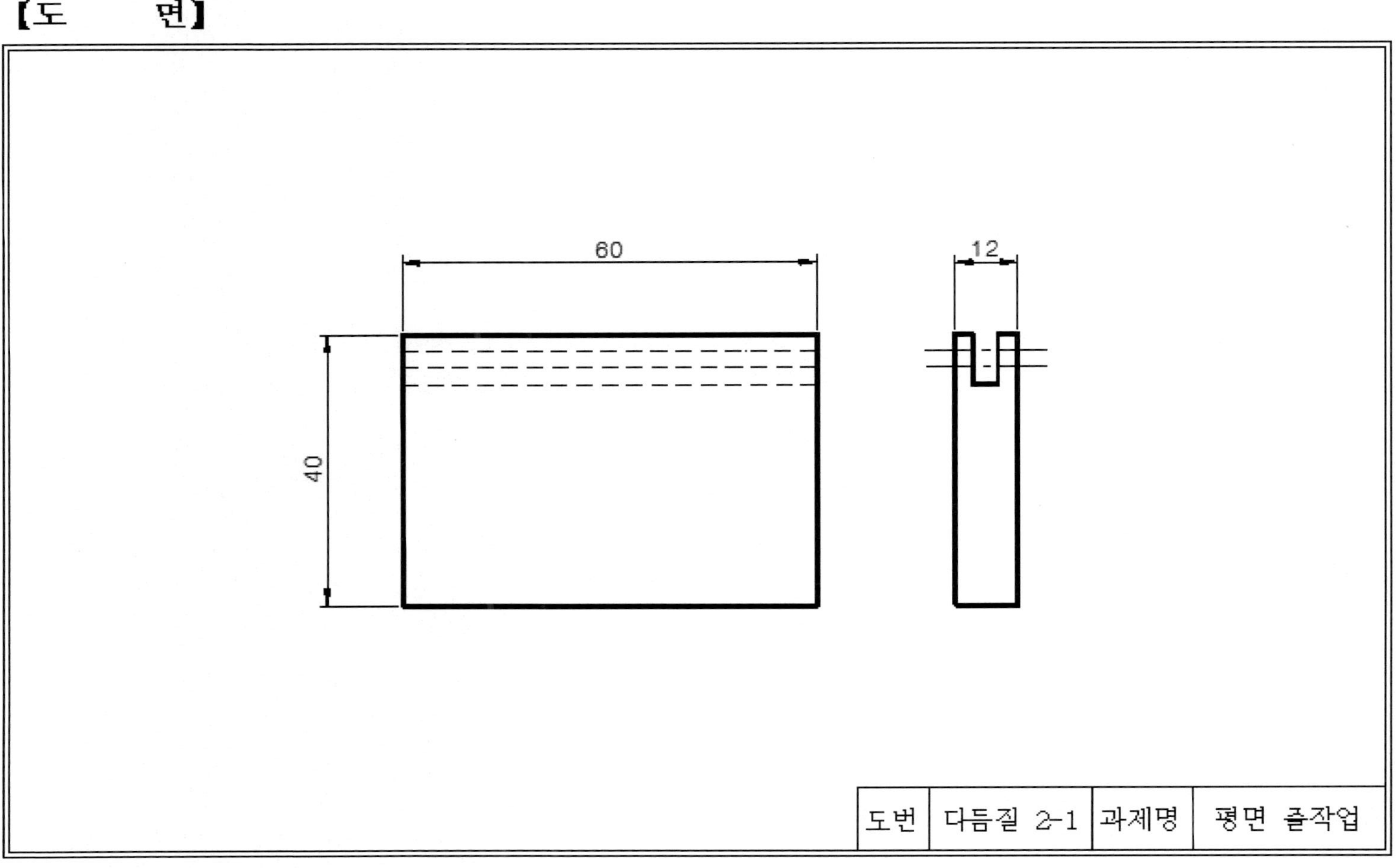

【관계 지식: 줄 작업】

2-1-1 줄의 구조

줄의 구조는 그림 2-2와 같으며, 보통 탄소 공구강(C : 0.6~1.5%)으로 제작한다. 줄날은 두 날이 널리 사용되며, 이것은 몸 전체에 줄날을 50°~70°의 각도로 서로 교차되게 제작된 것이다.

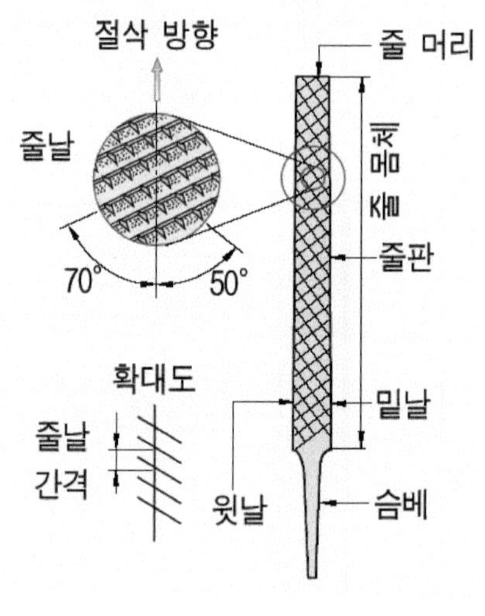

그림 2-2 줄의 구조

2-1-2 줄의 절삭

줄날의 크기는 줄날 간격(T)에 따라 정해지며, 줄 몸체 길이 1cm 사이에 있는 T의 수로써 줄의 거칠기 등급을 나타낸다.

줄날은 그림 2-3과 같이 쐐기 모양을 하고 있기 때문에 공작물의 표면에서 절삭력에 의한 절삭 작용을 한다.

그림 2-4에 나타난 쐐기 모양의 공구각(β) 크기에 따라 절삭 능률이 다르게 나타난다.

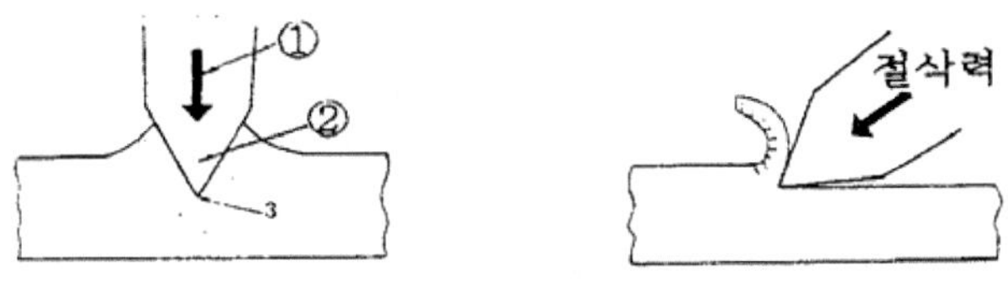

① 절삭력 ② 쐐기 ③ 날

그림 2-3 줄날에 의한 절삭

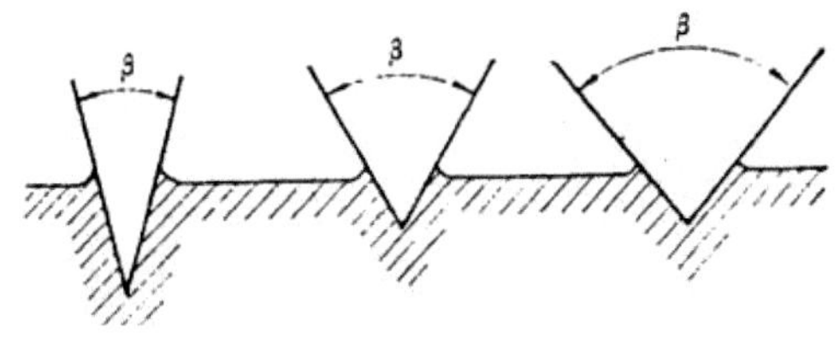

(a) 작음 (b) 보통 (c) 큼

그림 2-4 줄날 공구각(β)의 크기

2-1-3 줄의 종류

(가) 줄 단면의 모양 : 평줄, 삼각줄, 반원줄, 둥근줄, 각줄

(나) 줄 눈의 크기 : 황목, 중목, 세목, 유목

(다) 줄 날의 방식 : 홑줄날, 두줄날, 곡선줄날 (그림 2-6)

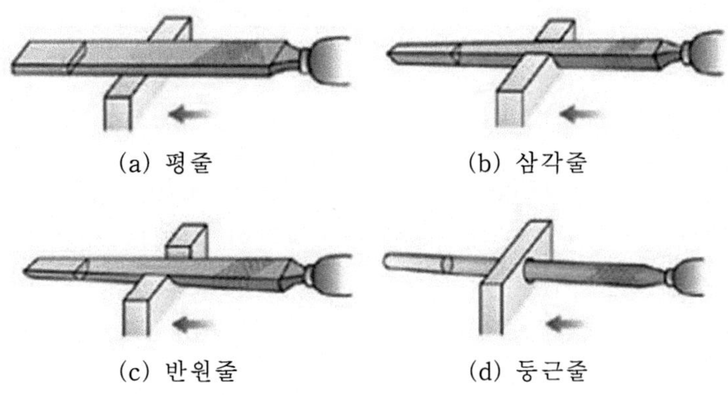

(a) 평줄 (b) 삼각줄

(c) 반원줄 (d) 둥근줄

그림 2-5 줄 단면 모양에 따른 가공 형상

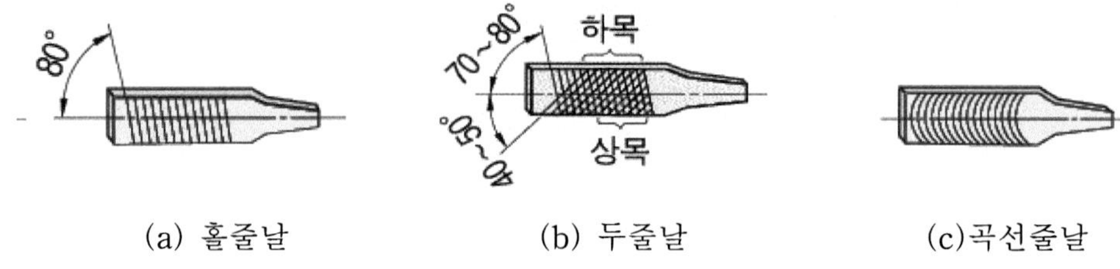

(a) 홑줄날　(b) 두줄날　(c)곡선줄날

그림 2-6 줄 날 방식에 따른 줄의 종류

2-1-4 줄 작업 방법

(가) 직진법 : 줄눈 방향에서 직각방향으로 직선운동(좁은 곳의 줄질)

(나) 사진법 : 줄을 경사지게 이동하면서 줄질(거친 가공에 적합)

(다) 병진법 : 줄을 가로로 하여 직선이동을 시킨다. 횡진법이라고 한다.
(좁은 곳의 정밀 다듬질에 사용)

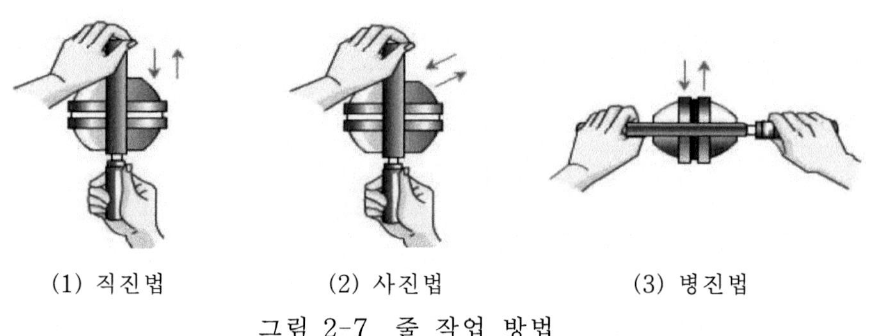

(1) 직진법　(2) 사진법　(3) 병진법

그림 2-7 줄 작업 방법

2-1-5 줄 작업

줄 작업은 주로 사람의 손을 사용하지만, 기계를 사용하기도 한다. 줄 작업이란 공작물 표면에서 작은 쇳가루를 깎아 내거나 또는 갈아 내는 작업을 말한다.

줄 작업시 절삭 운동과 절삭 하중은 잘 조화되어야 한다. 줄의 절삭 운동에서 절삭하중은 그림 2-8(a)와 같이 전진운동을 할 때에만 작용시킨다. 줄이 후진운동을 할 때에는 절삭하중을 주지 않는다.

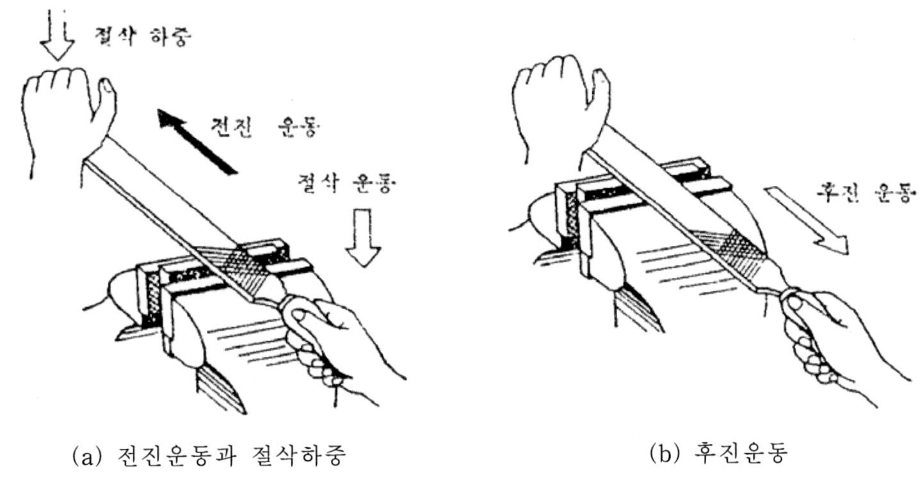

(a) 전진운동과 절삭하중 (b) 후진운동

그림 2-8 줄작업과 절삭하중

2-1-6 줄 잡는 방법

그림 2-9(a)와 같이 손잡이를 항상 손바닥 중앙 부분에 대고 오른손으로 줄 손잡이를 잡을 때에는 오른손의 엄지손가락이나 집게손가락이 줄 손잡이 위에 오게 하여 꽉 잡는다. 또한 그림 2-9(b)와 같이 왼손은 큰 줄에 있어서는 손바닥으로 줄 몸체를 누르며, 줄을 후진시킬 때에는 손가락을 다치지 않도록 자연스럽게 누른다.

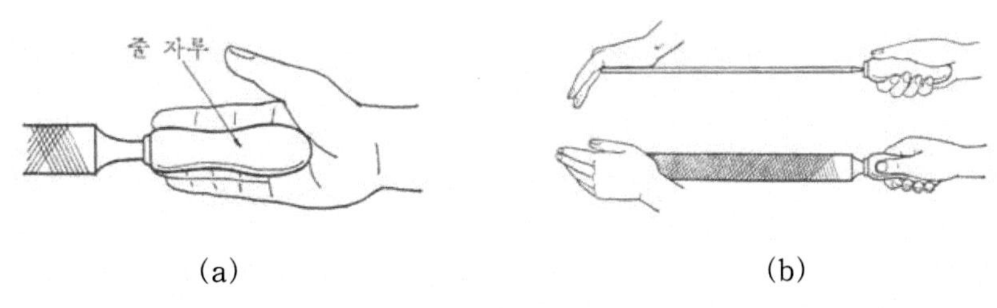

(a) (b)

그림 2-9 줄 잡는 방법

중간 크기의 줄을 잡을 때에는 그림 2-10(a)와 같이 엄지손가락으로 줄 몸체를 누르고, 왼손의 몇 손가락은 작업의 필요에 따라 줄 머리 부분을 잡는다.

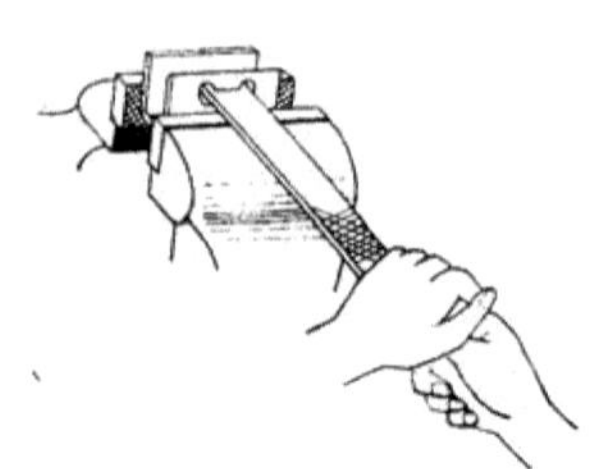

(a) 일반적인 줄작업

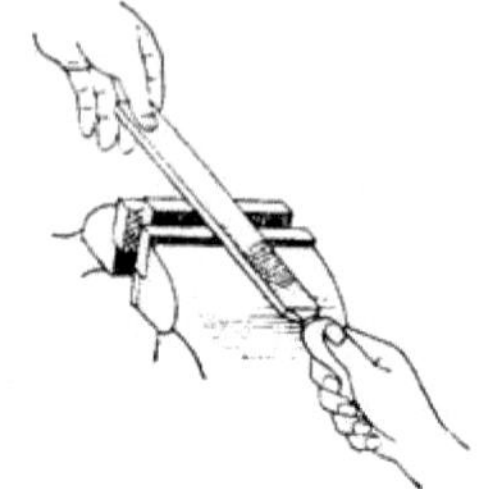

(b) 부분적으로 작은 절삭 하중이 필요한경우

(c) 왼손으로 줄 머리를 잡을 수 없는 경우

그림 2-10 중간 크기의 줄을 잡는 방법

부분적으로 작은 절삭 하중이 필요한 부분은 엄지손가락으로 조절하며 작업의 성질에 따라 줄 몸체 위에 그림 2-10(b)와 같이 몇 개의 손가락을 얹어놓는다. 만약 줄 머리를 왼손으로 잡을 수 없을 경우에는 그림 2-10(c)와 같이 왼손도 오른손처럼 줄자루를 잡고 작업한다.

2-1-7 줄 작업 자세와 동작

줄 작업시 양손은 줄의 전후 운동을 조절하며 눈은 공작물을 주시한다. 발의 위치는 작업하기 편한 자세를 취하여 왼발로 몸무게를 지탱하고, 무릎을 약간 구부려 몸 전체의 운동이 원활하게 줄의 전후 운동과 잘 조화되도록 하여야 한다.

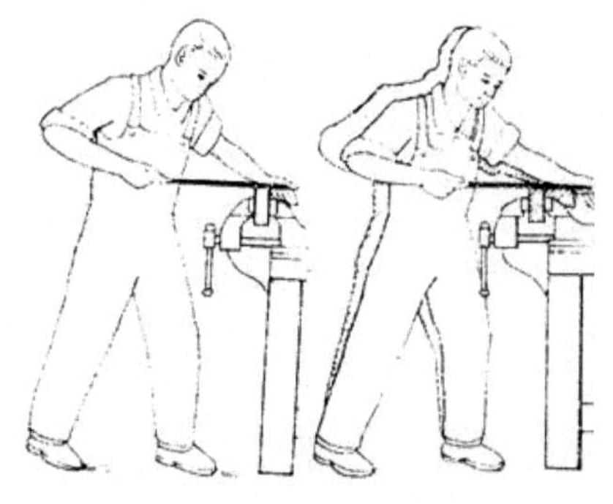

(a) 시작 자세와 작업자세

(b) 끝동작 자세와 다음동작 준비 자세

그림 2-11 줄 작업의 자세와 동작

줄 작업시 바이스에 너무 가까운 위치에서 작업을 해서는 좋지 않다. 그림 2-11과 같이 거칠게 가공할 때에는 줄에 많은 절삭력이 필요하며, 이때에는 팔의 힘만 가지고 할 것이 아니라 몸의 상체로 함께 누르면서 작업한다.

다듬질 할 때에는 공작물의 치수와 표면의 다듬질 정도에 주의를 하며 작업하고 정밀한 표면을 얻기 위해서는 조심스럽게 줄을 다루어야 하고, 면 전체에 작은 절삭 압력을 주며 동작은 팔로만 한다.

2-1-8 줄의 청소

줄은 항상 정밀하고 깨끗한 표면의 공작물을 얻을 수 있도록 청결해야 한다. 그러므로 작업 중 줄날 홈에 티끌이나 쇳밥이 끼여 있으면 불량한 줄 작업이 되므로 자주 청소 도구로 닦아낸다.

줄의 청소 도구는 줄솔 등이 있는데, 경우에 따라 용해제 등을 쓰는 경우도 있다.

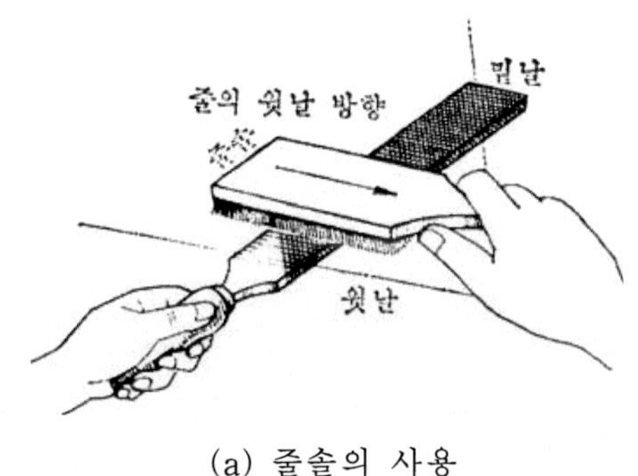

(a) 줄솔의 사용

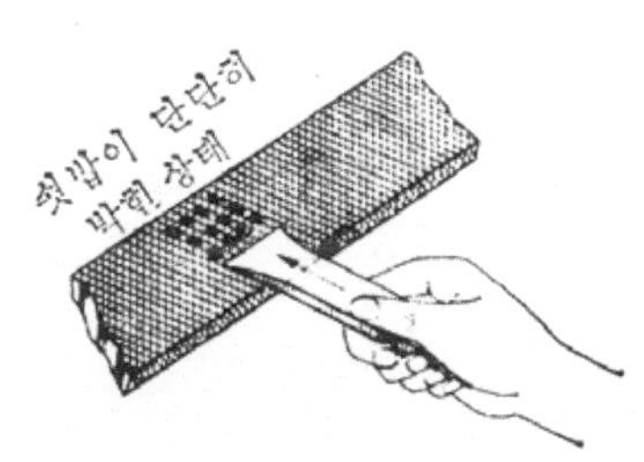

(b) 줄 청소기의 사용

그림 2-12 줄의 청소

【실습번호 2-2】 직각자 제작

소요시간 : 3시간

【실습 목적】

1. 직각자의 용도와 사용법을 이해하고, 그 제작 방법을 습득한다.
2. 실습을 통하여 줄 작업에 의한 내직각과 외직각 및 평면을 다듬질 할 수 있는 공작 기능을 익힌다.

【도 면】

도번 : 다듬질 2-2 (P.45)

【재 료】

평철(65×45×9mm), 손톱날

【기계 및 공구】

평황목줄, 평중목줄, 평세목줄, 줄솔, 버어니어 캘리퍼스, 높이 게이지, 정반, 직각자 등

【실습 순서】 ☞ 다듬질 실습 관련 동영상 자료 참고

(1) 공작물의 치수와 재질의 상태 등이 적당한지 검토하고 가공방법을 정한다.

(2) 그림 2-13에서 직각자의 기준면인 C, D면에 대한 다듬질 줄작업을 실시하여 평면도와 직각도를 맞춘다..

(3) 직각도를 고려하여 줄작업을 실시한 C, D면을 기준으로 하여 도면 치수에 따라 금긋기를 한다.

(4) 금긋기 선에 맞추어 쇠톱으로 자른다.

(5) 평면 A, B를 여유있게 가공한 다음, 쇠톱으로 홈 J를 낸다.

(6) 금긋기 선에 따라 내직각 E, F면을 다듬질 가공하고, G, H면도 다듬질한다.

(7) 직각자의 기준이 되는 C면의 폭이 1mm 가 되도록 양면을 30° 로 모따기 한다.

(8) 치수와 평면 및 직각도를 측정해 보면서 다듬질한다.

(9) 거스러미와 날카로운 모서리를 제거한다.

(10) 도면대로 치수가 정확한지 검사한다.

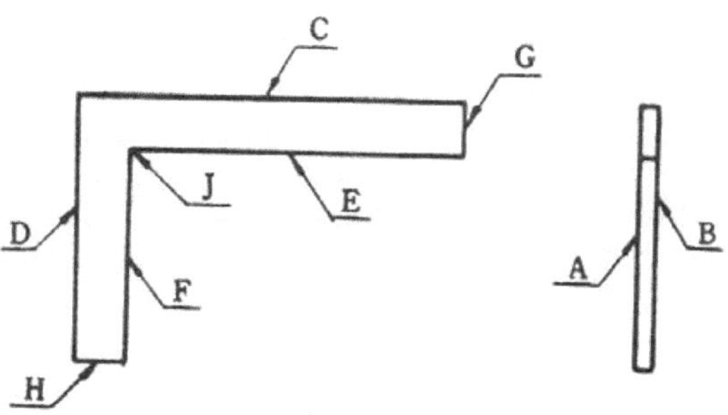

그림 2-13 직각자의 다듬질 순서

【안전 및 유의사항】

1. 정반은 정밀 측정을 위한 기준면으로 사용되므로 표면에 흠이 생기지 않도록 주의한다.

2. 금긋기한 선이 지워질 염려가 있을 때에는 센터 펀치로 공작물의 표면에 자국을 내어 두면 편리하다.

3. 올바른 줄 작업과 사고를 미리 방지하기 위하여 줄의 손잡이를 정확하게 고정시킨다. 이 때, 줄의 손잡이가 줄자루에 비뚤어지거나 짧게 고정되지 않도록 주의한다.

4. 줄 작업으로 생긴 쇳밥은 손으로 떨거나 입으로 불지 말고 반드시 줄 솔이나 줄 청소기를 사용하여 제거한다.

【평　　가】

<table>
<tr><td rowspan="12">평
가
기
준</td><td colspan="3">평 가 항 목</td><td>만점</td><td>양호</td><td>보통</td><td>득점</td><td>비고</td></tr>
<tr><td rowspan="6">작품
평가</td><td rowspan="5">길이
치수</td><td>치 수</td><td></td><td></td><td></td><td></td><td></td></tr>
<tr><td>60</td><td>10</td><td>8</td><td>6</td><td></td><td></td></tr>
<tr><td>40</td><td>10</td><td>8</td><td>6</td><td></td><td></td></tr>
<tr><td>15</td><td>10</td><td>8</td><td>6</td><td></td><td></td></tr>
<tr><td>8</td><td>10</td><td>8</td><td>6</td><td></td><td></td></tr>
<tr><td>기능 및
외관</td><td>표면
거칠기</td><td>20</td><td>16</td><td>12</td><td></td><td></td></tr>
<tr><td rowspan="4">실습
평가</td><td colspan="2">실 습 순 서</td><td>10</td><td>8</td><td>6</td><td></td><td></td></tr>
<tr><td colspan="2">실 습 안 전</td><td>10</td><td>8</td><td>6</td><td></td><td></td></tr>
<tr><td colspan="2">공구 · 기계사용</td><td>10</td><td>8</td><td>6</td><td></td><td></td></tr>
<tr><td colspan="2">실 습 시 간</td><td>10</td><td>8</td><td>6</td><td></td><td></td></tr>
<tr><td>종합평가</td><td colspan="2">총　　계</td><td></td><td></td><td></td><td></td><td></td></tr>
</table>

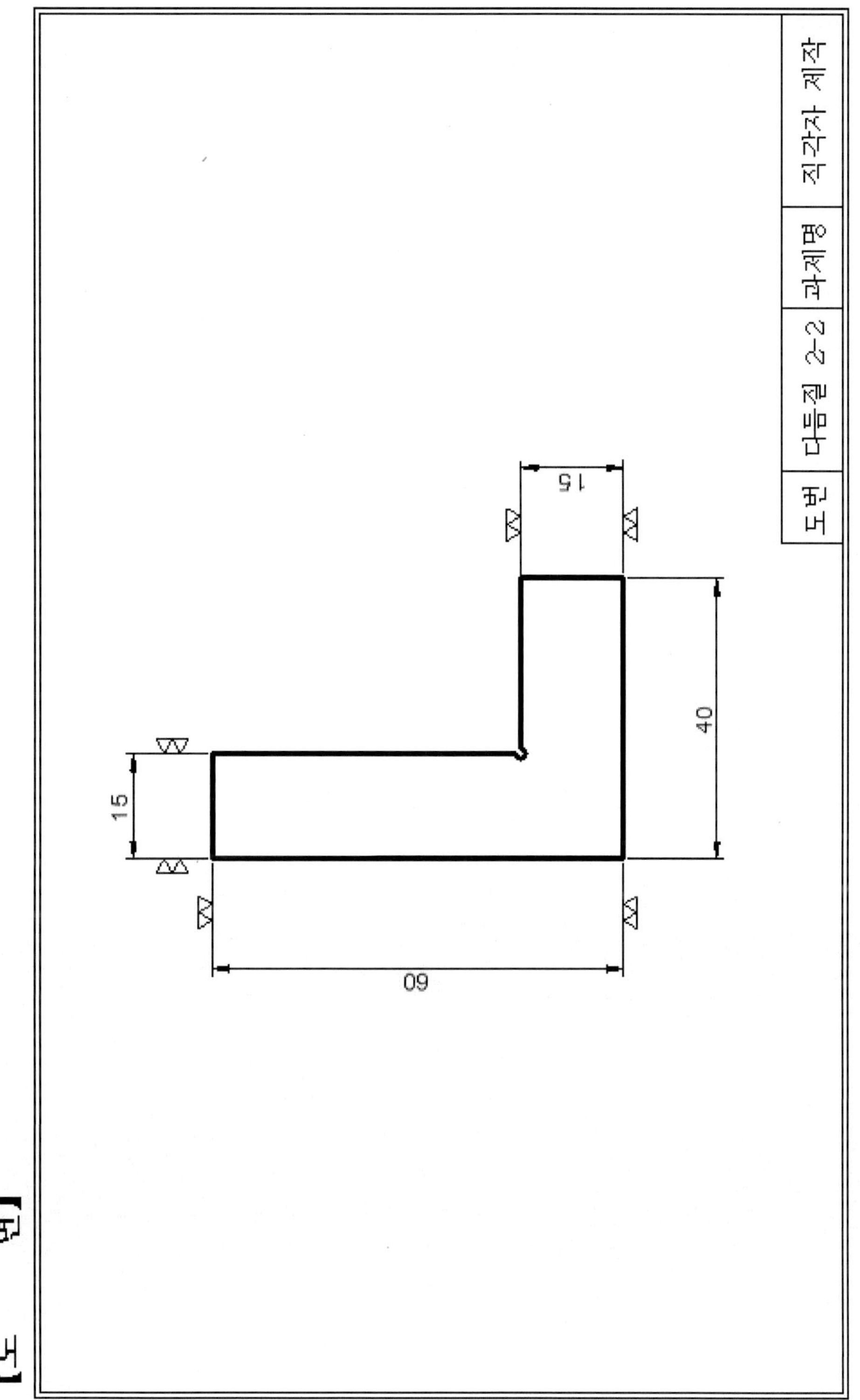
【도 면】
도번
다듬질 2-2
과제명
직각자 제작
15
15
40
60

【관계 지식: 직각자 제작】

2-2-1 금긋기 작업

금긋기 작업은 금긋기 공구를 사용하여, 도면에 표시된 치수와 형상을 공작물에 옮기는 작업을 말한다.

(1) 금긋기 작업의 분류

(가) 강철자, 직각자, 모형을 이용하여 금긋기 바늘로 금을 긋는 방법(그림 2-14)

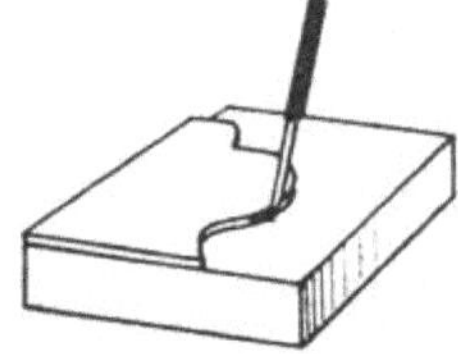

그림 2-14 금긋기 바늘(스크라이버)을 이용한 금긋기

(나) 서어피스 게이지(그림 2-15) 또는 높이 게이지의 스크라이버를 사용하여 공작물에 평행하게 금을 긋는 방법

(다) 컴퍼스를 사용하여 금을 긋는 방법(그림 2-16)

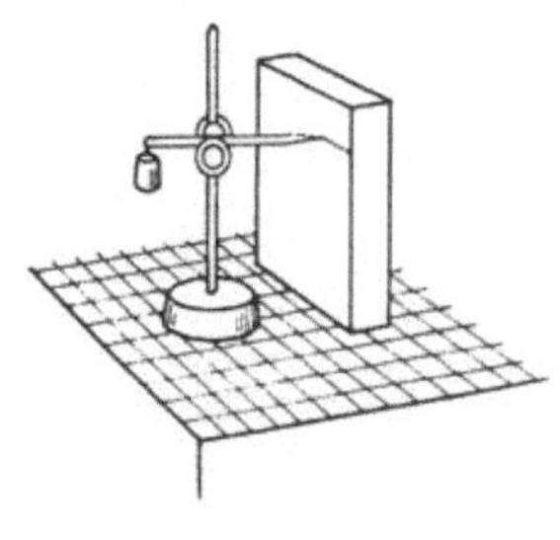

그림 2-15 서피스 게이지로 금긋기

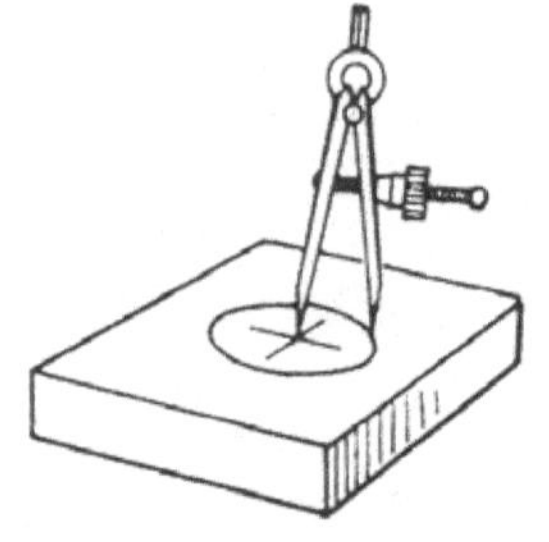

그림 2-16 컴퍼스로 금긋기

(2) 금긋기 바늘의 사용법

금긋기 바늘은 금을 긋는 방향으로 약간 기울인 상태에서 가이드 역할을 하는 곧은자와 직각자의 밑면 모서리를 따라 움직여야 한다. 금긋기 바늘의 끝은 공작물보다 경질이어야 하며, 뾰족하게 연마되어 있어야 한다. 금긋기 바늘의 끝은 사용할 때 이외에는 코르크 등으로 보호하여 파손과 사고가 일어나지 않도록 한다.

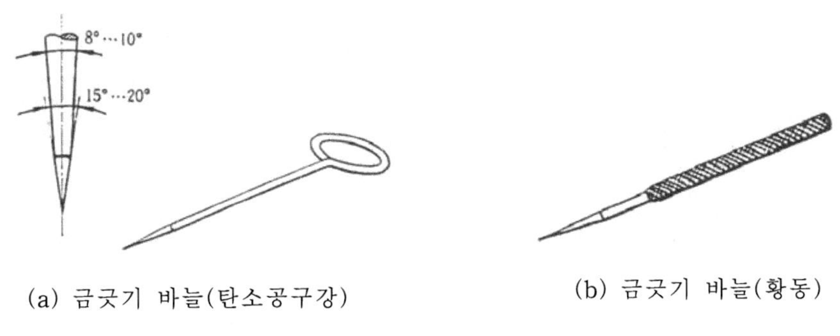

(a) 금긋기 바늘(탄소공구강)

(b) 금긋기 바늘(황동)

그림 2-17 금긋기 바늘의 종류

(3) 금긋기할 기준면의 선택

(가) 다듬질면을 기준으로 하는 경우

간단한 금긋기를 할 때에 사용되는 방법으로서, 그림 2-18과 같이 가공된 Ⓐ면(바닥면)을 기준으로 하여 금긋기 한다.

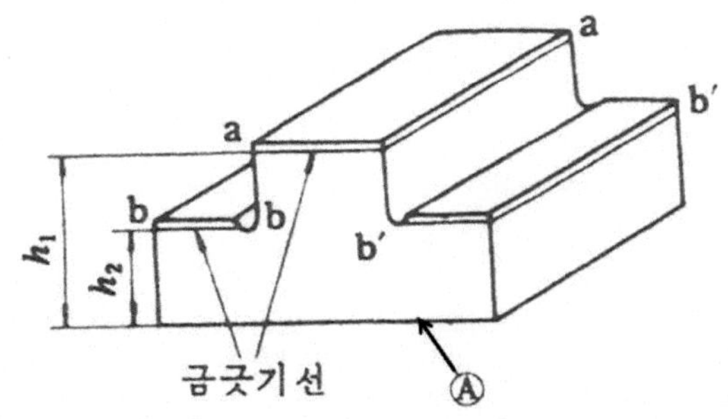

그림 2-18 가공된 Ⓐ면을 기준으로 한 금긋기

(나) 중간 위치를 기준으로 하는 경우

물체의 가장 중요한 부분을 선택하여 이것을 기준으로 하는 경우이다.

특히, 그림 2-19(a)와 같이 중심에 구멍이 있을 때에는 이 방법으로 하는 것이 좋다.

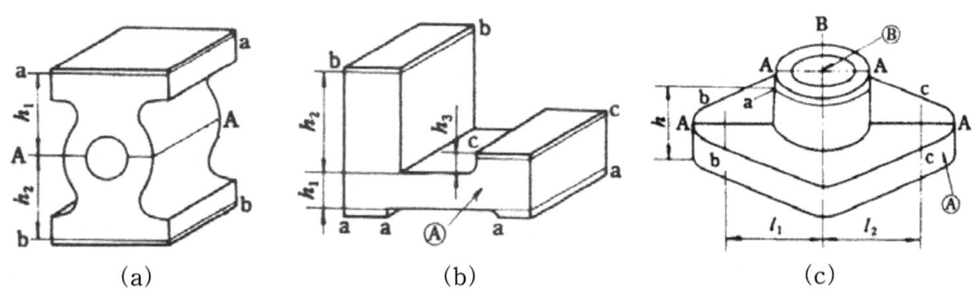

그림 2-19 기준면의 선택

2-2-2 톱 작업

(1) 톱니의 절삭

톱 작업의 중요한 목적은 공작물의 절단이며, 경우에 따라 작은 틈이나 홈을 가공하는 데도 쓰인다. 톱 작업으로 생성된 쇳밥은 톱니사이에 끼여 있다가 톱니가 공작물을 벗어날 때 밖으로 떨어진다. 절삭력(절삭압력)은 톱날의 전진 운동방향으로만 준다.

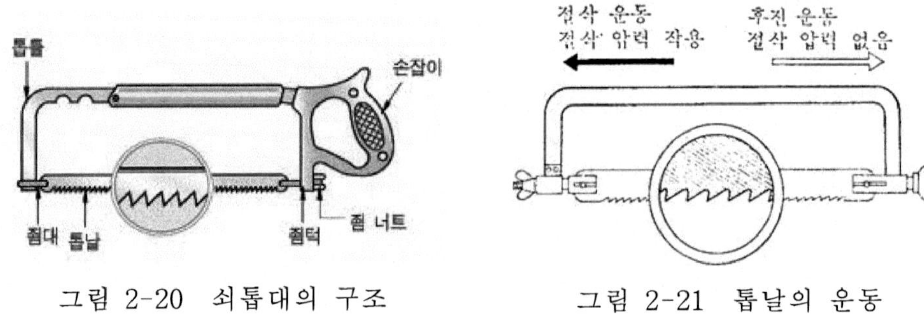

그림 2-20 쇠톱대의 구조

그림 2-21 톱날의 운동

(2) 톱니 각도와 크기

톱니의 각도와 크기는 그림 2-22와 같다.

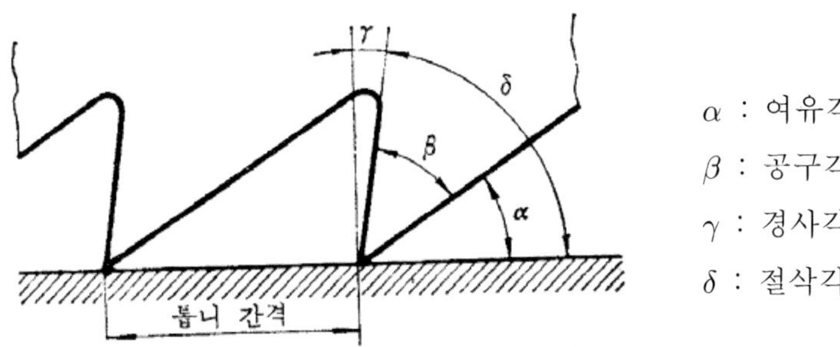

그림 2-22 톱니 각도

(3) 쇠톱 작업과 자세

쇠톱으로 공작물을 자를 때에는 팔에 힘을 주고, 몸체를 움직이면서 작업한다. 따라서 몸의 운동에 지장 없이 자유롭게 움직이도록 공작물과 몸 사이에는 적절한 거리를 유지해야 한다. 양호한 톱 작업을 위하여 다음 사항을 지켜야한다.

(가) 공작물에 대하여 바른 자세를 취한다.

(나) 톱을 일직선으로 움직인다.

(다) 톱을 앞으로 밀 때 균등한 절삭력을 준다. 절삭력이 너무 강하면 톱니가 부러지고 너무 약하면 미끄러진다.

(라) 톱을 당길 때에는 절삭력을 주지 않는다.

(마) 톱날의 전체 길이를 사용하도록 한다.

톱 작업을 시작할 때에는 톱을 그림 2-23과 같이 앞으로 약간 숙이고, 톱을 조금씩 움직이면서 안내홈을 만들거나 삼각줄을 사용하여 공작물에 안내 홈을 만든다.

톱으로 안내 홈을 만들거나 또는 작업할 때에는 톱을 너무 경사지게 하면 톱니가 부러지게 된다. 안내 홈 없이 공작물의 넓은 면을 톱질하게 되면 톱날이 공작물 위에서 미끄러지게 된다.

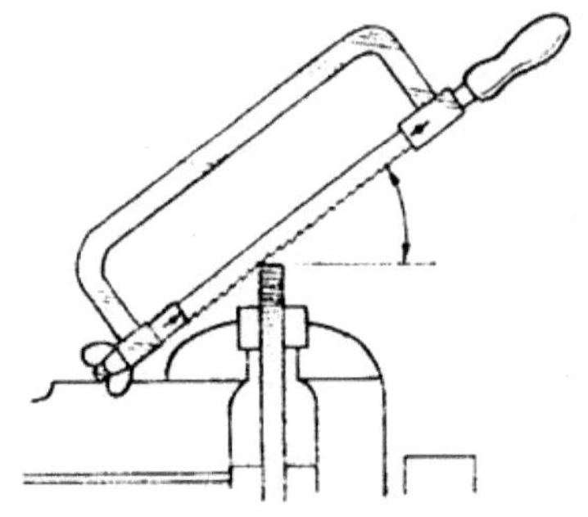

그림 2-23 톱에 의한 안내홈 가공

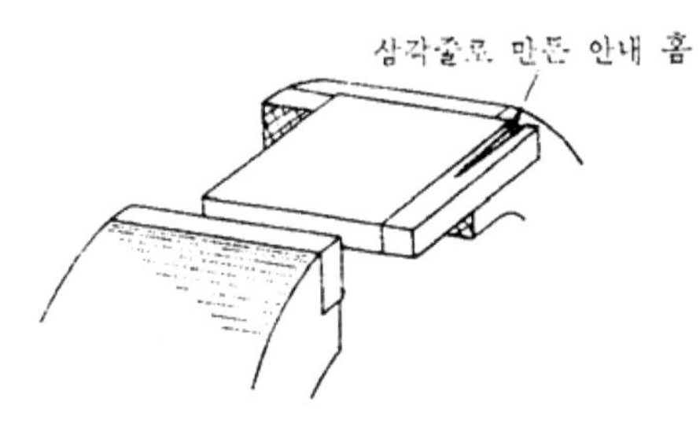

그림 2-24 삼각줄에 의한 안내홈

(4) 쇠톱 작업시 유의사항

(가) 톱날이 공작물 표면에서 미끄러지지 않도록 하여야 한다.

(나) 공작물이 거의 다 잘라졌을 때에는 너무 힘을 주어 작업하지 말아야 한다.

(다) 톱 작업을 할 때, 가공선은 선명히 보여야 한다.

(라) 톱 작업을 쉽게 할 수 있도록 가공선에 가깝게 삼각줄로 안내홈을 만든다.

(마) 톱을 앞으로 조금 들어서 공작물에 대고 조심스럽게 톱 작업을 시작한다.

(바) 톱날이 정확히 가공선에 따라 움직이는지 계속 검사하면서 작업을 한다.

(사) 톱날은 곧게 앞뒤로 움직이며 옆으로 미끄러지지 않도록 한다.

(아) 톱날은 전진 절삭 운동을 할 때만 절삭 하중을 준다.

(자) 톱 작업시 톱날 전체를 사용하도록 하며 톱날이 새 것일 경우에는 절삭하중을 약하게 준다.

2-2-3 직각자를 가공할 때 유의할 점

(가) 공작물의 양쪽 옆면을 가공할 때에는 금긋기 선에 따라 여유를 두어 쇠톱으로 자르고, 대략의 치수로 거친 다듬질을 한 다음 줄질을 한다.

(나) 폭과 길이의 가공은 다듬질 된 C, D면(그림 2-13)을 기준으로 한다.

(다) 외직각과 내직각의 직각도가 정확하게 가공되어야 한다.

(라) 직각자의 옆면을 가공할 때에는 그림 2-25(a)와 같이 줄의 한쪽 옆면을 경사지게 연삭하여 사용하는 것이 좋다.

(마) 직각자의 평면을 줄질할 때 그림 2-26(a)와 같이 줄질을 하면 그림에 표시된 빗금 부분이 많이 줄질되어 정확한 평면 가공이 어렵게 되므로 그림2-26(b)와 같이 직진법으로 하는 것이 좋다.

(바) 정반은 정밀 측정의 기준면으로 사용되므로 표면에 흠이 생기지 않도록 주의한다.

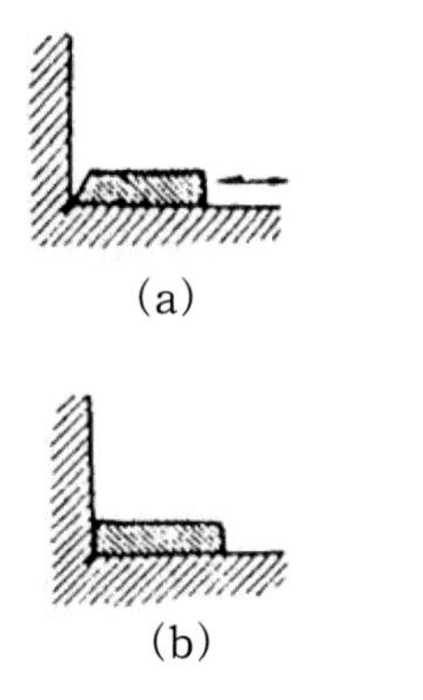

그림 2-25 줄의 손질

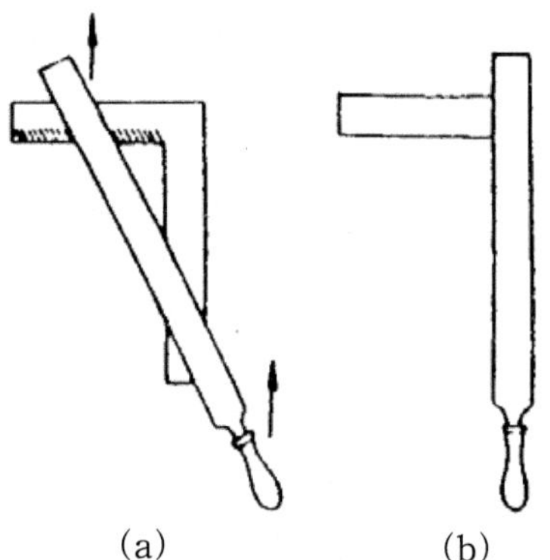

그림 2-26 평면 줄 작업

【실습번호 2-3】 드릴 및 리머 작업

소요시간 : 3시간

【실습 목적】

1. 탁상 드릴링 머신의 각부 명칭 및 기능을 알 수 있다.
2. 드릴 작업 기능을 배우고 구멍가공 능력을 습득 할 수 있다.
3. 드릴가공으로 생성된 구멍에 공차 ±0.05mm의 리머 작업을 할 수 있다.

【도 면】

도번 : 다듬질 2-3 (P.57)

【재 료】

평철(100×80×20mm), 방청유,

【기계 및 공구】

탁상 드릴링 머신, 정반, 드릴 ⌀3~⌀13.0(mm), 드릴 바이스, 해머, 리머 ⌀7~⌀12.0(mm), 센터 펀치, 버니어 캘리퍼스 등

【실습 순서】 ☞ 드릴링 관련 동영상 자료 참고

1. 실습 준비를 한다.

(1) 탁상 드릴링 머신 및 공구의 이상 유무를 확인한다.
(2) 절삭유 준비와 공구의 기름을 닦는다.
(3) 기준면 ①, ②, ③을 고운 줄 작업한다. (그림 2-27)
(4) 염료(매직잉크)를 바른다.

2. 금긋기를 한다.

(1) 기준면 ②으로 부터 20, 40, 60mm의 위치에 금긋기를 한다.

(2) 기준면 ③으로 부터 20, 40, 60, 80mm의 위치에 금긋기를 한다.

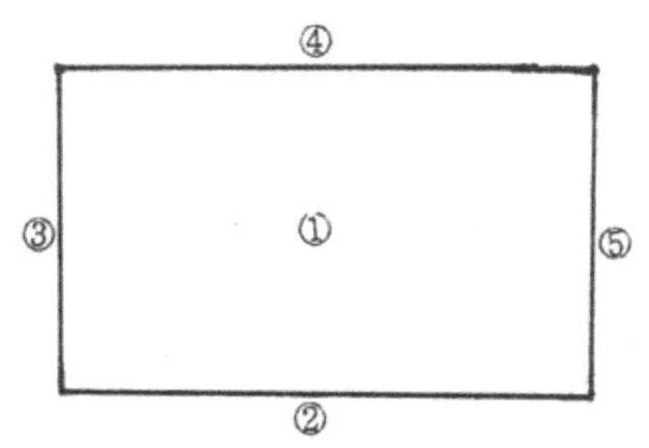

그림 2-27 기준면 가공

3. 센터 펀치 작업을 한다.

(1) 펀치와 해머의 기름을 닦는다.

(2) 펀치 선단부의 연마를 확인한다.

(3) 펀치의 선단을 금긋기선에 수직되게 세운다.

(4) 오른손으로 해머를 잡고 가볍게 타격한 후 펀치자리와 교점을 확인한다.

(5) 펀치자리가 맞지 않으면 수정하고 정확한 펀치자리는 재타격한다.

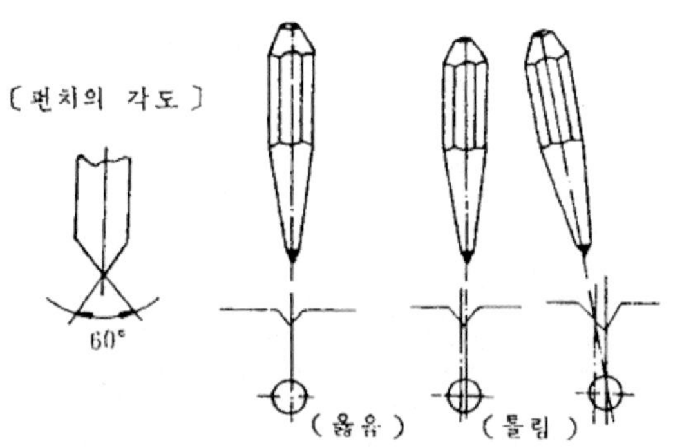

그림 2-28 펀치의 각도 및 자국

4. 드릴 작업을 한다.

(1) 드릴 바이스에 공작물을 고정한다.

(2) 드릴 척에 ⌀3(mm) 드릴을 고정한다.

(3) 전원을 넣고 오른손으로 이송 핸들을 누르면서, 드릴과 센터 자국을 일치시킨다.

(4) 왼손은 바이스를 단단히 잡는다.

(5) 구멍을 약간 뚫은 후 자국을 확인한 후, 정확하게 계속 뚫는다.

(6) 구멍가공 중 오른손은 균일한 압력으로 눌러준다.

(7) 관통 직전에는 이송력을 줄여서 뚫는다.

(8) 절삭유를 충분히 준다.

(9) 칩(chip)이 길게 배출되면 중간 이송을 중단하여 칩을 끊어준다.

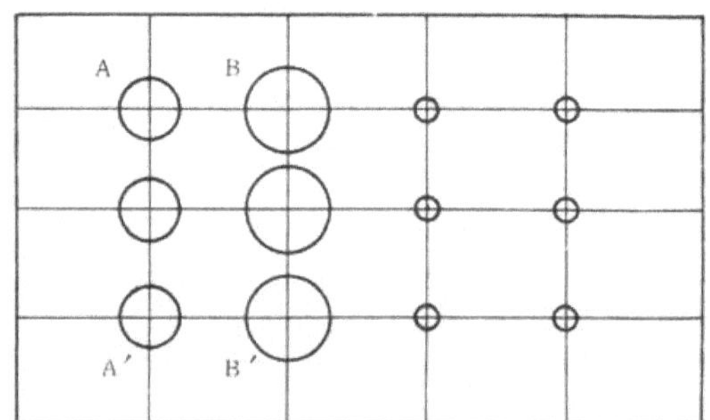

그림 2-29 드릴 작업

(10) ∅3(mm) 드릴을 사용하여 12개의 구멍을 뚫는다.

(11) ∅6.7(mm) 드릴을 사용하여 A→A′ 방향으로 3개의 구멍을 뚫는다.(그림 2-29)

(12) ∅9.7(mm) 드릴을 사용하여 B→B′ 방향으로 3개의 구멍을 뚫는다.

(13) 드릴 직경의 크기에 따라 주축 회전수 변환 조작을 해준다.

(14) ∅6.7(mm), ∅9.7(mm) 드릴로 드릴링 할 때는 이미 뚫어져 있는 구멍의 중심 맞추기에 유의한다.

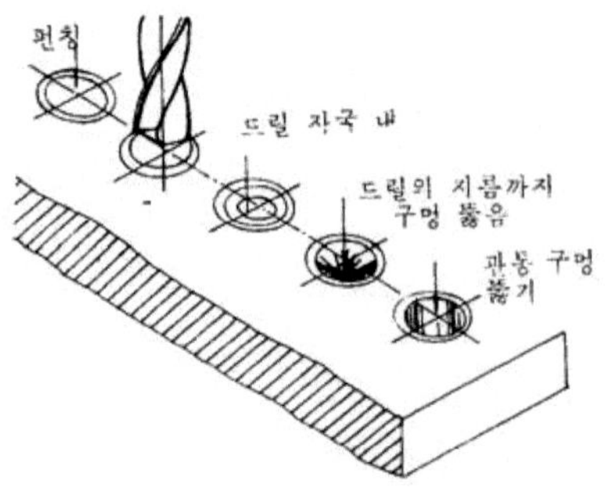

그림 2-30 드릴 작업의 순서

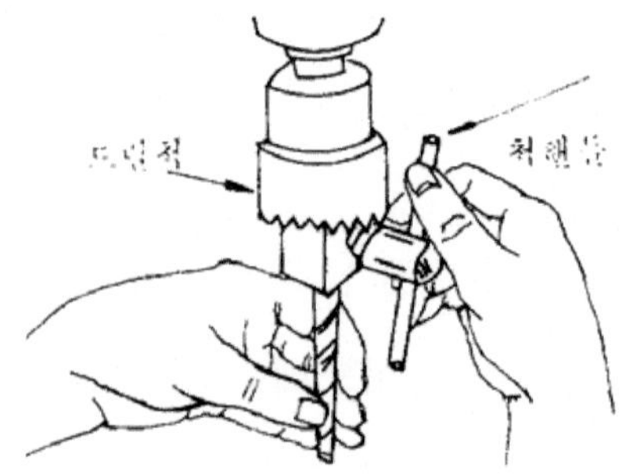

그림 2-31 드릴의 고정

5. 리머 작업을 한다.

(1) 공작물을 바이스에 수평으로 고정시킨다. 리머를 리머 핸들(렌치)에 장착하고, 리머가 공작물 표면과 직각이 되게 맞춘다.(그림 2-32)

(2) 리머 핸들을 잡은 양손에 동일한 힘을 주고, 수평 상태에서 시계방향으로 회전시키고, 역회전은 하지 않는다.(그림 2-33)

(3) 리머 핸들을 돌리지 않는 상태에서 절삭유를 충분히 급유한다.

(4) 리머를 빼낼 때에는 역회전 시키지 않고 절삭 방향으로 돌리면서 당겨 올린다.

(5) 동일한 방법으로 ∅6.7(mm) 구멍에 ∅7(mm) 리머, ∅9.7(mm) 구멍에 ∅10(mm) 리머를 사용하여 리머 작업을 한다.

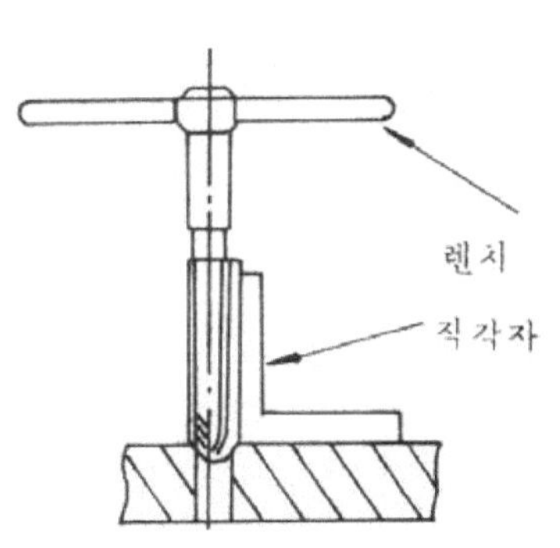

그림 2-32 직각 맞추기

그림 2-33 리머의 작업 방향

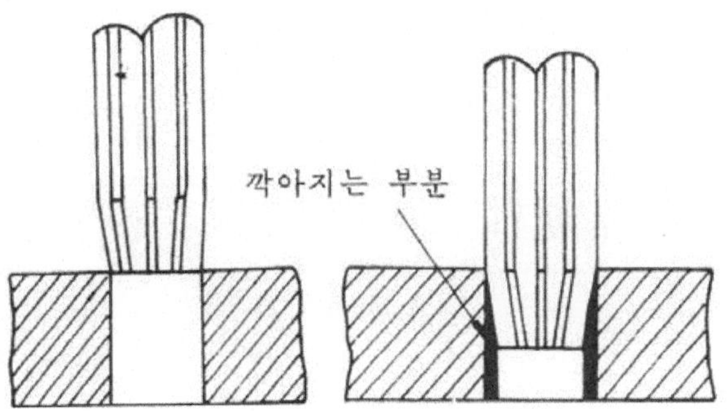

그림 2-34 리머의 삽입과 절삭작업

6. 정리 정돈을 한다.

(1) 리머의 절삭날 부분을 솔로 청소한다.

(2) 사용공구 및 공작물을 깨끗이 청소한다.

(3) 공구의 손상여부를 확인한다.

【안전 및 유의 사항】

1. 드릴 작업시 칩을 손으로 제거하지 않는다.
2. 드릴 작업시 드릴의 지름에 따라 회전수를 변화 시킨다.
3. 공작물을 고정한 바이스는 단단하게 고정시켜야 한다.
4. 리머 작업시 반드시 리머는 공작물의 표면과 직각이 되도록 작업한다.

【평　　가】

평가기준	평 가 항 목	만점	양호	보통	득점	비고
	1. 금긋기 작업	20	16	12		
	2. 드릴 가공	20	16	12		
	3. 리머 가공	20	16	12		
	4. 외형 치수	20	16	12		
	5. 작업방법 및 안전가공	20	16	12		
	총　　계					

【도 면】

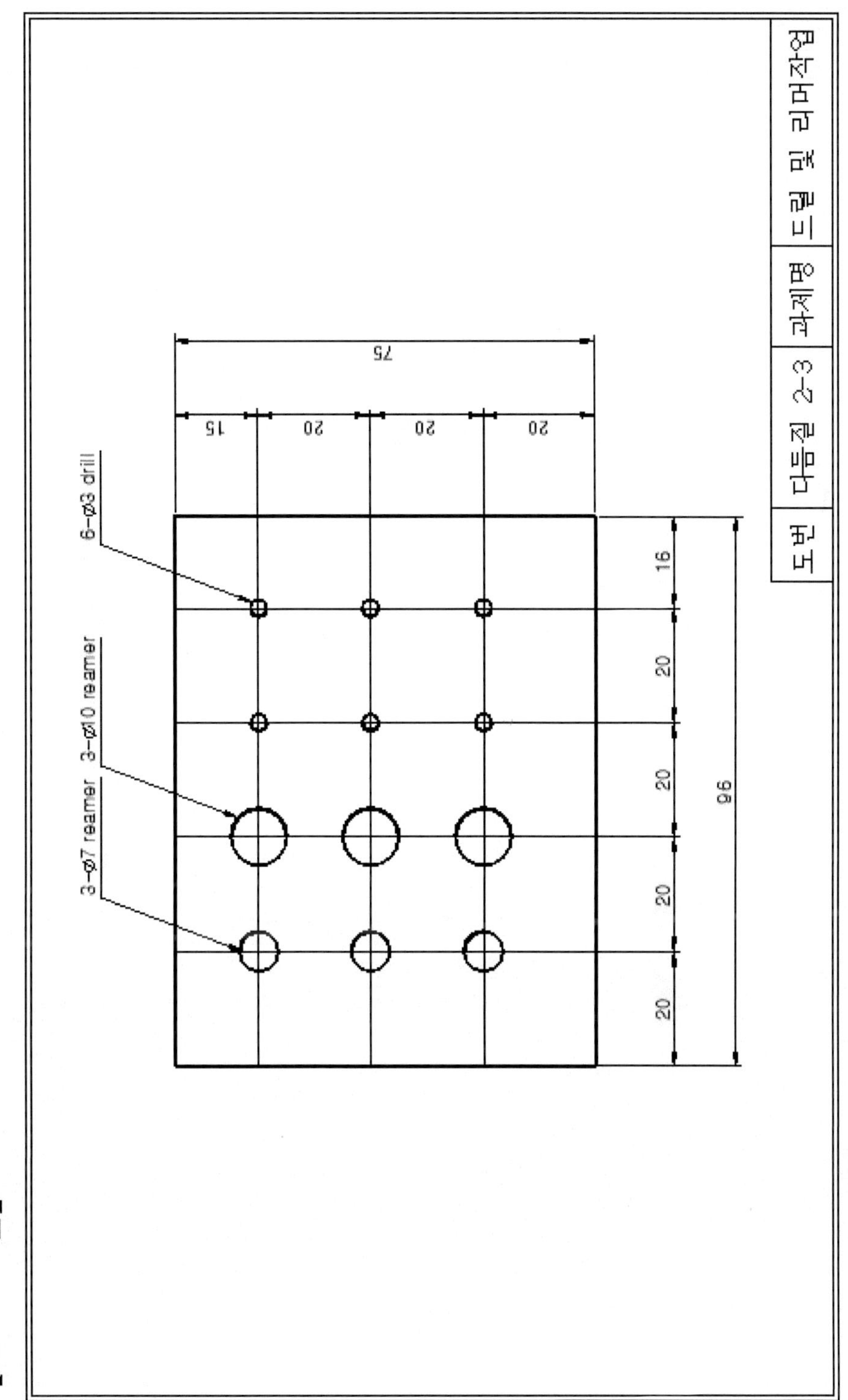

도 번
다듬질 2-3
과제명
드릴 및 리머작업
6-ø3 drill
3-ø10 reamer
3-ø7 reamer
75
15
20
20
20
16
20
20
20
20
96

【관계 지식: 드릴 및 리머작업】

2-3-1 센터 펀치 작업

센터 펀치 작업은 이미 가공된 공작물이나 가공할 공작물의 표면에 표시한 선이나 점에 센터 펀치를 세워 잡고 망치로 때려서 깊게 자국을 내는 작업을 말한다.

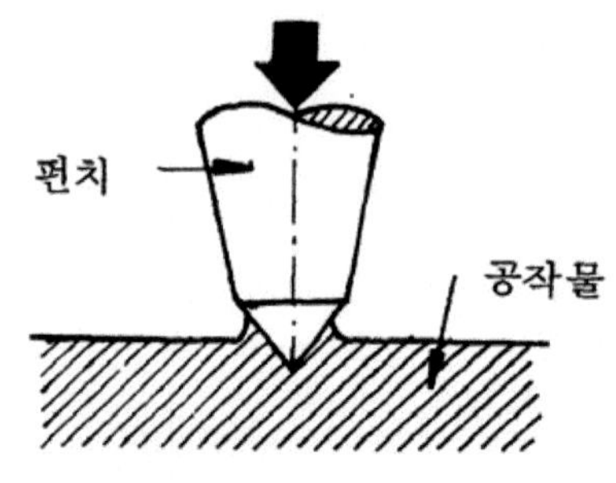

그림 2-35 센터 펀치 자국 내기

(1) 작업 과정

해머로 센터 펀치를 가격하면 센터 펀치의 끝은 공작물 표면에 원추형의 자리를 내면서 박히게 되므로, 공작물의 표면은 재료가 늘어나며 끝면은 압축한다.

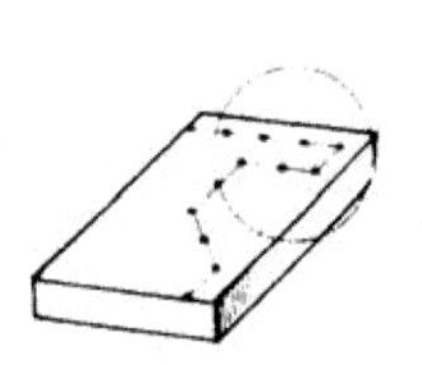
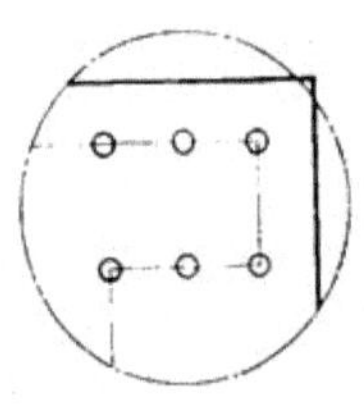

(a) 금긋기 작업 후, 센터 펀치 작업한 공작물의 단면

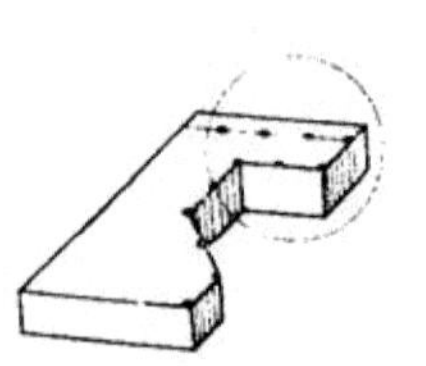
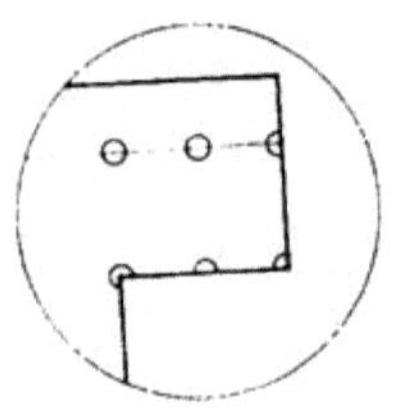

(b) 센터펀치 작업 후, 절단된 공작물의 단면

그림 2-36 센터 펀치 작업

(2) 센터 펀치 작업을 통한 작업 목적과 용도

(가) 공작물 표면에 표시된 선을 오래도록 선명히 유지시킬 수 있다.

(나) 센터 펀치 자국으로 공작물의 가공 치수를 쉽게 확인할 수 있다.

(다) 센터 펀치 자국은 드릴 작업에서 공작물의 정확한 가공위치를 안내한다.

(3) 센터 펀치의 형태

센터 펀치(공구강)의 끝은 공작물보다 강하게 열처리되어 있으며, 항상 날카롭게 연마되어 있어야 한다. 센터 펀치가 제대로 연마되어 있지 않으면 드릴 작업을 할 때 부정확하게 드릴을 안내하여 가공된 구멍위치가 틀려질 수 있다.

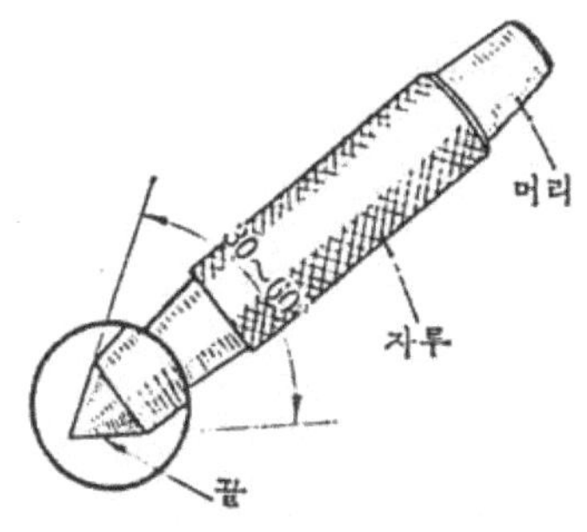

그림 2-37 바르게 연마한 센터 펀치

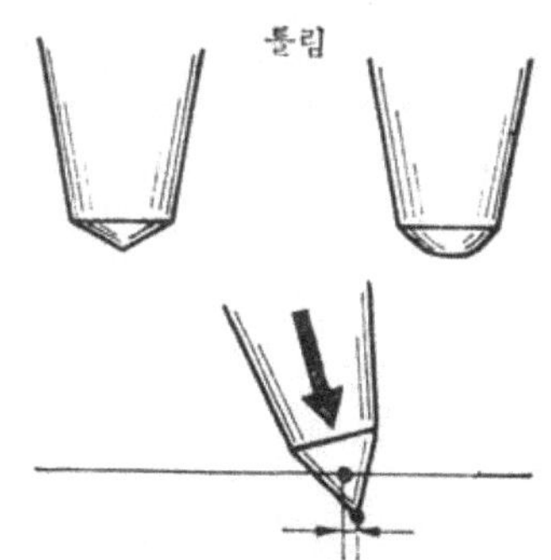

그림 2-38 정확하지 못한 센터 펀치 작업

(4) 센터 펀치를 금긋기 선에 맞추는 방법

센터 펀치를 바르게 잡은 다음, 센터 펀치의 끝을 작업할 위치인 점이나 선에 가능한 정확히 맞춘다. 이 때, 점이 잘 보이도록 센터 펀치를 약 60° 정도 기울여서 정확히 맞춘 다음, 센터 펀치의 끝이 미끄러지지 않도록 조심스럽게 센터 펀치를 공작물과 90° 가 되도록 일으켜 세운다. 정확한 작업을 하기 위하여 새끼손가락이나 그 뒷부분의 일부 근육을 공작물 표면에 대고 하는 것이 좋다.

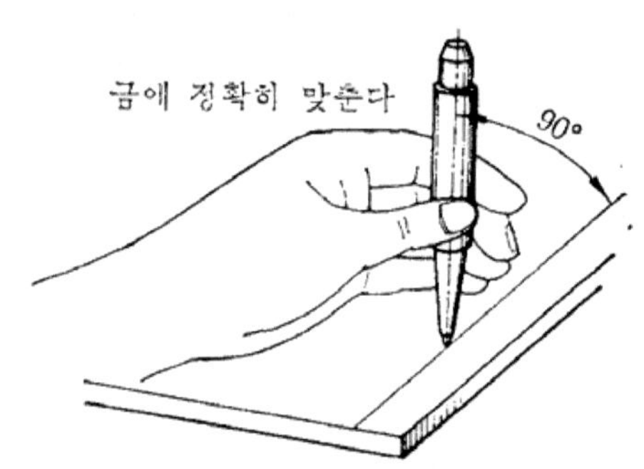

그림 2-39 센터 펀치 작업의 각도

(5) 센터 펀치를 때리는 방법

센터 펀치는 중심을 향해 해머로 가격한다. 정밀을 필요로 하는 공작물일 경우에는 하나의 센터 펀치 자국을 두 번 때려서 완성시키는 것이 좋다. 처음에는 작은 하중으로 가격하여 작은 자국을 만든다. 두 번째는 처음의 센터 펀치 자국의 위치를 검사하여 펀치 자국이 원하는 점에 정확히 위치했을 경우, 다시 가격하여 완성한다. 이 방법은 중심이 틀린 센터 펀치 자국을 쉽게 수정할 수 있다.

단단한 재료의 공작물은 공구각을 최소 60° 로 하여 센터 펀치 끝이 파손되는 것을 방지한다. 연한 재료의 공작물의 경우는 작은 하중으로 가격한다. 센터 펀치 자국의 지름과 깊이는 센터 펀치의 공구각 크기에 따라 다르게 나타난다.

2-3-2 드릴링(drilling)

(1) 드릴링의 개요

드릴링 머신(drilling machine)은 주축은 회전운동과 상하 직선운동을 하고, 주로 드릴을 사용하여 구멍 뚫기를 하는 공작기계이다.

(2) 구멍가공의 종류

(가) 드릴링(drilling) : 공작물에 구멍을 뚫는 작업이며, 사용되는 공구는 드릴이다.

(나) 리이밍(reamming) : 구멍의 정밀도를 높이기 위한 가공으로 리머를 사용해 다듬질을 한다.

(다) 탭핑(tapping) : 공작물의 구멍 내부에 암나사를 가공하는 작업으로 탭을 사용해 나사를 가공하는 작업이다.

(라) 보링(boring) : 뚫린 구멍을 다시 절삭하여 구멍을 넓히고 다듬질하는 것이다. 공구는 보링 바에 바이트를 붙여서 절삭한다.

(마) 카운터 싱킹(counter-sinking) : 접시머리 나사를 체결할 수 있도록 구멍에 접시머리 나사가 들어갈 부분을 원추형으로 가공하는 작업이다.

(바) 카운터 보링(counter-boring) : 평볼트 또는 소형 나사의 머리부를 공작물의 구멍 안에 삽입하기 위하여 구멍의 상부를 원통형으로 가공하는 작업이다.

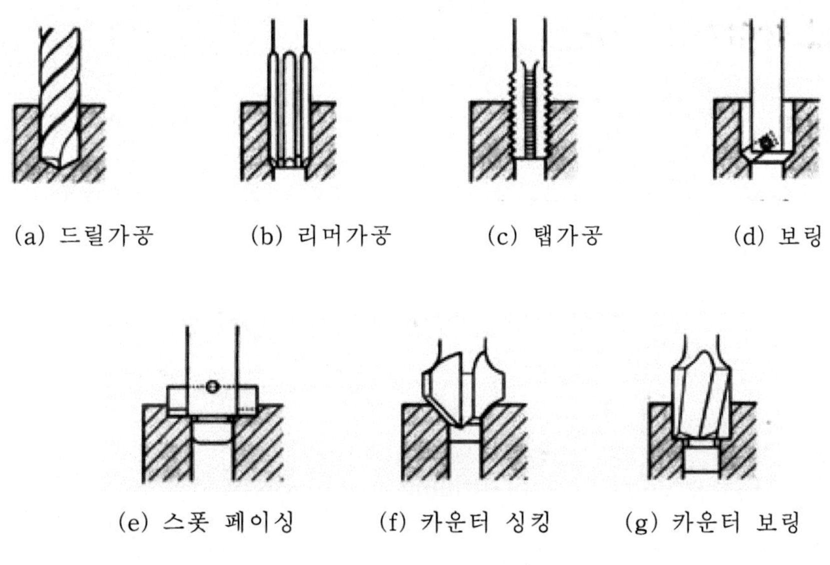

그림 2-40 드릴링 작업의 종류

(3) 드릴링 머신의 종류

(가) 탁상 드릴링 머신(bench type drilling machine)

탁상 드릴링 머신의 베이스를 탁상 위에 올려놓고 체결볼트로 단단히 고정시키고, 공작물을 테이블이나 핸드 바이스에 고정하여 작업을 한다.

테이블은 칼럼을 따라 상하 이동을 하며, 주축은 상부에 있는 모터에 의해 회전운동을 한다. 주축의 회전수 변환은 V-벨트를 사용하는 풀리의 단차에 의해 이루어진다.

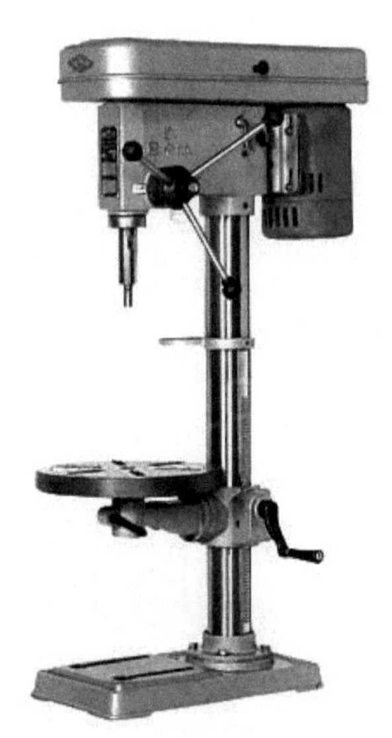

그림 2-41 탁상 드릴링 머신 (소형 드릴)

그림 2-42 직립 드릴링 머신 (대형 드릴)

(나) 직립 드릴링 머신(upright drilling machine)

비교적 대형 공작물의 드릴 가공에 널리 사용되며 회전수 변환에는 단차식과 기어식이 있다. 공작물의 크기가 작을 때는 테이블 위에 고정하고, 공작물이 클 때는 베이스 위에 바로 고정한다. 스핀들의 하부에는 보통 모스 테이퍼가 있어 드릴 소켓을 직접 압입하든가 드릴 척을 압입하고 드릴을 물린다.

(다) 레이디얼 드릴링 머신((radial drilling machine)

대형이며 무거운 공작물의 구멍뚫기에 사용된다. 레이디얼 드릴링 머신의 크기는 드릴 가공이 가능한 최대 지름과 칼럼 표면에서 주축 중심까지의 최대 거리로 표시한다.

그림 2-43 레이디얼 드릴링 머신

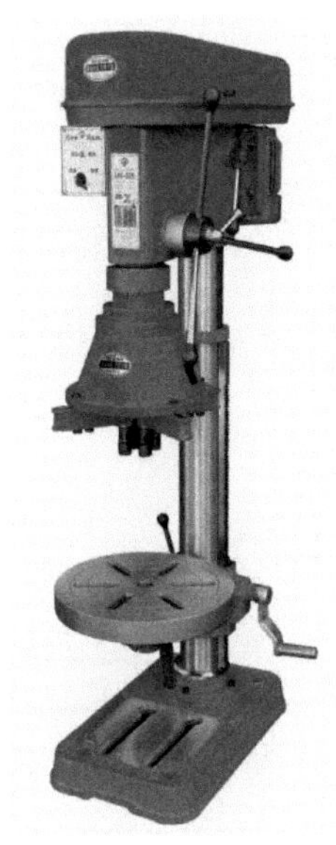

그림 2-44 다축 드릴링 머신

(라) 다축 드릴링 머신(multiple spindle drilling machine)

1대의 드릴링 머신에 많은 수의 스핀들 축이 있어 한 번에 여러 개의 구멍 작업을 할 때 능률적이다. 먼저 작업에 필요한 공구들을 고정시켜 놓고 순서대로 필요한 공구를 사용해서 하나의 공작물에 구멍뚫기, 리머 작업, 탭작업 등의 일관된 작업을 연속적으로 할 수 있다.

(4) 드릴의 종류

드릴을 크게 4가지로 분류하면 트위스트 드릴, 평 드릴, 특수 드릴, 경질합금 드릴로 나눌 수 있다.

드릴의 선단은 원추형이고 선단의 트위스트 홈이 서로 만나는 부분에 2개의 절삭날이 있다. 트위스트 드릴의 인선각은 연강용에 대해서는 118° 를 표준으로 한다. 가공재료가 단단할수록 인선각을 크게 한다.

드릴작업시에는 드릴의 직경에 따라 회전수가 변속되어야 하므로 다음의 공식을 이용하여 회전수를 선택한다.

$$V=\frac{\pi DN}{1000}, \qquad N=\frac{1000V}{\pi D}$$

N : 드릴의 매분 회전수 (rpm)

V : 드릴의 절삭속도 (m/min)

D : 드릴의 직경 (mm)

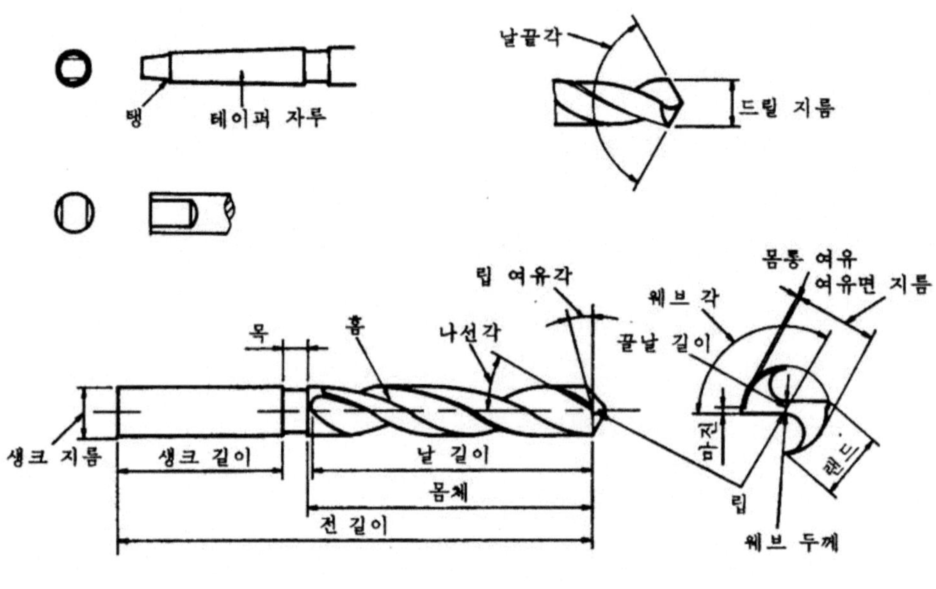

그림 2-45 드릴의 형상

제 3장 선반 실습

【실습번호 3-1】 선반 조작

소요시간 : 3시간

【실습 목적】

1. 선반 작업의 기능과 선반 각 부분의 명칭을 알 수 있다.
2. 선반 작업을 하기 위한 원활한 조작을 가능하게 한다.

【재 료】

절삭유 및 윤활유

【기계 및 공구】

선반, 외경바이트, 버니어 캘리퍼스

【실습 순서】

1. 선반 조작 준비

선반을 운전하기 전에 반드시 다음 사항을 지켜야 한다.

(1) 왕복대에 있는 주축의 시동 레버와 에이프런 가로 이송레버가 중립의 위치에 있는지 확인한다.

(2) 각 급유 개소에 지정된 윤활유를 급유한다.

(3) 주축의 척에 공작물이 물려 있는지, 공구대에 절삭공구가 견고하게 물려 있는지 확인한다.

2. 선반 조작 순서

(1) 전원 스위치를 "ON" 의 위치에 놓으면 파일롯트 램프에 빨간불이 켜지게 된다.

그림 3-1 전원 스위치와 파일롯트 램프

(2) 시동 레버를 작동시킨다. 시동 레버를 아랫방향으로 내리면 주축이 정회전하고, 윗 방향으로 올리면 역회전한다.

그림 3-2 왕복대에 장착된 시동 레버

(4) 주축을 정지시킨다. 시동 레버를 중립에 놓으면 전동기(moter)가 자연적으로 정지되나, 주축이 정지될 때 까지 시간이 많이 걸리므로 빠른 정지를 위해 브레이크를 밟는다.

(5) 주축 회전수를 변환한다. 선반에서 회전수의 변환은 변환레버를 사용하여 주축의 회전수를 변경한다.

(6) 주축의 회전은 저속으로 공회전 시킨 다음 점차 고속 회전으로 변환 시킨다.

(7) 이송 속도의 변환에는 가로 방향, 세로 방향의 자동 이송과 수동 이송 및 나사 깎기 등이 있다.

【평　　가】

평가기준	평 가 항 목		만점	양호	보통	득점	비고
	기능 평가	각 부의 명칭 숙지	15	12	9		
		주유 상태	15	12	9		
		수동 조작 방법	15	12	9		
		자동 조작 방법	15	12	9		
	실습 평가	안전 실습	10	8	6		
		실습 방법	10	8	6		
		정리 정돈	10	8	6		
		실습 시간	10	8	6		
	종합평가	총　계					

【관계 지식: 선반 조작】 ☞ 선반 실습 관련 동영상 자료 참고

3-1-1 선반의 개요

선반(lathe)은 주축의 스핀들에 장착된 척(chuck)에 공작물을 물려놓고, 공구대(tool post)에 바이트(절삭공구)를 고정한 다음, 바이트가 전후, 좌우 또는 경사지게 이동하면서 회전하는 공작물을 원통으로 가공하는 공작기계이다.

가공하려는 공작물은 주축대의 스핀들에 설치된 척(chuck)에 고정한다. 공작물의 형상이 길거나 특이한 경우에는 척과 심압대의 양쪽에 센터를 장착하여 지지하거나, 면판(face plate)에 고정하기도 한다. 선반은 공작물을 원통형으로 외경을 절삭하는 것이 일반적이지만, 드릴링(drilling), 보링(boring), 또는 리이밍(reaming) 등의 구멍가공도 할 수 있다. 또 나사절삭(threading)과 테이퍼 절삭(taper turning)도 가능하다. 한편, 면판을 사용하여 공작물을 고정하는 등 적당한 부속장치를 설치하면 간단한 평면을 가공할 수도 있다.

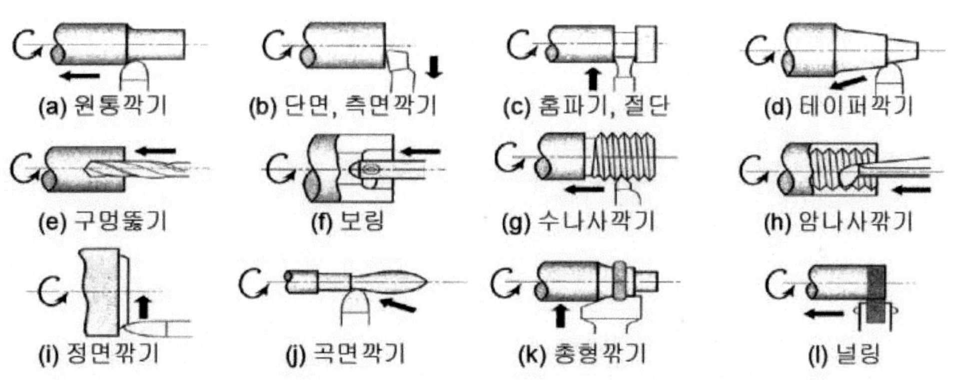

그림 3-3 선반 작업에 의한 가공형상

선반의 종류는 작업상태, 구동방식, 공작기계의 크기, 작업목적, 그 밖의 구조에 따라 많은 종류가 있으나 본장에서는 일반적으로 사용되는 범용 선반(engine lathe)에 대하여 설명한다.

3-1-2 범용선반의 구조

증기기관(steam engine)의 발명에 의하여 기관(engine)을 사용한 선반이 개발되면서 보통선반(engine lathe)이라는 명칭을 사용하게 되었다. 근래에는 전동기(모터)를 동력원으로 사용하는 선반을 범용선반이라고 부른다.

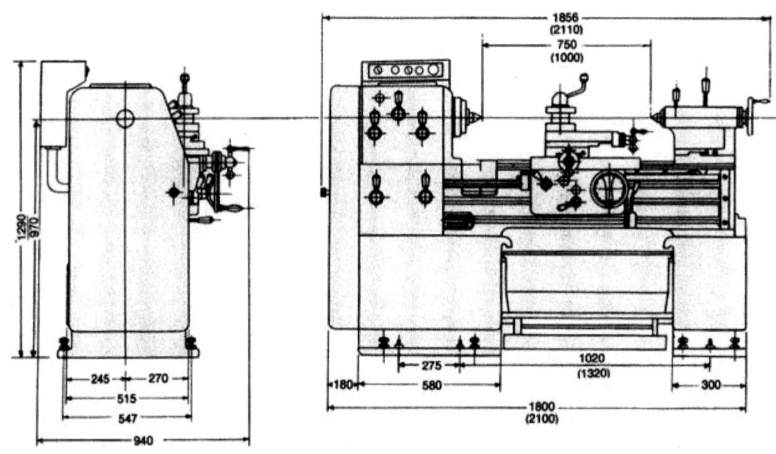

仕 樣	Specification	단 위	HL-380	
			(750)	(1,000)
베드상의스윙	Swing over bed	mm	400	400
왕복대상의스윙	Swing over carriage	mm	238	238
센터간의최대거리	Max. distance between centers	mm	750	1,000
베드길이	Length of bed	mm	1550	1,850
주축내경의테이퍼	Taper of spindle hole	M.T	#6	#6
주축관통경	Spindle bore	mm	52	52
센터의테이퍼	Taper of center	M.T	#4	#4
심압대의테이퍼	Taper of tailstock center	M.T	#4	#4
주축속도변환수	Number of spindle speed	段	12	12
주축속도범위	Range of spindle speed	R. P. M.	45~1,800	45~1,800
이송변환수	Number of feed changes	段	32	32
이송범위	Range of feeds(Longitudinal & cross)	mm	0.06~0.84 0.014~0.192	0.06~0.84 0.014~0.192
나사절삭범위	Threading range(metric whitworth)	mm T.P.I.	0.5~7 4~56	0.5~7 4~56
모터	Motor(Pole change motor)	HP	4(4P-8P)	4(4P-8P)
갭上의스윙	Swing over gap	mm	Non Gap	590
베드의폭	Width of bed	mm	300	300
기계중량	Net weight	kg	1,100	1,200
설치면적	Floor space	mm	785×1,856	785×2,100

그림 3-4 범용선반(화천기계 : HL-380)의 규격

그림 3-5 범용선반의 주요 명칭

범용선반의 크기는 그림 3-6에서 알 수 있듯이 가공할 수 있는 가공물의 최대치수와 관계가 있는 센터 사이의 최대길이(A)와 베드상의 스윙(B)으로 나타낸다. 베드상의 스윙은 베드에서 주축센터까지 높이의 2배이다. 그리고 베드 길이는 주축대가 놓인 부분의 길이를 포함한다.

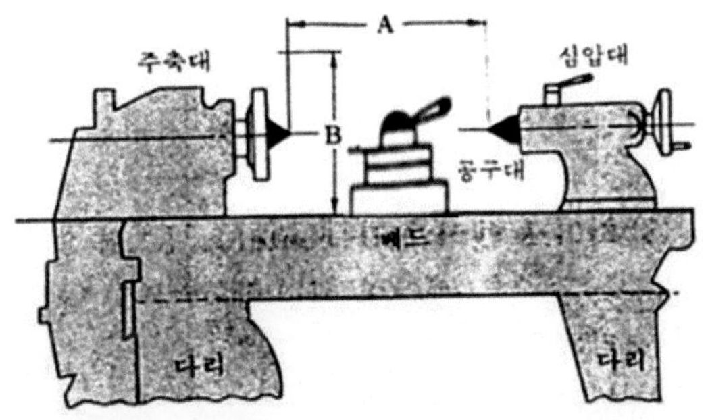

그림 3-6 센터간 최대길이와 베드상의 스윙

(1) 주축대(head stock)

선반의 주축대에는 전동기의 동력을 받아 회전하는 주축(spindle)과 공작물을 고정하는 척(chuck)이 연결되어 설치된다. 공작물의 회전수와 동일한 주축의 회전수는 그림 3-8과 같이 주축대에 설치된 변속기어 장치에 의하여 변속된다. 변속장치로는 기어방식과 벨트방식, 무단변속장치 등이 있지만, 근래에는 범용선반들도 고속 정밀한 것들이 대세를 이루면서 대부분 기어방식을 채택하고 있다.

그림 3-7 소형선반 주축대

(a) 기어식

(b) 벨트(단차)

그림 3-8 주축대의 변속장치

(2) 왕복대(carriage)

선반의 왕복대에는 에이프런, 새들, 복식 공구대(compound rest) 및 공구대(tool rest)로 구성되어 있다. 왕복대는 절삭 공구를 지지하고 이동시키는 기능을 하므로 중요한 부분의 하나이다. 에이프런 핸들은 왕복대를 베드 위에서 좌우로 이동시키고, 가로 이송 핸들은 공구대를 앞뒤로 움직이게 한다. 복식 공구대는 각도 조절이 가능하다.

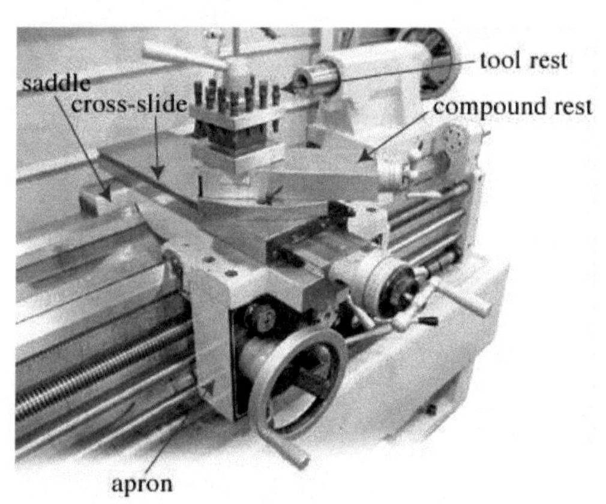

그림 3-9 왕복대의 요소

(3) 심압대(tail stock)

심압대는 베드 위에서 임의의 위치에 고정할 수 있다. 주축과 심압대에 센터를 장착하여 공작물을 고정할 때 이용한다. 심압대 축의 스핀들 구멍은 모스 테이퍼(morse taper) 구멍으로 되어서 모스 테이퍼의 생크(shank)가 있는 드릴, 리머 또는 드릴 척 등을 끼워 사용할 수 있다. 또한 심압대 축의 중심 위치는 편위시킬 수 있으므로 테이퍼 가공에도 이용된다.

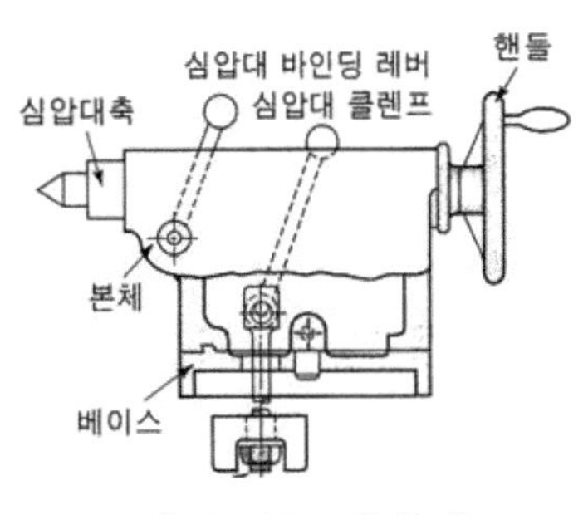

그림 3-10 심압대

(4) 베드(bed)

선반의 베드는 주축대, 왕복대, 심압대를 지지하는 기능을 한다. 그리고 특히 왕복대는 베드 위에 설치되고 베드의 안내면을 따라 좌우로 이동한다.

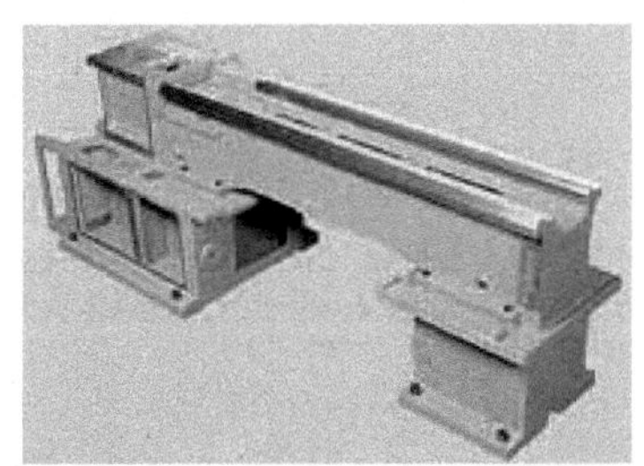
그림 3-11 선반의 베드

선반 베드에 사용되는 재료는 일반적으로 주철이 많이 사용되며, 대형 선반에는 구조용 강재를 용접하여 구성할 때도 있다. 그러나 주철은 강철보다 주조, 가공이 용이하며 진동의 감쇠계수(damping coefficient)가 강재의 수배가 되어 절삭가공 중에 발생하는 진동에 대한 감소효과가 양호하므로 많이 사용된다. 다만 주철 베드는 주조응력을 제거하고, 될수록 변형이 나타나지 않도록 열처리를 하여야 한다. 베드는 표면이 편평한 영국식과 돌기가 있는 미국식이 있다.

3-1-3 선반의 부속장치

선반의 부속장치로는 공작물을 고정시키기 위한 척, 센터, 맨드릴, 돌림판, 돌리개, 방진구, 바이트 등이 있다. 그림 3-12는 공작물을 고정시키기 위한 방법으로 척에 고정하는 방법과 양센터로 고정하는 방법을 설명하는 그림이다.

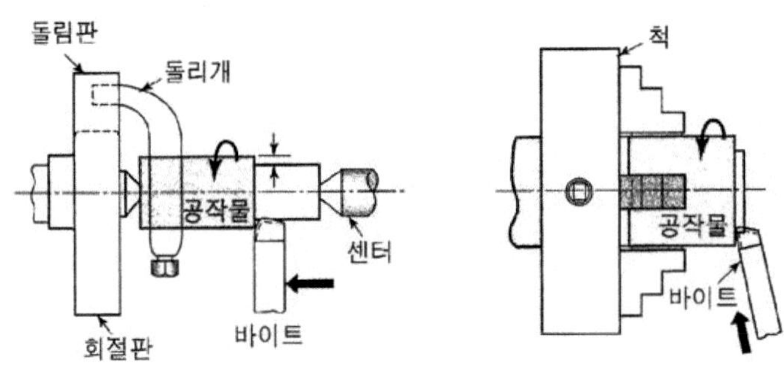

그림 3-12 공작물의 고정방법

(1) 척(chuck)

주축대의 스핀들에 장착되는 척은 직접 공작물을 고정하면서 회전시키는 것으로 선반의 많은 부속품 중에서 사용빈도가 가장 많다. 척의 종류에는 대표적으로 연동 척과 단동 척이 있다.

(가) 연동 척(universal chuck)

연동 척은 공작물을 조이는 죠오(jaw)가 3개로 되어 있으며, 척 핸들을 돌리면 3개의 죠오가 동시에 움직이므로 공작물을 설치하는데 편리하다.

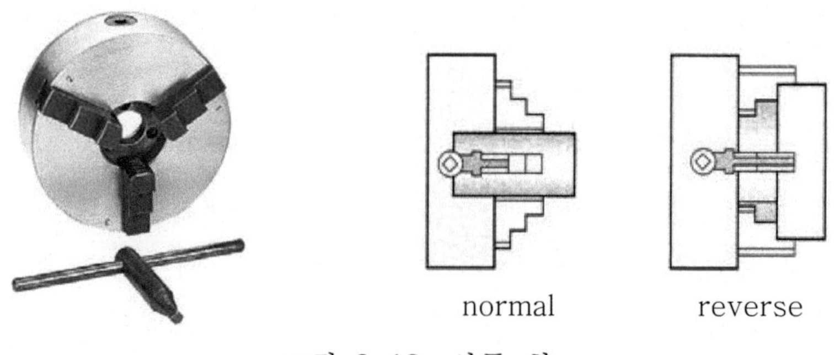

그림 3-13 연동 척

(나) 단동 척(independent chuck)

단동 척은 공작물을 조이는 4개의 죠오가 각각 따로 움직이므로 크랭크 샤프트 등과 같이 축의 중심들이 불규칙한 형상의 공작물을 설치하기가 편리하지만 정확하게 센터를 맞추기에는 긴 시간과 숙련을 필요로 한다.

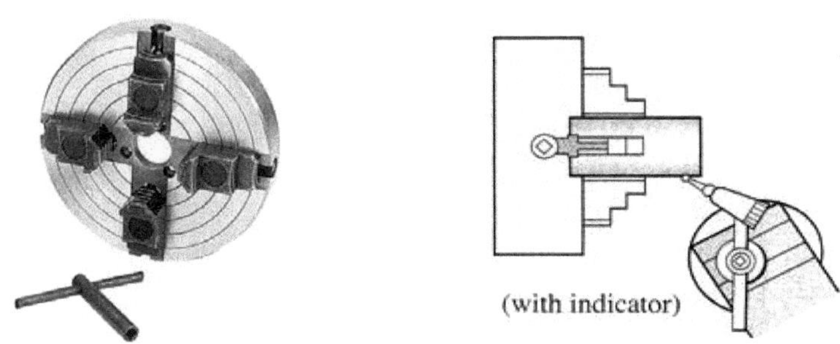

그림 3-14 단동 척

그림 3-15 단동 척에서 가공된 크랭크 샤프트

(다) 콜릿 척(collet chuck)

주로 터릿 선반이나 자동선반에서 봉재 가공을 할 때 쓰인다. 이 밖에 유압 척, 공기 척은 각각 유압과 압축 공기에 의해 죠오의 개폐를 행하는 것으로 공작물의 탈착이 신속하므로 자동선반에 많이 쓰인다.

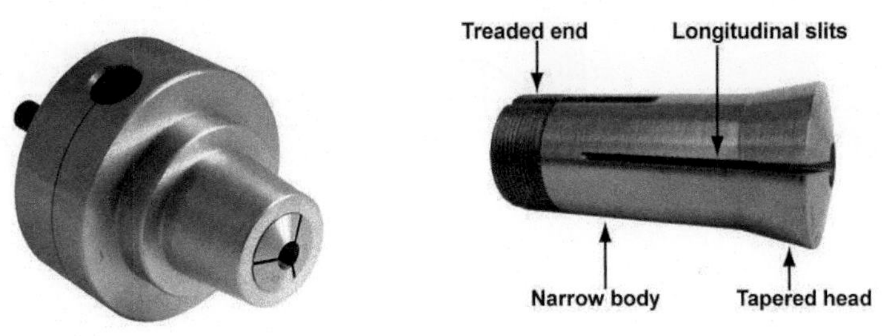

그림 3-16 콜릿 척과 콜릿

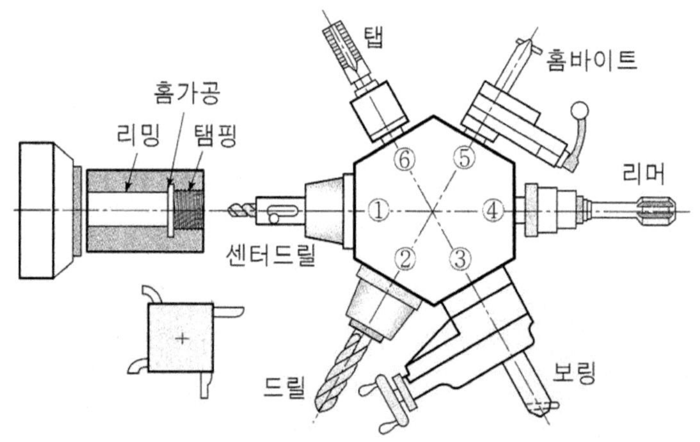

그림 3-17 터릿 선반의 터릿 헤드

(2) 센터(center)

공작물을 지지하기 위해서 사용되는 센터는 주축에 장착하여 사용하는 정지 센터(dead center)와 심압대의 스핀들에 장착하여 사용하는 회전 센터(live center)가 있다. 회전센터는 회전이 원활하도록 베어링이 내장되어 있으며 심압대 스핀들의 구멍에 체결할 수 있도록 센터의 생크부분은 모오스 테이퍼로 되어 있다. 일반적으로 센터 끝의 원추각은 보통 60° 이고, 공작물의 형상에 따라 75° 와 90° 가 사용되기도 한다.

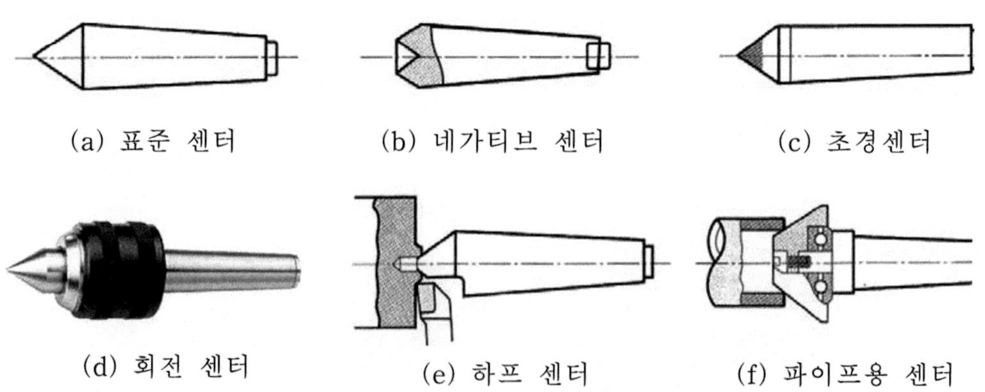

그림 3-18 센터의 종류

(3) 돌림판(driving plate)과 돌리개(dog)

돌림판은 면판(face plate)이라고도 하며 주축에 고정되어 공작물을 회전시키는데 쓰인다. 돌리개는 한끝이 돌림판의 홈에 끼워져 돌림판의 회전으로 돌리개가 돌고 돌리개에 나사로 고정된 공작물이 회전한다.

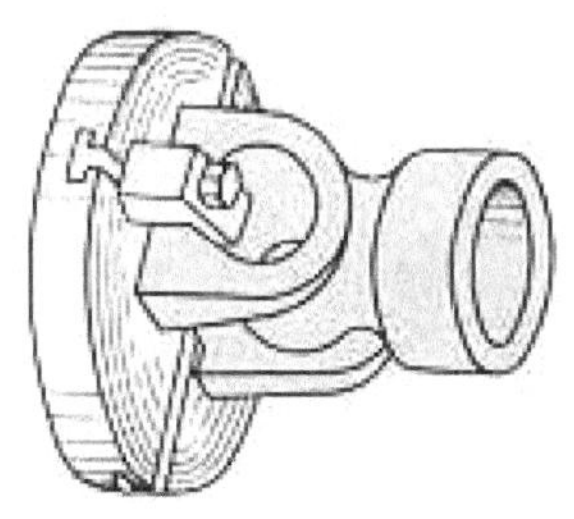
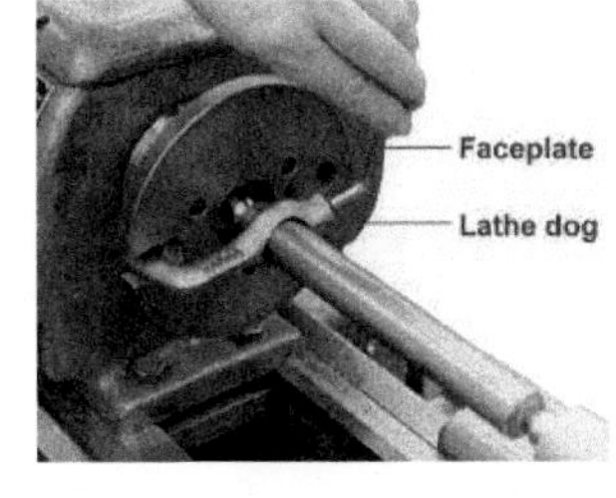

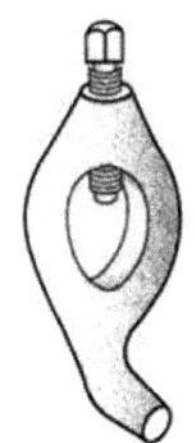

그림 3-19 돌림판과 돌리개

(4) 심봉(mandrel)

가공하고자 하는 공작물에 구멍이 뚫려 있는 경우에는 그 구멍에 심봉을 끼워서 편리하게 외경을 가공할 수 있다. 즉, 풀리나 기어 소재와 같이 구멍을 먼저 가공한 다음 외경의 형상을 가공하려면 공작물을 고정하기가 불가능하다. 따라서 미리 가공되어 있는 공작물의 구멍에 심봉을 끼우면 센터 작업이 가능하게 된다.

그림 3-20 심봉을 이용한 선반 작업

(5) 방진구(work rest)

지름에 비하여 길이가 긴 공작물은 센터로 지지하면 회전작용과 자중으로 굽힘이 생길 수도 있고, 절삭공구의 절삭력에 의해 굽힘이 생길 수도 있다. 따라서 선반 작업시 회전에 의한 진동 발생으로 절삭에 큰 지장이 일어날 수 있다. 이를 방지하기 위해 방진구를 사용한다. 방진구에는 베드 위에 고정되는 고정 방진구(steady rest)와 왕복대에 설치되어 왕복대와 동시에 이동하는 이동 방진구(follower rest)가 있다.

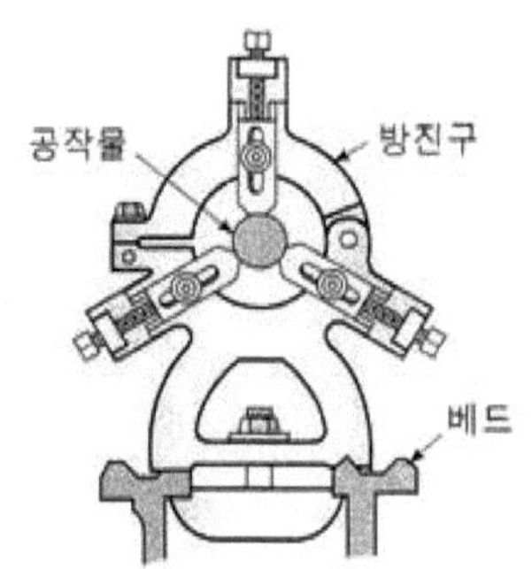

그림 3-21 선반의 베드위에 설치된 고정 방진구

(6) 바이트(bite)

바이트는 선반에서 사용되는 절삭 공구로 공작물의 재질, 모양, 크기 등 작업상황에 따라 여러 가지 종류의 것을 선택할 수 있다. 그림 3-22는 선반 작업에서 사용되는 바이트의 형상을 나타낸 것이다.

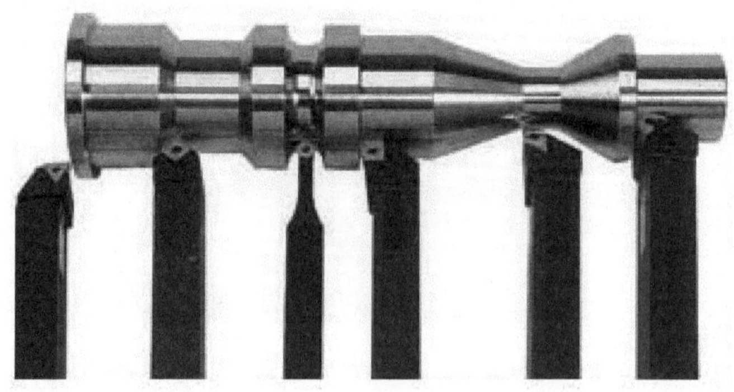

그림 3-22 선삭용 바이트의 종류

3-1-4 윤활

▣ 오일점검과 급유 위치

베드의 안내면과 주축 스핀들의 윤활상태를 확인한다. 선반 작업시 심압대 스핀들, 왕복대의 가로 이송 및 세로 이송 그리고 에이프런에 급유한다. 리드 스크류 및 이송 축 등과 같은 부분들은 마멸 상태를 점검하여 선반 작업시 참고하도록 한다. 이를 위하여 급유를 수시로 하고, 오일의 잔량을 체크한다.

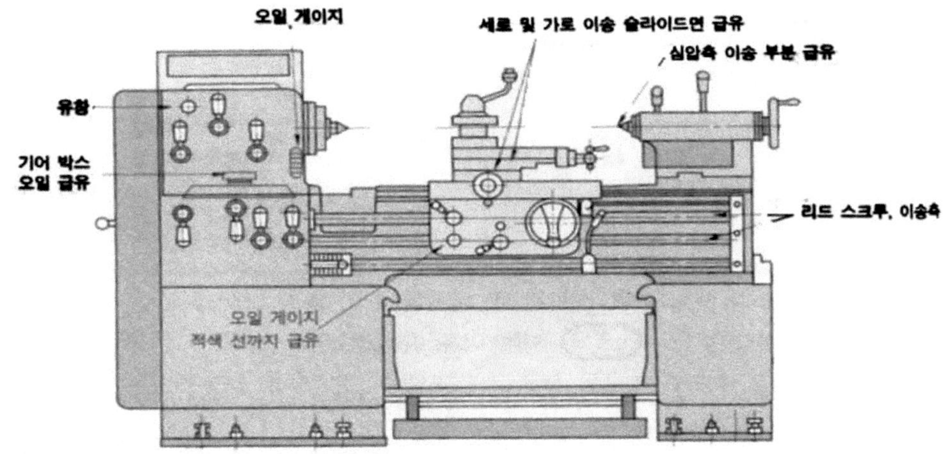

그림 3-23 선반의 급유 위치

【실습번호 3-2】 원통 절삭

소요시간 : 3시간

【실습 목적】

1. 연동 척과 단동 척에 공작물을 고정할 수 있다.
2. 공구대에 바이트를 설치할 수 있다.
3. 황삭 바이트로 원통 축의 단면 및 길이 방향 가공을 할 수 있다.

【도 면】

도번 : 선반 3-1 (P.87)

【재 료】

∅40×106(mm) 연강봉, 윤활유, 절삭유

【기계 및 공구】

선반, 단동 척, 다이얼 게이지, 황삭 바이트, 버니어 캘리퍼스, 마이크로미터,

【실습 순서】 ☞ 선반 실습 관련 동영상 자료 참고

1. 실습 준비를 한다.

(1) 도면 및 재료를 확인하고 절삭 작업의 공정을 계획한다.
(2) 기계의 주유 상태를 확인한다.
(3) 기계 및 사용할 절삭공구의 이상 유무를 확인한다.

2. 공작물을 단동 척에 고정한다.

(1) 척 핸들을 사용하여 공작물의 외경 치수 보다 약간 크게 척의 죠오(jaw)를 벌린다.

(2) 왼손으로 척 핸들을 잡고 오른손으로 공작물을 약 30mm정도 깊이로 척의 죠오 사이에 물린다.(그림 3-24)

(3) 서피스 게이지를 이용하여 공작물 중심 맞추기 작업을 한다. (그림 3-25)

(4) 척 핸들을 두 손으로 잡고 가볍게 조여준 후 척을 90° 씩 돌려가면서 각각의 죠오를 차례로 조여 준다.

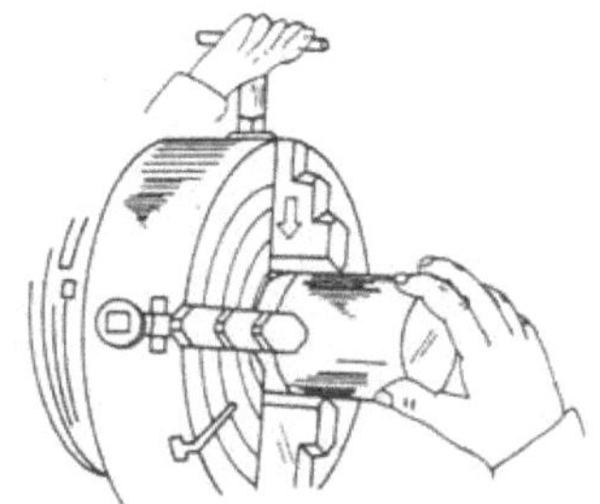

그림 3-24 공작물 삽입

그림 3-25 공작물 중심 맞추기

3. 공구대에 바이트를 설치한다.

(1) 공구대의 바이트 설치면을 닦는다.

(2) 바이트가 공구대로 부터의 돌출량이 생크 높이의 1.5배 정도 이내가 되도록 하여 공구대에 고정한다.

(3) 바이트 날 끝이 공작물의 중심에 맞는가를 검사하고 바이트 고정 볼트를 2개 이상으로 하여 같은 힘으로 조인다.

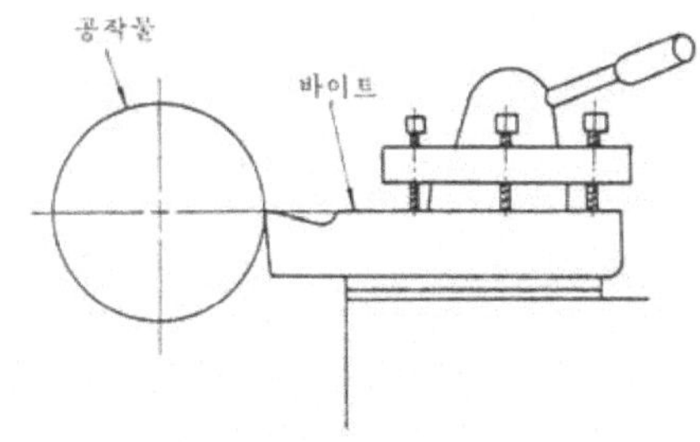

그림 3-26 바이트 설치

4. 단면 절삭을 한다.(1차)

(1) 왕복대를 이동시켜 바이트가 공작물을 절삭할 수 있는 위치에 놓는다.

(2) 변속레버를 사용하여 적당한 절삭속도(주축 회전수)를 선택한다.

(3) 주축을 회전시킨다.

(4) 바이트를 공작물의 단면에 접촉시킨 후, 절삭 깊이 1mm 이내로 단면을 거친 절삭한다.

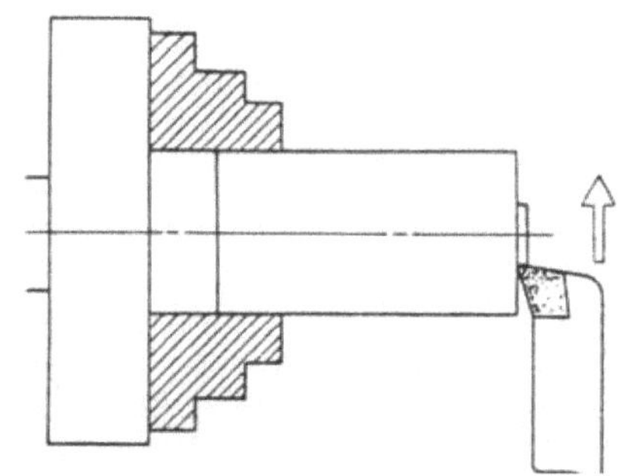

그림 3-27 단면 절삭(1차)

(5) 절삭유를 공급하면서 단면을 다듬질 완성한다.

5. 외경 절삭을 한다.(1차)

(1) 공작물의 외경을 가공하면서 길이 60mm가 되게 거친 절삭한다.(거친 절삭이므로 절삭 깊이를 약간 크게 하고 이송은 느리게 한다)

(2) ∅30.5×60(mm)로 거친 황삭을 한다.

(3) ∅30×60(mm)로 다듬질 완성 가공한다.

(4) 버니어 캘리퍼스로 가공된 공작물의 완성 치수를 확인한다.

※ 치수 측정시 공작물(주축)은 반드시 정지되어 있어야 한다.

(5) 단면 부위를 C0.5 모따기 한다.

(6) 공작물을 척에서 풀어낸다.

6. 공작물을 돌려 물린다.

(1) 완성 가공된 ∅30×60(mm) 부분에 보호판을 대고 깊이 30mm정도로 물린다.

(2) 다이얼 게이지를 왕복대 위에 설치하고 완성 가공된 부분에 측정자를 접촉시켜 중심을 정확히 맞춘다.(그림 3-28)

(3) 공작물의 길이 방향 평행도를 다이얼 게이지로 확인한다.

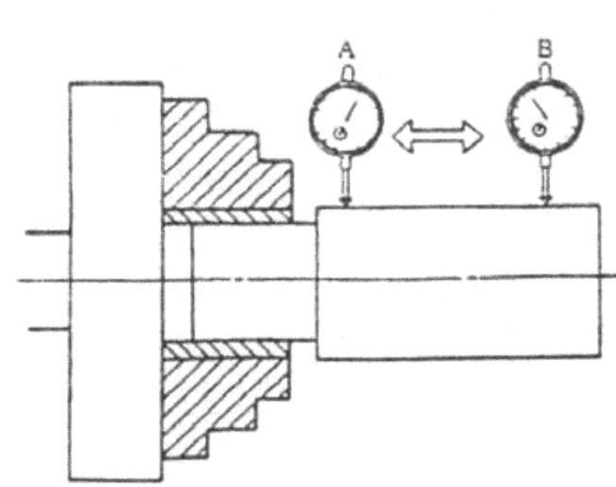

그림 3-28 다이얼 게이지에 의한 중심 맞추기

7. 단면 절삭을 한다.(2차)

(1) 왕복대를 이동시켜 바이트가 공작물을 절삭할 수 있는 위치에 놓는다.

(2) 공작물의 길이 치수를 확인하고 거친 절삭을 전체 길이 100.5mm 되게 가공한다.

(3) 단면을 다듬질 절삭하면서 전체 길이 100mm로 완성 가공한다.

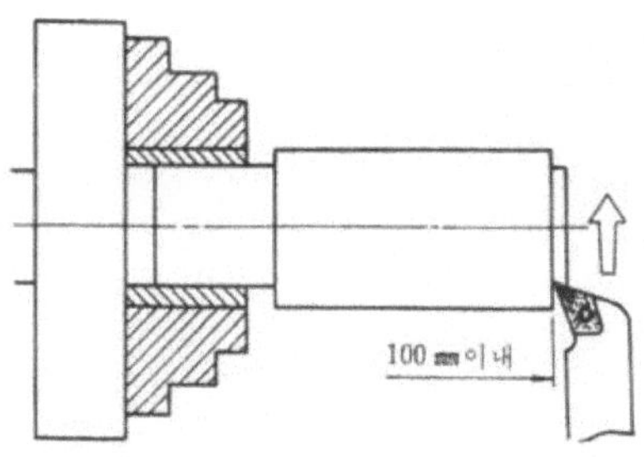

그림 3-29 단면 절삭(2차)

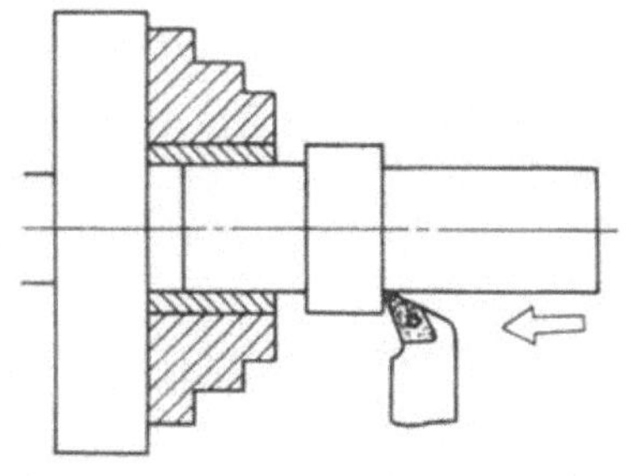

그림 3-30 외경 절삭(2차)

8. 외경 절삭을 한다. (2차)

(1) 돌려 물려진 상태에서 절삭이 안 된 흑피 부위를 거친 절삭한다.

(2) ∅30.5(mm)로 거친 절삭을 한다.

(3) ∅30(mm)로 다듬질 완성 가공한다.

(4) 버니어 캘리퍼스로 가공된 공작물의 완성 치수를 측정한다.

(5) 단면을 C0.5로 모따기 한다.

(6) 공작물을 척에서 풀어낸다.

9. 치수 검사를 한다.

(1) 절삭된 부위의 치수를 점검한다.

(2) 소요된 시간을 확인 한다.

(3) 가공치수가 틀려지면 그 원인을 분석한다.

10. 재가공을 한다.

(1) 공작물의 외경을 재가공하기 위해 공작물을 다시 척에 물린다.

(2) 완성 치수를 재설정하여 ∅25×100(mm)로 절삭한다.

(3) 완성된 공작물의 치수를 측정한다.

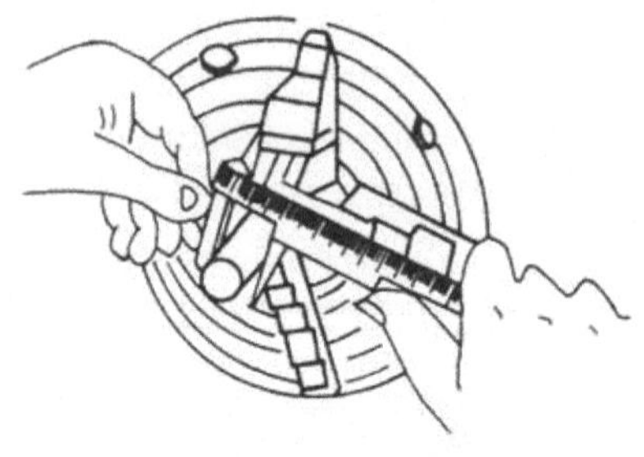

그림 3-31 완성된 공작물의 치수측정 방법

11. 정리·정돈한다.

(1) 공작물을 척에서 풀어낸다.

(2) 왕복대는 심압대가 위치한 곳까지 이동시킨다.

(3) 선반 및 선반주위에 발생한 칩을 깨끗이 청소한다.

(4) 공작물에 번호를 새기고 제출한다.

【안전 및 유의 사항】

1. 선반 운전 중에는 자리를 떠나지 않는다.
2. 바이트는 공구대에 확실하게 고정한다.
3. 공작물의 치수측정은 반드시 선반 운전을 멈추고 한다.
4. 척에서 공작물을 분리한 후, 척 핸들도 반드시 척에서 분리한다.
5. 보안경을 착용한다.

【평 가】

평가기준

1. 작 품 평 가 (60점)

평가항목	치수	공차	배점	득점	비고
일반치수	∅30	±0.1	15		
	∅25	±0.1	15		
	100	±0.1	15		
기능 및 외관	원 통 도		5		
	단면절삭 상태		5		
	진 원 도		5		

2. 실 습 평 가 (30점)

평가항목	상	중	하	득점	비고
실습순서	6	4	2		
실습안전	6	4	2		
공구 및 기계사용	6	4	2		
정리정돈 상태	6	4	2		
재료의 경제성	6	4	2		

3. 시 간 평 가 (10점)

소요시간	시간내	초과 10분	초과 20분	초과 30분	
12시간	10	8	6	4	

총점	작품평가	실습평가	시간평가	

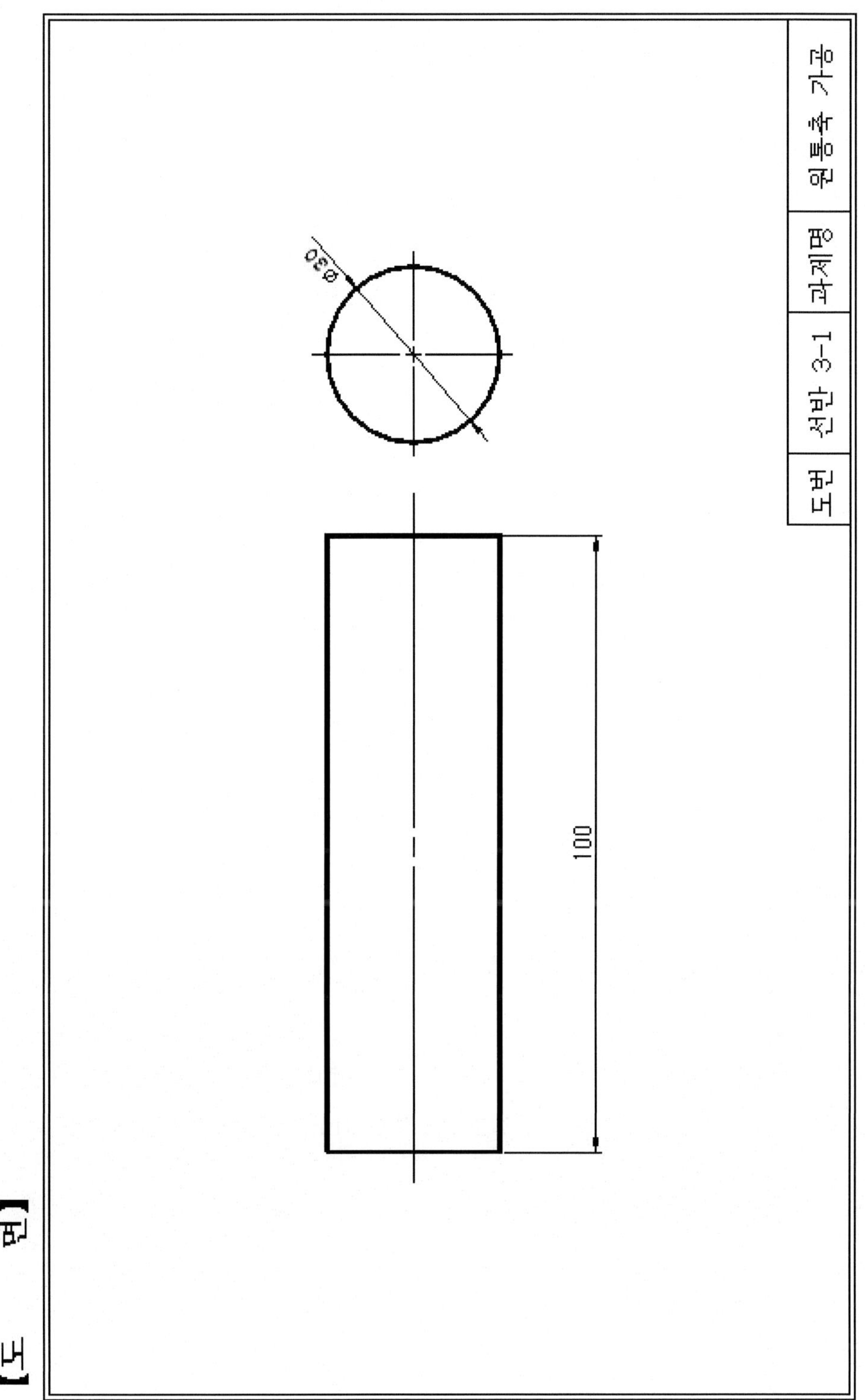
【도 면】
도번
선반 3-1
과제명
원통축 가공
Φ30
100

【관계 지식: 원통 절삭】

3-2-1 절삭 이론

(1) 절삭 깊이와 이송

절삭 면적 = 절삭 깊이(mm)×이송(mm/rev)

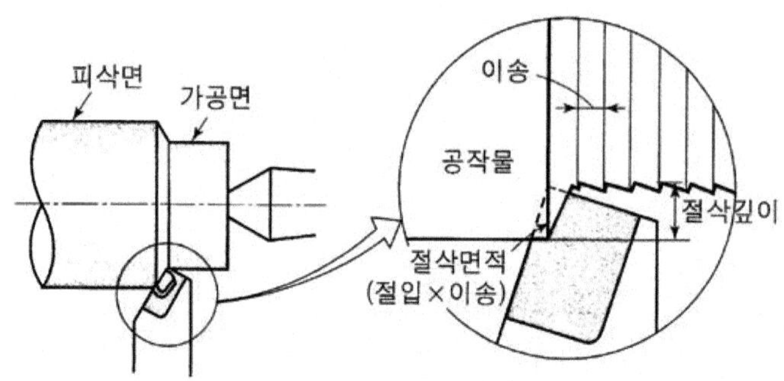

그림 3-32 절삭깊이(절입)와 이송

(2) 절삭 속도

공작물이 단위 시간에 공구의 인선을 통과하는 거리로 표시한다.

$$V = \frac{\pi DN}{1000} \quad , \qquad N = \frac{1000\,V}{\pi D}$$

N : 공작물의 회전수 (rpm)

V : 절삭 속도 (m/min)

D : 공작물의 직경 (mm)

(3) 칩(chip)의 형태와 종류

바이트로 공작물을 절삭할 때에 칩(쇠 부스러기)이 생성되는 형태는 공구의 모양, 공작물의 재질, 절삭 속도, 절삭 깊이, 이송량 등에 따라서 크게 4가지로 생성되는데 유동형, 전단형, 열단형, 균열형이 있다

(가) 유동형 칩(flow type chip)

그림 3-33(a)와 같이 칩이 공구경사면에 따라 흐르듯이 연속적으로 유동하며 발생하는 칩이다. 이것은 절삭 저항의 크기가 변하지 않고 진동을 동반하지 않는 것으로 양호한 치수 정도를 얻을 수 있어 다듬질면이 깨끗하다. 바이트도 충격에 의한 결손을 일으키는 일 없이 양호한 절삭 상태라고 할 수 있다. 그러나 칩이 길게 생성되기 때문에 칩 브레이커가 필요하다. 연성(延性)재료를 경사각이 큰 절삭공구로 절삭깊이를 얕게 하고 고속절삭할 때 잘 생기는 칩이다.

(나) 전단형 칩(shear type chip)

그림 3-33(b)와 같이 전단의 슬립(slip) 간격이 유동형 칩의 경우보다 큰 것으로서, 절삭공구가 칩을 밀어내는 압축력이 축적되어 칩의 전단이 발생하는 형태로 나타난다. 이와 같은 칩 전단이 발생될 때마다 절삭저항은 변동하고 절삭날도 변형할 수 있으므로 가공면에 요철(凹凸)이 많이 생길 수 있다. 절삭 저항은 파단이 생긴 직후에 새롭게 절삭이 진행되면서 증대하고 칩이 파단을 일으키면 급감한다. 이 절삭 저항의 변화가 진동을 일으키는 원인이 되고, 다듬질면을 나쁘게 한다.

연성이 있는 재료인 4-6황동, 화이트 메탈(white metal)의 절삭 또는 탄소강과 같이 유동형 칩이 잘 생기는 재료의 절삭에서도 절삭깊이가 크고 경사각이 작으면 발생되기 쉬운 칩이다.

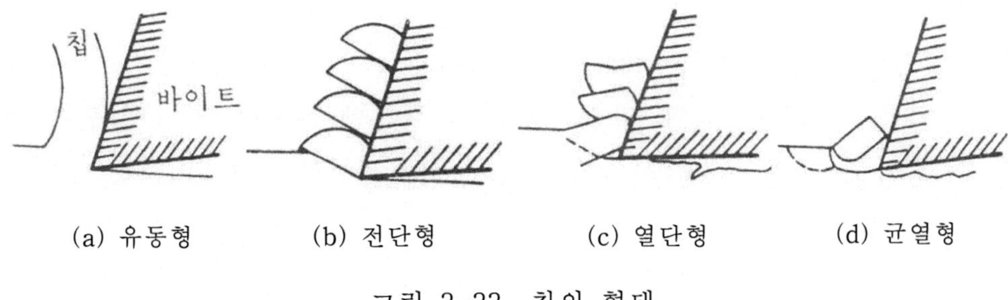

(a) 유동형 (b) 전단형 (c) 열단형 (d) 균열형

그림 3-33 칩의 형태

(다) 열단형 칩(tear type chip)

그림 3-33(c)에서 보는 바와 같이 유동형 및 전단형과는 달리 공구가 진행함에 따라 공구 전방 균열이 나타나면서 절삭이 이루어진다. 공작물에 절삭공구의 날끝이 접촉되는 부분으로부터 균열이 생기기 시작하여 전단을 일으키기 시작하고 칩이 잡아 뽑히는 것처럼 되어 나오게 되어 다듬질면에 흠집의 흔적이 남는다. 열단형 칩은 균열과 전단의 두 작용에 의하여 생긴다고 볼 수 있다. 절삭저항도 유동형 칩과 전단형 칩의 경우에 비하여 훨씬 크며 변동이 심하기 때문에 절삭진동이 크다. 또한 절삭진동 때문에 절삭날이 변형할 수 있어 가공면에 요철이 많이 생길 수 있다.

가공면에 잔류응력이 커서 시간의 경과에 따라 가공면이 변형할 수 있기 때문에 정밀가공에는 여러 관점에서 부적합한 형상의 칩이다. 순철, 순알루미늄, 순동 등과 같이 연성이 매우 큰 재료를 절삭할 때 경사면의 마찰이 심하여 칩이 응착하기 쉬운 조건에서 발생하는 칩이다.

(라) 균열형 칩(crack type chip)

공작물에서 공구 전방에 균열이 생기는 것은 열단형과 같으나 공구가 절삭을 진행하면 균열의 방향이 그림 3-33(d)와 같이 비스듬이 위를 향하여 칩 전단이 생긴다는 것이 열단형과 다른 점이다. 전단면에서 발생하는 취성파괴이며, 전단형의 특별한 예로 볼 수 있다. 균열의 흔적이 가공면에 남아 있어 가공면이 거칠며, 보통 주철과 같이 취성이 강한 재료를 절삭할 때 발생하기 쉬운 칩이다.

(4) 구성 인선(built-up edge)

절삭날에 작용하는 압력, 마찰저항 및 절삭열에 의하여 칩의 일부가 그림 3-34와 같이 절삭날에 부착된 것을 구성인선이라 하며, 이것은 주기적으로 발생하며 성장, 최대성장, 분열, 탈락 등의 과정을 반복한다.

구성인선은 연성이 큰 연강, 스텐레스강, 알루미늄 등과 같은 재료를 절삭할 때 발생하며, 절삭공구에 미소 크랙을 발생시키고 바이트의 일부를 떨어지게 한다.

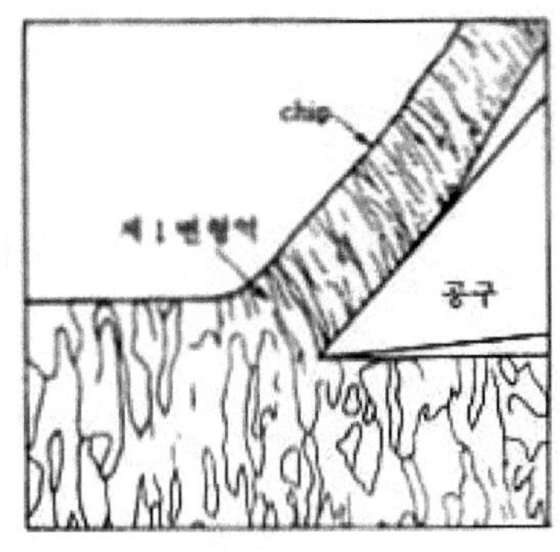

(a) 구성인선이 없는 연속형 칩

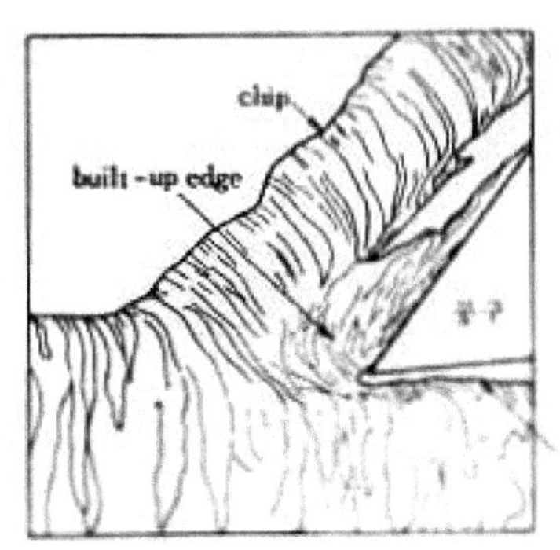

(b) 구성인선을 갖는 연속형 칩

그림 3-34 구성인선

(5) 절삭 저항

공작물이 절삭될 때 생기는 절삭저항력(P)은 3개의 절삭분력으로 나뉘어진다. 즉 절삭저항력에는 절삭 방향의 주분력과 공구의 축 방향으로 작용하는 배분력, 공구의 이송 방향과 반대쪽으로 작용하는 이송분력이 있다.

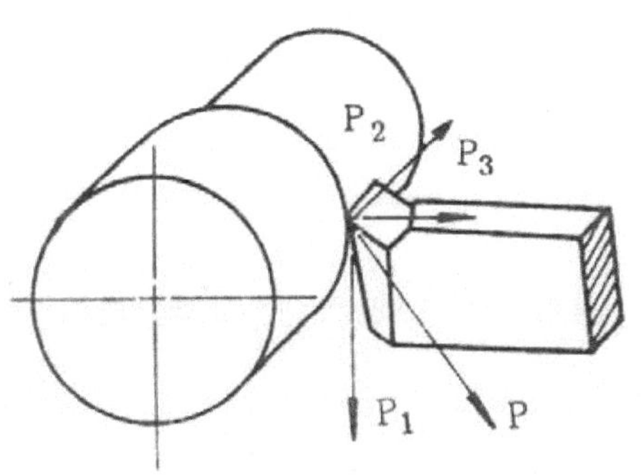

P = 절삭저항력(합력)

P_1 = 주분력

P_2 = 이송 분력

P_3 = 배분력

그림 3-35 절삭 저항의 분력

【실습번호 3-3】 계단축 절삭

소요시간 : 3시간

【실습 목적】

1. 선반 작업에서 단면 절삭을 할 수 있다.
2. 선반 작업에서 원통절삭과 계단축 절삭을 할 수 있다.

【도 면】

도번 : 선반 3-2 (P.97)

【재 료】

∅40×100(mm) 연강봉, 윤활유, 절삭유

【기계 및 공구】

선반, 다이얼 게이지, 외경 황삭 바이트, 단면 황삭 바이트, 외경 정삭 바이트, 단면 정삭 바이트, 버니어 캘리퍼스

【실습 순서】 ☞ 선반 실습 관련 동영상 자료 참고

1. 실습 준비를 한다.

(1) 도면 및 재료를 확인하고, 선반 작업의 공정을 계획한다.
(2) 기계의 주유 상태를 확인한다.
(3) 기계 및 사용 공구의 이상 유무를 확인한다.

2. 공작물을 척에 고정한다.

(1) 공작물을 약 30mm 정도의 깊이로 척의 죠오 사이에 물려 고정한다.

(2) 단동척의 경우, 서피스 게이지 또는 다이얼 게이지를 사용하여 중심을 맞춘다.

(3) 다이얼 게이지의 측정자를 좌우로 이동시키며 공작물의 길이 방향 평행도를 측정하고 조정한다.

3. 바이트를 공구대에 설치한다.

(1) 공구대의 바이트 설치면을 깨끗이 닦고 우측 측면 바이트를 설치한다.

(2) 바이트의 날끝이 중심에 맞는가를 확인하고 꼭 조여준다.

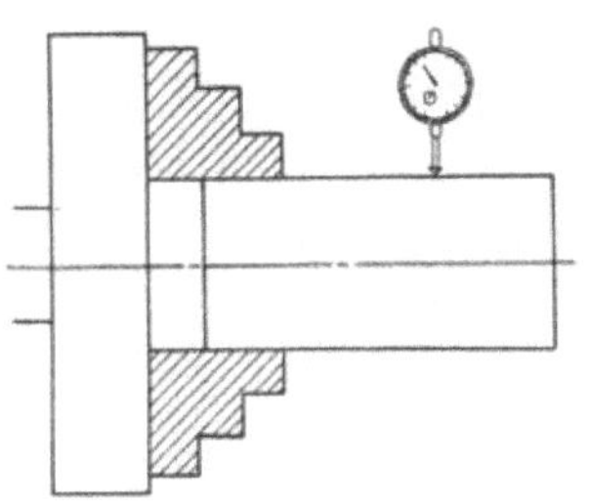

그림 3-36 공작물 고정

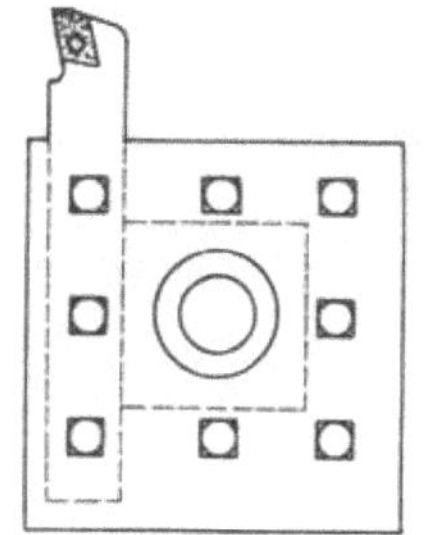

그림 3-37 바이트설치

4. 단면 절삭을 한다.(1차)

(1) 왕복대를 이동시켜 바이트가 공작물을 절삭할 수 있는 위치에 놓는다.

(2) 변속레버를 사용하여 적당한 절삭속도(주축 회전수)를 선택한다.

(3) 바이트를 공작물 단면에 접촉시킨 후, 단면 절삭을 한다.

(4) 절삭유를 공급하면서 단면을 다듬질 완성 가공한다.

5. 외경 절삭을 한다.(1차)

(1) 공작물의 외경에 길이 50mm되는 지점을 잡아 금긋기로 표시한다.

(2) ∅30.5×47(mm)로 거친 절삭을 한다.

(3) ∅30×47(mm)로 다듬질 가공한다.

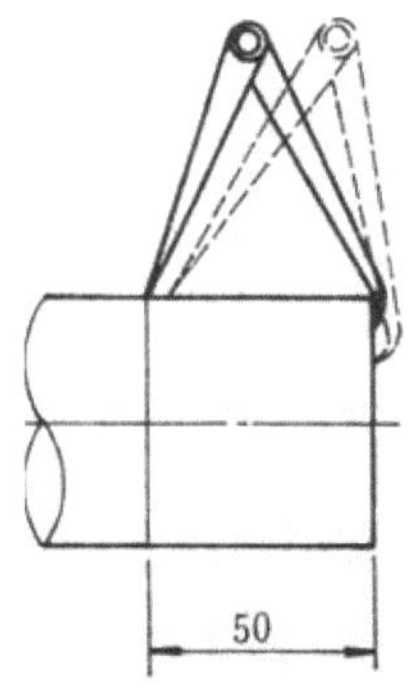

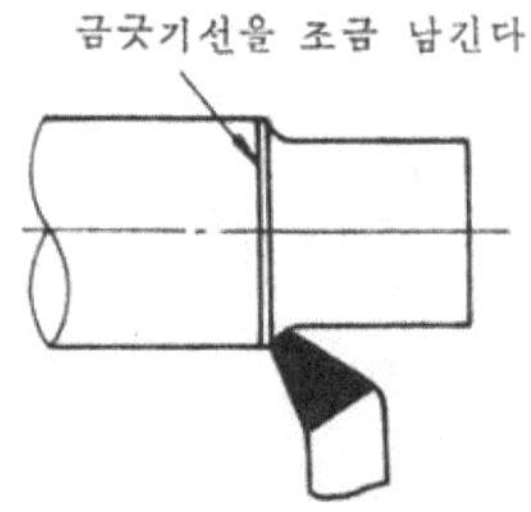

그림 3-38 금긋기 및 외경 절삭

6. 공작물을 돌려 물린다.

(1) 척에서 공작물을 풀어낸다.

(2) 공작물을 돌려 물기기 위해서 완성 가공된 ∅30(mm) 부위를 척의 죠오에 알루미늄 보호판을 대고 30mm정도 깊이로 물린다.

(3) 단동척의 경우, 서피스 게이지와 다이얼 게이지를 사용하여 중심을 맞춘다.

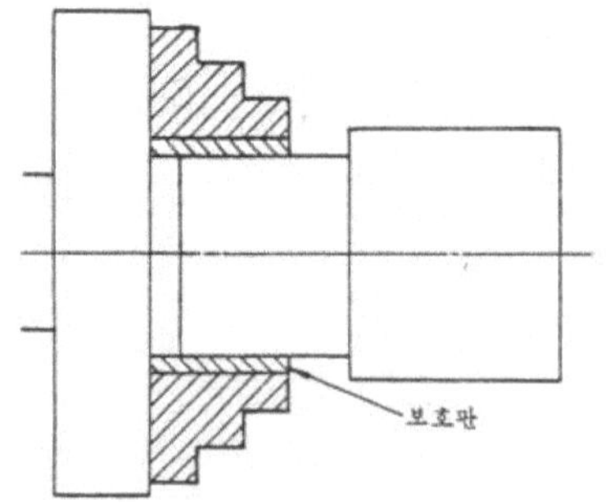

그림 3-39 공작물 물려 돌리기

7. 단면 절삭을 한다.(2차)

(1) 바이트를 공작물 단면에 근접시킨 후, 길이 95.5mm가 되게 단면 절삭을 한다.

(2) 전체 길이 95mm로 단면을 다듬질 완성 가공한다.

8. 계단 절삭을 한다.

(1) 버니어 캘리퍼스와 선반의 마이크로 칼라 눈금을 이용하여 ∅

25.5×49(mm)로 거친 절삭(우축 끝)을 한다.

(2) 계단으로 하여 ∅20.5×19(mm)로 거친 절삭(우축 끝)을 한다.

(3) ∅20×20(mm)로 다듬질 가공한다.

(4) ∅25×30(mm)로 다듬질 가공한다.

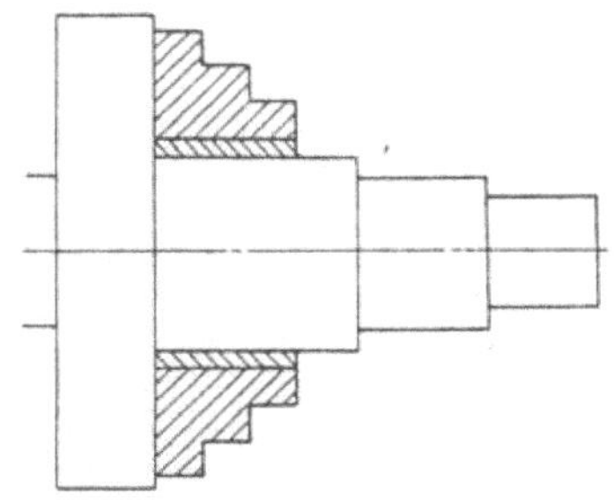

그림 3-40 계단 절삭 상태

(5) 계단 단면 부위를 모두 C0.5 정도로 모따기 한다.

(6) 완성 치수를 측정기로 확인하고 공작물을 척에서 풀어낸다.

9. 검사한다.

(1) 가공 부위의 치수를 점검한다.

(2) 잘못 가공된 부분이 있으면 원인 분석을 하고 시정 조치한다.

10. 정리·정돈한다.

(1) 공작물을 척에서 풀어낸다.

(2) 선반 기계 및 공구를 정리한다.

(3) 공작물에 번호를 새기고 제출한다.

(4) 기계 주위 청소를 하고 정돈한다.

【안전 및 유의 사항】

1. 선반 운전중에 공구대는 회전시키지 않는다.
2. 회전하는 공작물을 맨 손으로 만지지 않는다.
3. 계단축의 부분 길이 측정시 공작물과 측정기는 직각이 되어야 한다.

【평　　가】

평가기준

1. 작 품 평 가 (60점)

평가항목	치수	공차	배점	득점	비고
일반치수	∅30	±0.1	10		
	∅25	±0.1	10		
	∅25	±0.1	10		
길이치수	20	±0.1	4		
	30	±0.1	4		
	45	±0.1	4		
	95	±0.1	4		
기능 및 외관	형상정도		5		
	표면거칠기		5		
	계단 단면상태		5		

2. 실 습 평 가 (30점)

평가항목	상	중	하	득점	비고
실습순서	6	4	2		
실습안전	6	4	2		
공구 및 기계사용	6	4	2		
정리정돈 상태	6	4	2		
재료의 경제성	6	4	2		

3. 시 간 평 가 (10점)

소요시간	시간내	초과 10분	초과20분	초과 30분	득점
2시간	10	8	6	4	

총점	작품평가	실습평가	시간평가	비고

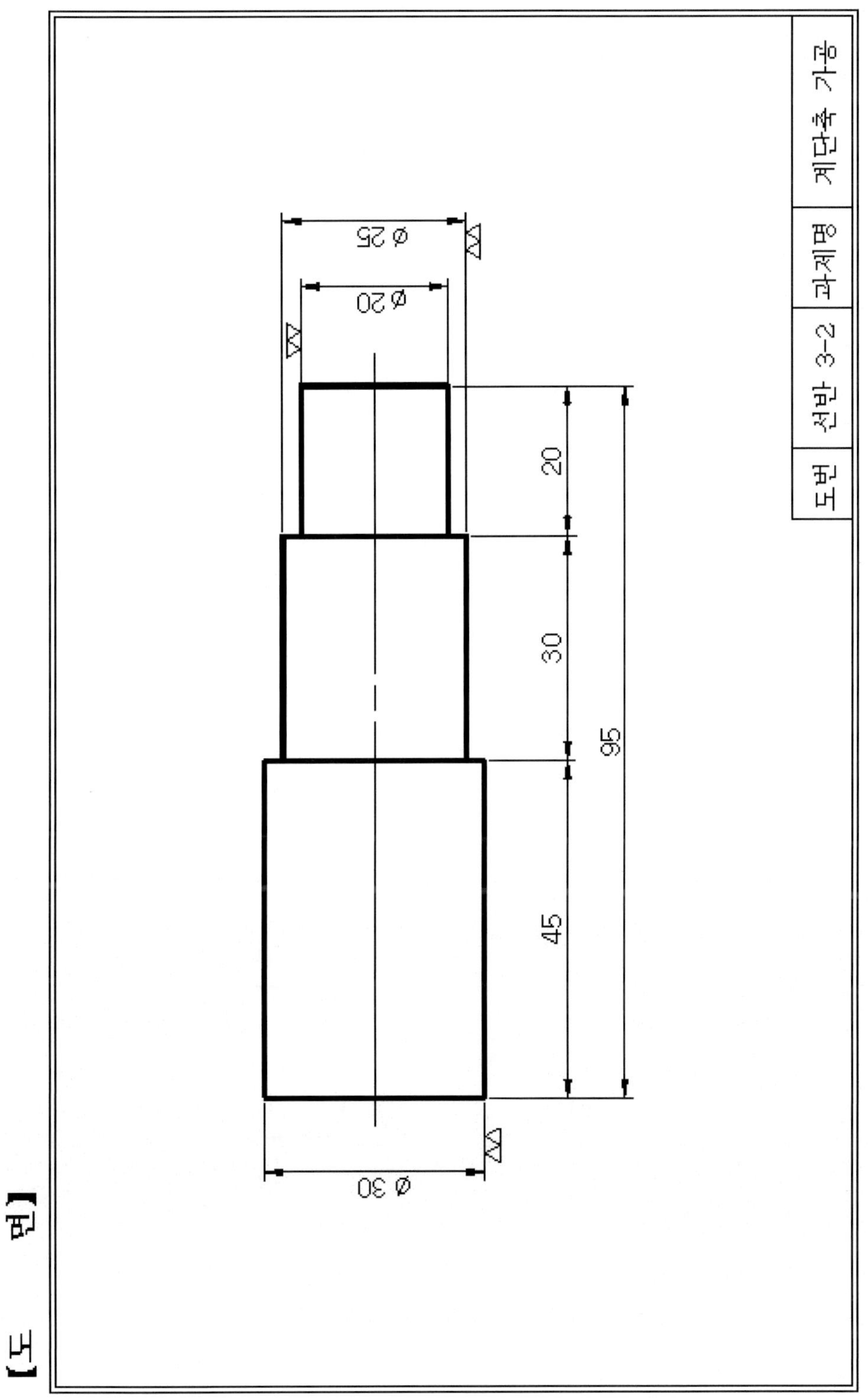
【도 면】
도번
선반 3-2
과제명
계단축 가공
ø 20
ø 25
ø 30
20
30
45
95

【관계 지식: 계단축 절삭】

3-3-1 계단축 측정 방법

공작물의 길이 방향 계단 측정은 선반의 주축회전을 완전히 정지시킨 다음 측정기로 측정하며 수직 방향에서 측정값을 정확히 읽어야 한다.

(가) 강철자로 측정하는 방법
(나) 내측 퍼스로 측정하는 방법
(다) 깊이 게이지로 측정하는 방법
(라) 버니어 캘리퍼스로 측정 하는 방법
(마) 깊이 마이크로미터로 측정하는 방법

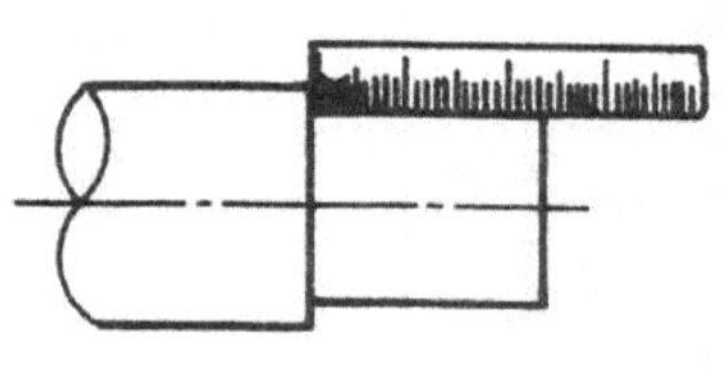

(a) 강철자로 측정하는 방법

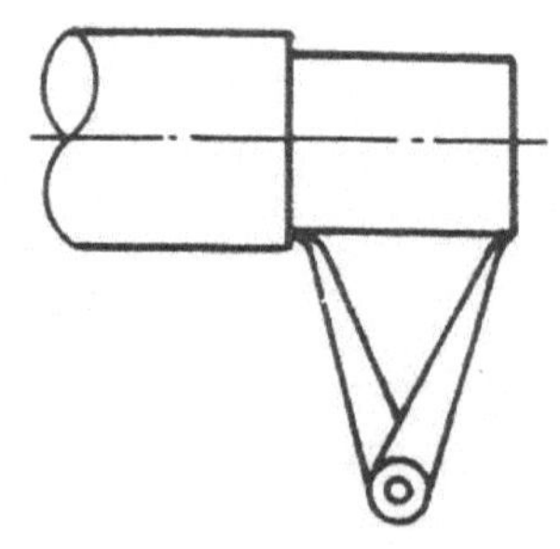

(b) 내측 퍼스로 측정하는 방법

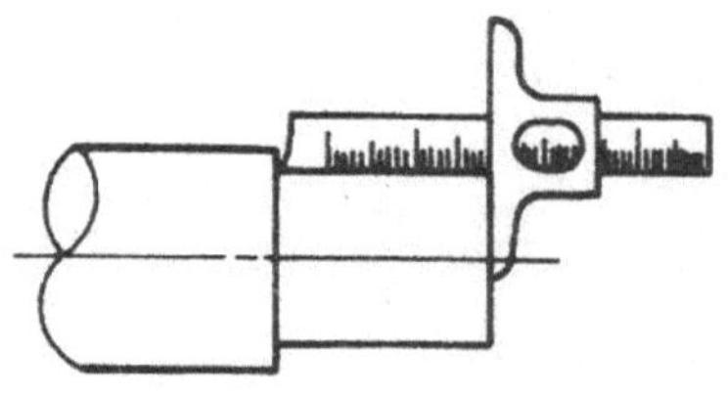

(c) 깊이 게이지로 측정하는 방법

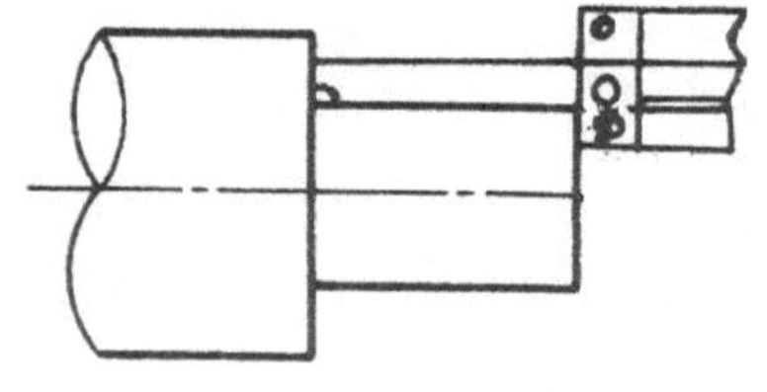

(d) 버니어 캘리퍼스로 측정 하는 방법

그림 3-41 계단 축 측정 방법

3-3-2 표면 거칠기 표시 방법

선반 작업이 끝난 공작물은 치수 정밀도와 같이 표면 거칠기 정도도 정해진 규격에 들어야 제품의 기능, 호환성 수명, 기계적 성질 등이 좋다.

표면 거칠기의 표시 방법은 여러 가지가 있으나 우리나라에서는 아래의 3가지 방법을 공업 규격으로 정하고 있다.

① 최대 높이 거칠기(R_{max})

② 10점 평균 거칠기(R_z)

③ 중심선 평균 거칠기(R_a)

위의 3가지 중, 가장 많이 사용하는 것이 최대 높이 거칠기이며 가공면의 거칠기 정도를 표시하는 데는 파형기호(~)와 삼각 기호(▽)를 사용하고 있다.

표 3-1 다듬질 기호

다듬질 기호	다듬질 정도	표면 거칠기 표준값(μm)
~	다듬질 안함	
▽	거친 다듬질	25 ~ 100S
▽▽	보통 다듬질	6.3 ~ 25S
▽▽▽	정밀 다듬질	0.8 ~ 6.3S
▽▽▽	연마 다듬질	0.8S 이하

【실습번호 3-4】 나사 절삭

소요시간 : 3시간

【실습 목적】

1. 선반 공구대에 홈 바이트 및 나사 바이트를 설치할 수 있다.
2. 선반에서 홈 가공을 할 수 있다.
3. 선반에서 미터식 나사와 인치식 나사를 정밀도 2급으로 가공할 수 있다.

【도 면】

도번 : 선반 3-3 (P.105)

【재 료】

∅40×100(mm) 연강봉

【기계 및 공구】

선반, 외경 황삭 바이트(좌,우), 외경 정삭 바이트(좌,우), 단면 바이트, 나사바이트(메트릭, 인치), 돌리개, 드릴척, 센터 드릴, 센터 게이지, 피치 게이지, 버니어 캘리퍼스, 다이얼 게이지

【실습 순서】

1. 작업 준비를 한다.

(1) 피치 게이지 및 센터 게이지, 나사 규격표를 준비한다.

(2) 선반의 하프 너트 및 리드 스크류, 변환기어 장치를 점검한다.

(3) 나사 절삭 작업의 공정을 계획한다.

(4) 기계 및 사용 공구의 이상 유무를 확인한다.

2. 양센터를 설치하고 공작물을 고정한다.

(1) 주축에는 고정센터 그리고 심압대에는 회전 센터를 장착한다.

(2) 공작물의 ∅25(mm) 부분을 돌리개에 고정시킨 후, 주축과 심압대의 양센터 사이에 설치한다.

3. 외경 및 홈 절삭을 한다.

(1) ∅30.5×20(mm)로 거친 절삭을 한다.

(2) ∅25.4×15(mm)로 거친 절삭을 한다.

(3) ∅30×20(mm)로 다듬질 절삭을 한다.

(4) ∅24×15(mm)로 다듬질 절삭을 한다.

(5) ∅20×15(mm)로 다듬질 절삭을 한다.

(6) ∅16×8(mm)로 홈 절삭을 한다.

(7) ∅20(mm)에 C0.2 일반 모따기를 한다.

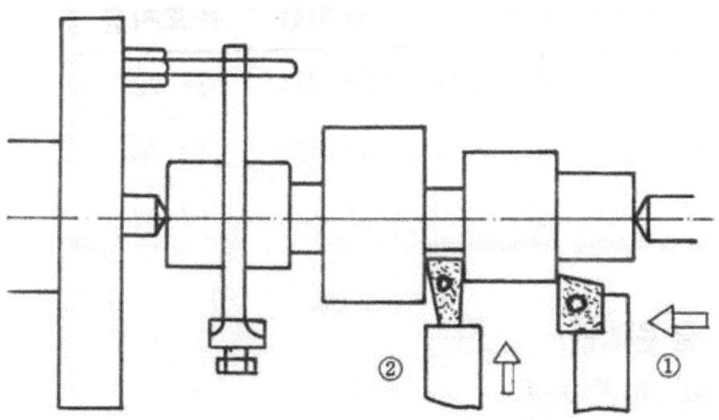

그림 3-42 외경 및 홈 절삭

4. 나사 바이트를 설치한다.

(1) 나사 바이트 날끝을 정확히 공작물의 중심에 일치시키고, 바이트 날끝 중심이 공작물 중심에 지각이 되도록 한다.

(2) 센터 게이지를 사용하여 정확하게 맞추고 공구대에 고정시킨다.

(3) 나사 절삭을 하기 전에 모따기(C2) 한다.

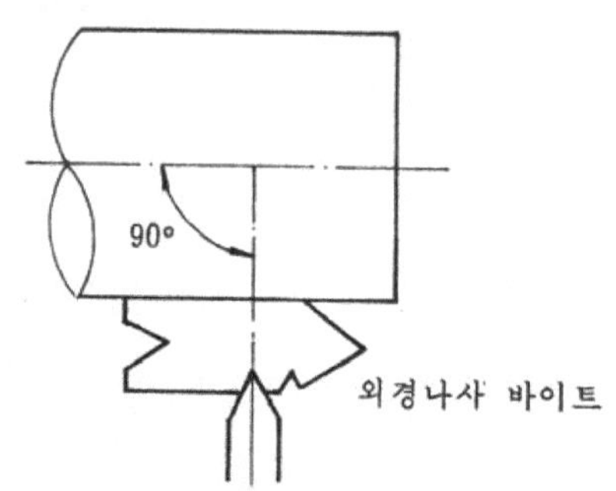

그림 3-43 나사 바이트의 설치

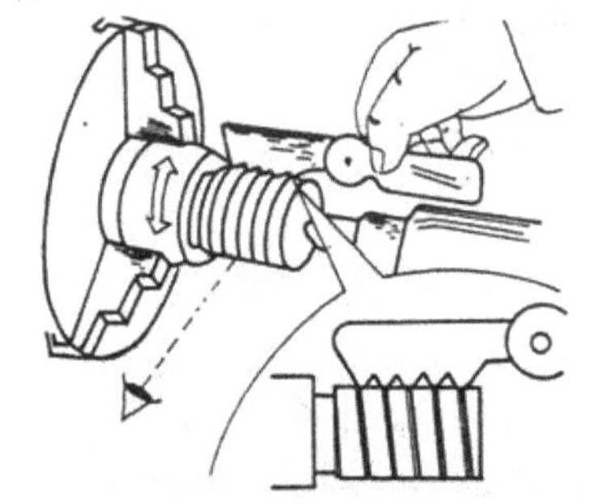

그림 3-44 나사의 피치확인

5. 나사(미터 나사) 절삭을 한다.

(1) M30×3.5(미터 보통나사)를 절삭할 수 있도록 변환레버를 맞춘다.

(2) 나사 골지름 ∅27(mm)까지 나사 바이트로 거친 절삭을 한다.

(3) M30 미터 보통나사규격 치수로 다듬질 절삭하여 나사를 완성시킨다.

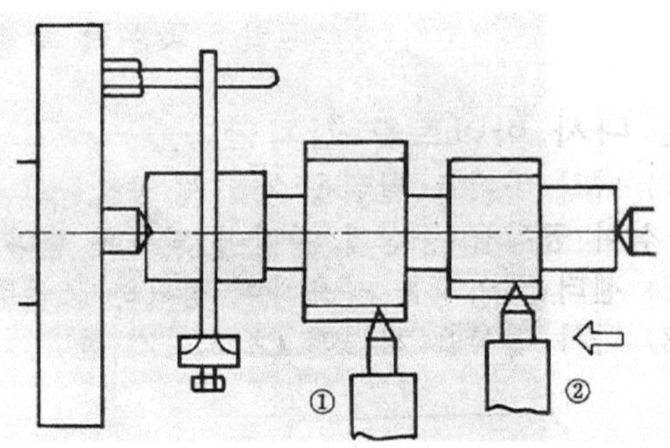

그림 3-45 미터 나사 절삭

(4) M24 미터 가는나사를 절삭할 수 있도록 변환레버를 조작한다.

(5) 나사골지름 ∅22.5(mm)까지 나사 바이트로 거친 절삭을 한다.

(6) M24 미터 가는나사 규격치수로 다듬질 절삭하여 나사를 완성시킨다.

(7) 나사의 유효지름을 측정한다.

(8) 나사 부분의 양 단면을 모따기 한다.

6. 공작물을 돌려 물린다.

(1) 미터나사로 가공된 공작물을 풀어내고 돌려서 ∅20mm 부분에 보호판을 대고 돌리개에 물려 고정시킨다.

(2) 심압대 회전 센터로 지지한다.

7. 외경 및 홈 절삭을 한다.

(1) ∅19.05×30(mm)로 외경 절삭을 한다.

(2) ∅18.5×15(mm)로 거친 절삭을 한다.

(3) ∅14×15(mm)로 다듬질 절삭을 한다.

(4) ∅14×8(mm)로 홈 절삭을 한다.

8. 인치 나사 절삭을 한다.

(1) 인치 나사 바이트를 설치한다.

(2) W3/4-10 위트워즈 보통나사를 절삭할 수 있도록 변환레버를 조정한다.

(3) 나사 골지름 ∅16.5mm까지 나사 바이트로 거친 절삭을 한다.

(4) 규격 치수로 나사를 다듬질 완성한다.

(5) 유효지름을 측정하고 모따기를 한다.

9. 정리, 정돈 한다.

【안전 및 유의사항】

1. 변환 기어를 바꿀 때에는 반드시 메인 스위치를 내리고 작업한다.
2. 나사 바이트의 설치는 날끝 중심이 공작물 중심에 위치하는가를 확인한다.

【평 가】

평가기준

1. 작 품 평 가 (60점)

평가항목	치수	공차	배점	득점	비고
정밀치수	∅14	±0.05	7		
	∅20	±0.05	7		
외경치수	∅14	±0.1	4		
	∅16	±0.1	4		
길이치수	ℓ 15	±0.1	4		
	ℓ 8	±0.1	4		
	ℓ 8	±0.1	4		
	ℓ 20	±0.1	4		
	ℓ 15	±0.1	4		
	ℓ 96	±0.1	3		
기능 및 외관	나사(W3/4″)		5		
	나사(M30)		5		
	나사(M20)		5		

2. 실 습 평 가 (30점)

평가항목	상	중	하	득점	비고
실습순서	6	4	2		
실습안전	6	4	2		
공구 및 기계사용	6	4	2		
정리 정돈상태	6	4	2		
재료의 경제성	6	4	2		

3. 시 간 평 가 (10점)

소요시간	시간 내	초과 10분	초과 20분	초과 30분	득점
2시간	10	8	6	4	

총 점	작품평가	실습평가	시간평가	비고

【도 면】

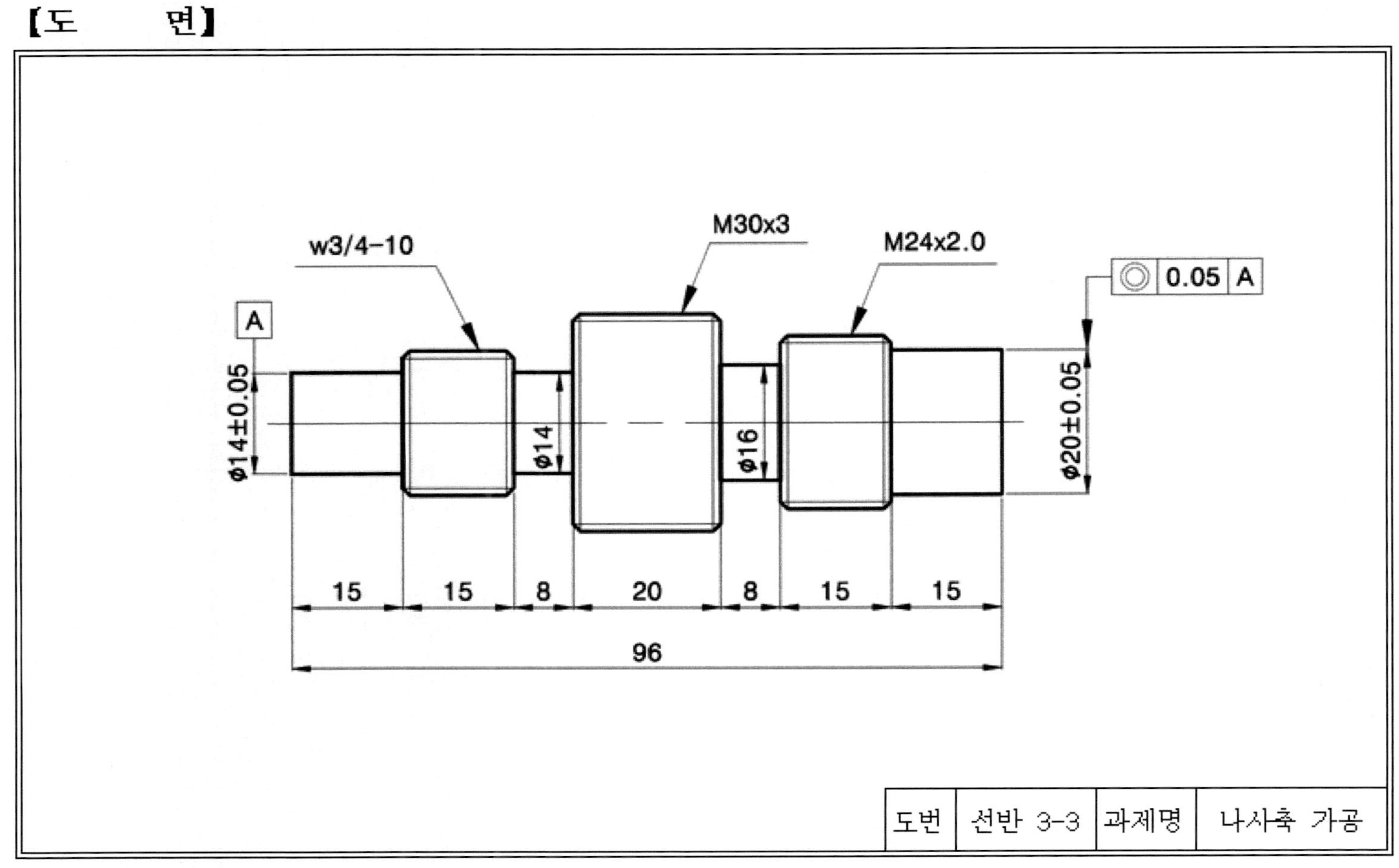

w3/4-10
M30x3
M24x2.0
0.05
A
A
φ14±0.05
φ14
φ16
φ20±0.05
15
15
8
20
8
15
15
96
도번
선반 3-3
과제명
나사축 가공

【관계 지식: 나사 절삭】

3-4-1 나사절삭법

(1) 나사의 원리

그림 3-46과 같이 원통의 표면에 직각 삼각형의 종이를 감으면 삼각형의 빗면이 원통의 표면상에 나사곡선을 이루게 된다. 원통 표면에 가공된 나사를 수나사(볼트)라 하고, 여기에 끼워 맞추도록 원통의 구멍에 가공된 나사를 암나사(너트)라고 한다.

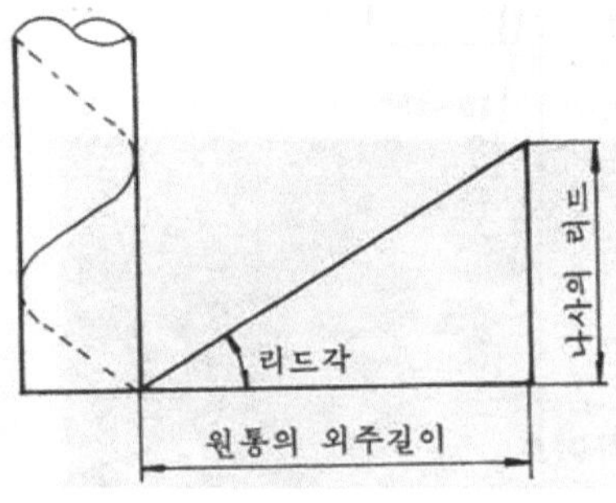

그림 3-46 나사의 원리

(2) 선반에 의한 나사절삭의 원리

리드스크류를 이용하여 공작물 1회전에 대한 바이트의 이송량이 기어를 통한 기어 비율에 의하여 주어진다.

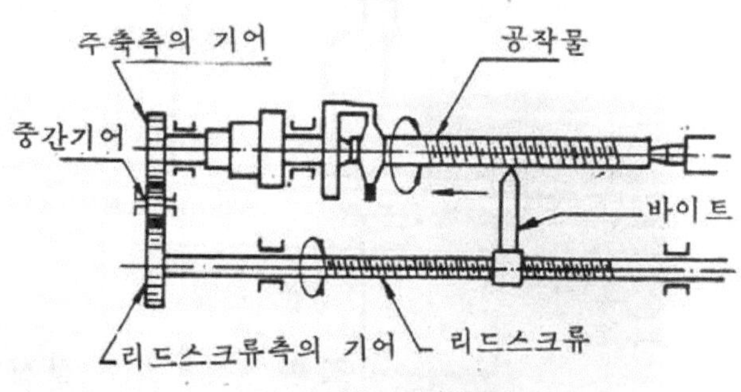

그림 3-47 나사 절삭의 원리

(3) 나사절삭

나사 절삭은 1회의 절삭으로 완성이 되지 않고 나사의 골을 따라서 여러번 반복 가공을 하여야 한다. 이를 위해서 주축을 역회전 시키는 방법과 체이싱 다이얼을 이용하는 방법이 있다. 근래에 많이 사용되는 범용선반에서는 주축을 역회전 시키는 방법을 사용한다.

나사의 절삭은 나사 바이트의 보호를 위해서 외경절삭의 1/2~1/3 정도인 저속의 절삭속도에서 시행하며, 가공나사의 고품질을 위해 절삭 깊이는 0.05~0.02mm 정도로 하여 계속적인 다듬질가공을 실시한다. 나사 절삭시 바이트의 이송은 다음과 같다.

① 세로 방향만 절입

② 공구대를 경사지게 세팅하고 그 방향으로 절입

③ 가로 및 세로방향을 서로 조금씩 절입

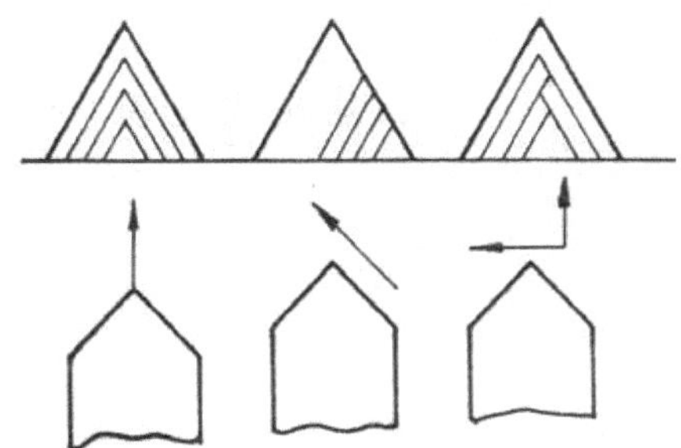

그림 3-48 나사절삭 바이트의 이송

(4) 나사 절삭 바이트

나사 바이트의 날끝 각도는 나사의 종류에 따른 각도(60°, 55°)로 하고 전방 여유각은 10~15°, 측면 여유각은 5~8° 로 한다.

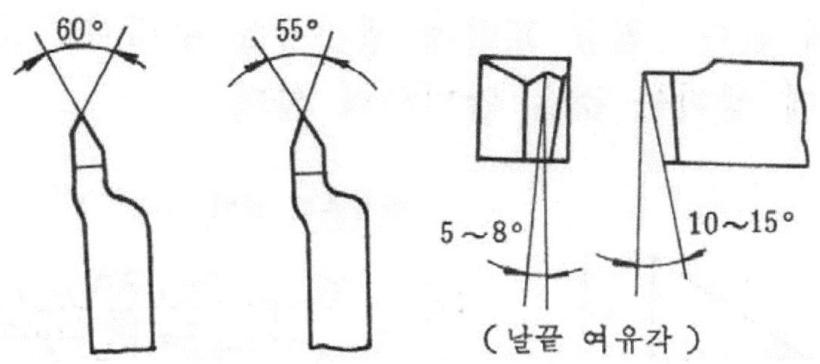

그림 3-49 나사절삭용 바이트

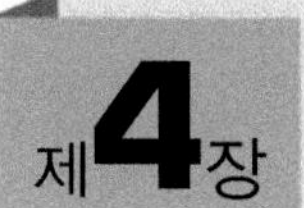

제 4장 밀링 실습

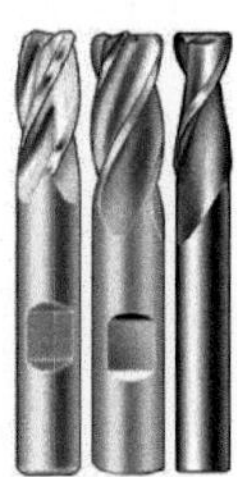

【실습번호 4-1】 밀링 조작

소요시간 : 3시간

【실습 목적】

1. 밀링머신의 각 부 명칭 및 기능을 알 수 있다.
2. 밀링머신에서 사용되는 여러 가지 부속장치 및 밀링 커터의 종류와 기능을 이해 할 수 있다

【재 료】

절삭유 및 윤활유

【기계 및 공구】

수직밀링, 수평밀링, 엔드밀, 정면 커터, 버니어 캘리퍼스

【실습 순서】

1. 밀링 조작 준비

밀링을 운전하기 전에 반드시 다음 사항을 지켜야 한다.

(1) 테이블, 새들, 니이 등의 유량을 유면계로 점검하고, 각 급유 개소에 지정된 윤활유를 급유시킨다. 각 부의 미끄럼면도 급유한다.

(2) 주축의 척에 절삭공구가 견고하게 장착되어 있는지, 주축 회전시 밀링조작에 간섭을 일으키는 요소가 있는지 확인한다.

2. 밀링 조작 순서

(1) 테이블과 새들 그리고 니이의 이송레버가 중립의 위치에 있는지 확인한다. 테이블 수동 이송 핸들을 테이블 축의 클러치에 물려서 좌·우로 조작한다. 새들과 니이 수동 이송 핸들을 조작한다.

(2) 자동 이송 속도 변환 레버를 저속으로 조작한다. 테이블 자동 이송 조작 레버를 좌·우측으로 조작한다. 새들과 니이의 자동 이송 핸들을 조작하여 전후, 상하로 움직인다.

(3) 주축 회전수를 변속 조작한다. 주축 속도 변속 레버를 조정하여 적당한 회전수에 맞춘다. 변속레버의 작동이 원활하지 않을 때에는 주축을 손으로 돌리면서 조작한다.

(4) 주축 시동 스위치를 작동시켜 주축을 회전시키는데 역회전을 하지 않도록 한다. 회전을 멈춘다.

(5) 주축의 회전은 저속으로 공회전 시킨 다음 점차 고속 회전으로 변환시킨다.

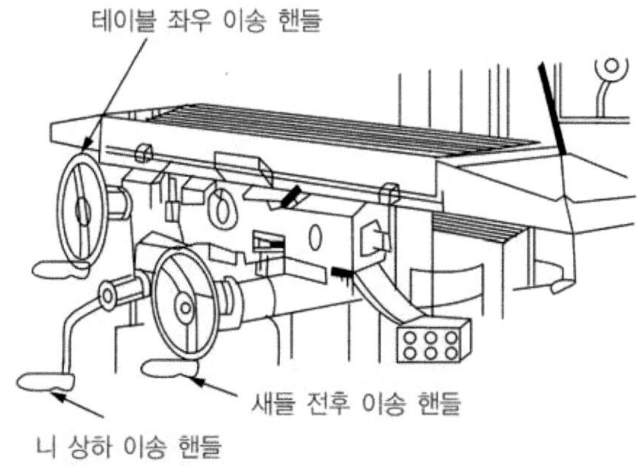

그림 4-1 밀링 머신의 이송 핸들

【안전 및 유의사항】

1. 밀링머신의 주축과 같은 회전축에는 손을 대지 않는다..
2. 장갑을 끼고 밀링 작업을 해서는 안된다.
3. 밀링머신의 메인전원을 임의로 조작하지 않는다.
4. 니이 핸들 조작시, 유격이 있는지 확인한다.
5. 보안경 및 보안면은 반드시 착용한다.

<table>
<tr><td colspan="8">【평　　가】</td></tr>
<tr><td rowspan="10">평
가
기
준</td><td colspan="2">평 가 항 목</td><td>만점</td><td>양호</td><td>보통</td><td>득점</td><td>비고</td></tr>
<tr><td rowspan="4">기능
평가</td><td>각 부의 명칭 숙지</td><td>15</td><td>12</td><td>9</td><td></td><td></td></tr>
<tr><td>밀링 커터의 이해</td><td>15</td><td>12</td><td>9</td><td></td><td></td></tr>
<tr><td>밀링 부속장치 이해</td><td>15</td><td>12</td><td>9</td><td></td><td></td></tr>
<tr><td>수동 조작 방법</td><td>15</td><td>12</td><td>9</td><td></td><td></td></tr>
<tr><td rowspan="4">실습
평가</td><td>안전 실습</td><td>10</td><td>8</td><td>6</td><td></td><td></td></tr>
<tr><td>실습 방법</td><td>10</td><td>8</td><td>6</td><td></td><td></td></tr>
<tr><td>정리 정돈</td><td>10</td><td>8</td><td>6</td><td></td><td></td></tr>
<tr><td>실습 시간</td><td>10</td><td>8</td><td>6</td><td></td><td></td></tr>
<tr><td>종합
평가</td><td>총　　계</td><td></td><td></td><td></td><td></td><td></td></tr>
</table>

【관계 지식: 밀링 조작】

4-1-1 밀링(milling)의 개요

밀링머신(milling machine)은 회전하는 절삭공구에 공작물을 이송하여 소정의 형상으로 가공하는 공작기계이며, 이 기계에서 수행하는 가공을 밀링머신 가공 또는 밀링이라 한다. 밀링머신에서 사용하는 대표적인 절삭공구에는 엔드밀(end mill)과 커터(cutter)가 있다.

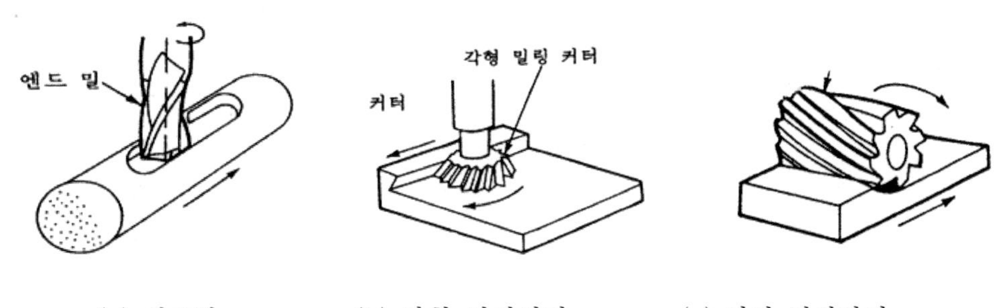

(a) 엔드밀 (b) 각형 밀링커터 (c) 평면 밀링커터

그림 4-2 밀링 절삭공구의 대표적 종류

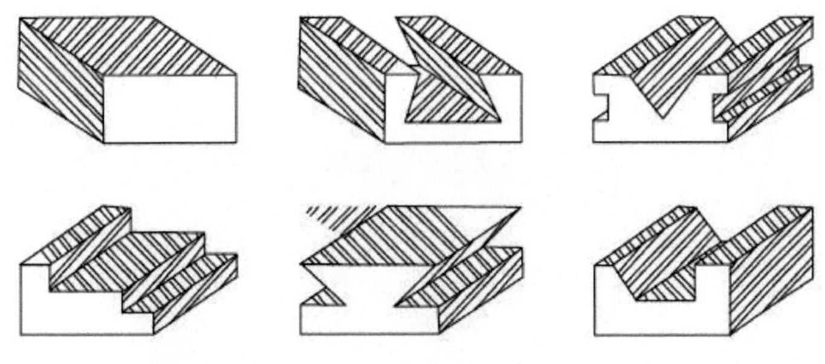

그림 4-3 밀링 작업에 의한 가공품

4-1-2 밀링머신의 종류

그림 4-4는 밀링머신의 주요 명칭을 표시한 그림이다. 공작물을 고정하는 바이스는 테이블(table) 위에 설치된다.

주축의 스핀들에 체결된 엔드밀 등은 공작물을 가공하는 역할을 수행한다. 바이스에 고정된 공작물은 테이블의 이송에 의하여 좌우의 가로방향으로 이동하고, 새들(saddle)의 이송에 의하여 전후의 세로방향으로 이동하며, 니이(knee)에 의하여 상하방향으로 이동한다.

밀링머신의 크기는 테이블의 길이방향 최대 이송거리, 새들(saddle)의 최대 가로이송거리 및 니이(knee)의 최대 상하 이송거리로 결정지어진다.

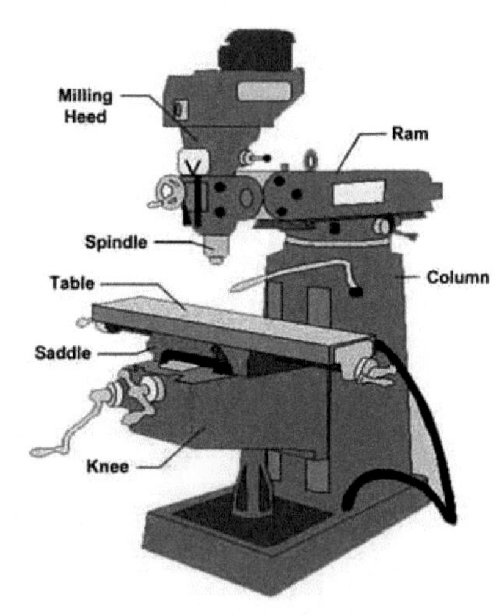

그림 4-4 밀링머신의 주요 명칭

(1) 수직 밀링머신(vertical milling machine)

그림 4-5는 수직 밀링머신으로 주축 헤드가 수직으로 되어 있다. 수직 밀링머신의 주축 헤드는 고정형 이외에 상하 이동형, 수직면 안에서 필요한 각도로 경사시킬 수 있는 것 등이 있다. 수직 밀링머신은 주로 정면 밀링 커터와 엔드밀 등을 사용하여 공작물에 대한 높은 정밀도와 능률적으로 가공할 수 있는 공작기계이다.

그림 4-5 수직 밀링머신

그림 4-6은 수직 밀링머신의 각 부 명칭을 자세히 나타내고 있다.

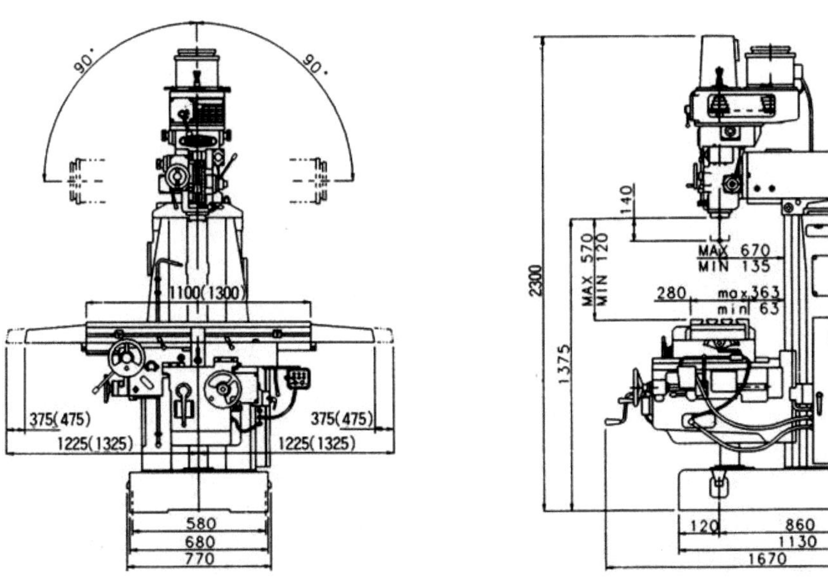

• 테이블/Table	HMT-1100N(1300N)		
테이블의 작업면적	Work surface L · W	mm	1100×280(1300×280)
T홈의 폭-수-거리	T-Slot W-N-D	mm×EA	16-3-60
좌우 최대 이동거리	Longitudinal	mm	750(950)
전후 최대 이동거리	Cross	mm	300
상하 최대 이동거리	Vertical	mm	450
좌우 전후 이송속도	Longitudinal & cross feed	mm/min	15~720, 12 step
좌우 전후 급이송속도	Longitudinal & cross rapid	mm/min	3000
상하급 이송속도	Vertical rapid	mm/min	800
• 수직 주축/Spindle(Variable head)			
스핀들 회전수	Range of speed	r.p.m.	75~3600, 16 step
주축공의 테이퍼	Spindle taper	ISO	40
퀼 상하이동거리	Automatic & manual quill movement	mm	140
자동이송	Automatic spindle boring feeds	mm/rev	0.035, 0.070, 0.140
좌우 선회 각도	Head swivel	deg.	90
오버암의 전후이동거리	Over Arm manual traverse	mm	535
오버암의 선회각도	Over Arm swivel	deg.	180
주축끝단에서 Table 윗면까지거리	Spindle nose to table top	mm	120~570
• 전동기/Motor			
수직주축	Spindle drive	Kw	2(2.2)
전후, 좌우이송	Feed drive	Kw	1.5
상하 이송	Knee drive	Kw	0.75
절삭유 펌프	Coolant pump	W	100
• 소요면적 L×W×H	Dimension L×W×H	mm	2450(2650)×2100×2300
• 중량/Net weight		Kg	2100

(　　): OPTION

그림 4-6 범용 수직밀링(화천기계 : HMT-1100N)의 규격

(2) 수평 밀링머신(horizontal milling machine)

수평 밀링머신은 오버암이 컬럼(column)의 최상부에 수평하게 위치한다. 그리고 컬럼의 상부에 주축 헤드가 수평하게 설치되어 있으므로 주축은 수평방향으로 회전한다. 그림 4-7에서 밀링커터는 아버(arbor)에 체결되고, 아버는 주축에 설치되므로 밀링 커터는 수평으로 회전하면서 공작물을 가공한다.

컬럼의 최상단에 설치된 오버암은 길이가 긴 아버가 굽힘을 받는 것을 방지하기 위해 한쪽 끝에 브라켓(요크)을 장착하여 아버의 한쪽 끝을 지지하도록 되어 있다. 주축의 속도 변환은 기둥 내부에 있는 속도 변환 기어로 변속하며, 테이블 이송을 위한 속도 변환은 니이 내부에 장치한 변환 기어로 변환한다.

그림 4-7 범용 수평 밀링머신

(3) 만능 밀링머신(universal milling machine)

수평 밀링머신과 거의 같으나, 다른 점은 새들 위에 회전대가 있어 수평면 안에서 필요한 각도로 테이블을 회전시킬 수 있다. 따라서 테이블을 필요한 각도 만큼 회전시켜 이송할 수 있으므로 분할대나 헬리컬 절삭장치를 사용하면 헬리컬 기어, 드릴 등의 비틀림 홈을 가공할 수도 있다.

(4) 모방 밀링머신(profiling milling machine)

모방 밀링머신은 수직 밀링머신에 모방 장치를 장착한 것으로, 프레스나 단조, 주조용 금형 등의 복잡한 모양의 것을 정밀도가 높고 능률적으로 가공할 수 있는 밀링머신이다.

그림 4-8 모방 밀링머신에 의한 형상 가공

(5) 수치 제어 밀링머신(CNC milling machine)

수치 제어 밀링머신은 윤곽 제어에 의한 평면 캠, 원통 캠, 판 게이지 등을 가공하는데 효과적이다

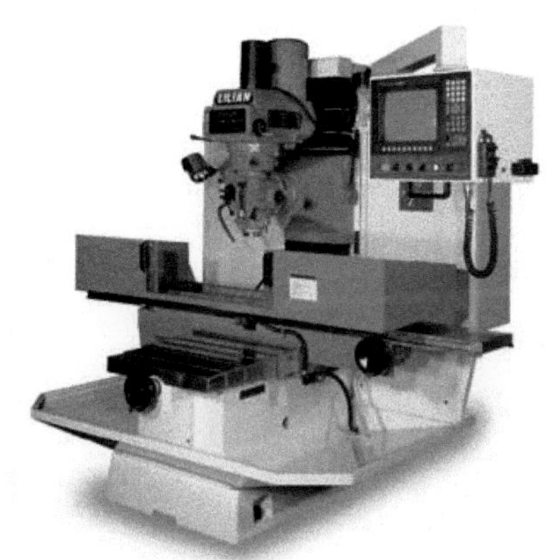

그림 4-9 수치 제어 밀링머신

4-1-3 밀링머신의 부속장치

(1) 공작물 고정장치

공작물을 고정하는 방법에는 다음과 같이 여러 가지 방법이 있다.

① 고정구(fixture)를 사용하여 테이블(table)에 직접 고정하는 방법

② 머신 바이스(machine vise)를 테이블에 고정하고 공작물을 바이스에 고정하는 방법

③ 회전테이블을 밀링머신의 테이블에 고정하고 회전테이블에 공작물을 고정하는 방법

④ 분할대에서 센터(center)로 지지하고 부착구로 고정하는 방법 및 분할대에서 척(chuck)으로 고정하는 방법 등이 있다.

(가) 고정구(fixture)

고정구는 보통 큰 공작물을 테이블에 직접 고정하는 데 사용한다.

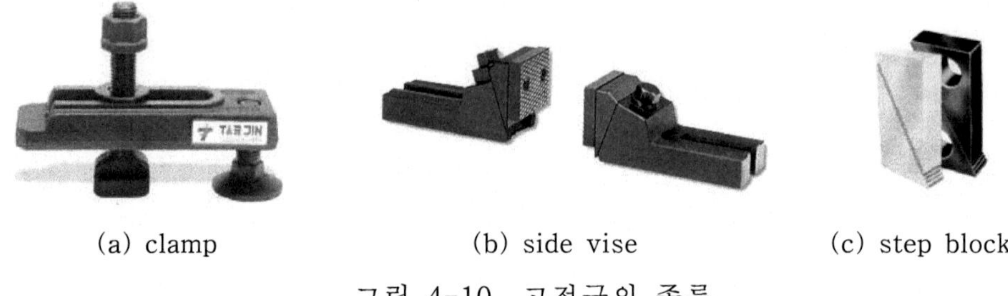

(a) clamp　(b) side vise　(c) step block

그림 4-10 고정구의 종류

(나) 머신 바이스(machine vise)

머신 바이스에는 그림과 같이 횡식(보통) 바이스(plain vise), 회전식 바이스(swivel vise), 만능식 바이스(universal vise)가 있다.

① 횡식 바이스는 공작물이 길이 방향 또는 그와 직각인 방향으로 절삭하기 위한 공작물의 고정에 사용되며, 회전식 바이스나 만능식 바이스에 비하여 견고하고 공작물을 테이블에서 낮은 높이에 고정할 수 있어 강력 절삭에 적합하다.

② 회전식 바이스는 횡식 바이스의 밑 부분에 각도 표시가 있어 회전대가 수평면 내에서 임의 각도로 바이스 죠오(vise jaw)의 위치를 조정할 수 있다.

③ 만능식 바이스는 공간의 임의 방향으로 죠오의 위치를 조정할 수 있어 편리하나, 공작물이 테이블에서 높게 고정되고, 바이스에 체결부가 많기 때문에 횡식 바이스에서 만큼 견고하지 못하다.

(a) 횡식 바이스

(b) 회전식 바이스

(c) 만능식 바이스

그림 4-11 머신 바이스의 종류

(다) 회전 테이블(rotary table)

회전 테이블에는 원형 테이블, 만능 경사식 테이블 등이 있다. 공작물을 회전테이블에 고정하는 방법으로는, 공작물을 직접 회전 테이블에 고정하는 방법과 회전 테이블에 머신 바이스(machine vise)를 장착한 다음 머신 바이스에 공작물을 고정하는 방법이 있다.

(a) 수직/수평 원형 테이블

(b) 만능 경사식 테이블

그림 4-12 회전 테이블

(라) 분할대(indexing head)

분할대는 그림 4-13과 같이 밀링머신의 테이블에 고정된다. 공작물은 분할대의 연동 척과 심압대 사이에 지지하여 원주 분할가공, 각도 분할가공 등에 사용된다. 본래 밀링머신에서 사용할 목적으로 고안되었으나 셰이퍼(shaper) 및 플레이너(planer) 등에서도 사용할 수 있다.

분할법에는 직접분할법(direct dividing method), 단식분할법(simple dividing method), 차동분할법(differential dividing method)이 있다.

(a) 분할대를 이용한 기어 가공

(b) 분할대의 주축에 척을 장착

그림 4-13 분할대

(2) 수직밀링의 밀링 척(milling chuck)과 콜릿

엔드밀(end mill)은 다양한 크기를 갖는 절삭공구이다. 따라서 엔드밀의 생크(shank) 크기에 맞는 각종 콜릿(collet)을 이용하여 밀링 척에 장착하여 고정한다.

그림 4-14 밀링 척과 콜릿

(3) 수평밀링의 아버(arbor)

수평 밀링머신 주축의 테이퍼(taper) 구멍에 고정하고 다른 쪽은 요크로 지지되는 봉을 아버라 한다. 아버(arbor)는 주축에 고정하여 아버에 고정된 밀링 커터를 회전시켜 공작물을 가공한다.

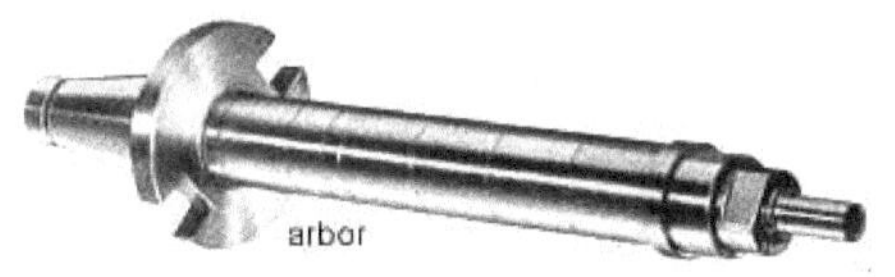

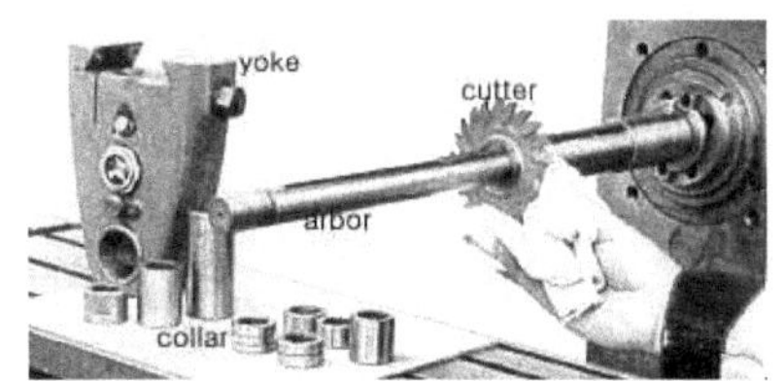

그림 4-15 아버(arbor)를 주축에 고정

4-1-4 밀링 커터

(1) 밀링 커터의 종류

(가) 평면 밀링 커터(plane milling cutter)

원주방향에만 절삭날이 있으며 수평밀링에서 아버에 체결되어 평면 가공에서 사용된다. 절삭날은 곧은 날과 나선형(helical)이 있다.

(a) 곧은 날 플레인 밀링 커터

(b) 헬리컬 플레인 밀링 커터

그림 4-16 평면 밀링 커터

(나) 측면 밀링 커터(side milling cutter)

폭이 좁은 플레인 커터의 양측면에도 날이 만들어진 커터로 수평밀링에서 아버에 체결되어 공작물의 홈과 같은 직각의 두면을 동시에 절삭하는데 쓰인다.

그림 4-17 측면 밀링 커터

(다) 메탈 슬리팅 소오(metal slitting saw)

폭이 좁고 원주 둘레가 커터로 되어 있어서 주로 공작물의 절단 작업과 홈파기 작용에 사용된다.

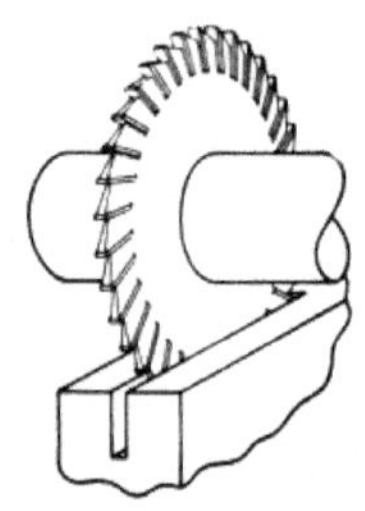

그림 4-18 메탈 슬리팅 소오

(라) 엔드밀(end mill)

수직 밀링머신에서 밀링 척에 장착된다. 주로 홈, 측면, 넓지 않은 평면을 가공하는데 사용되며 다양한 종류의 엔드밀이 있다.

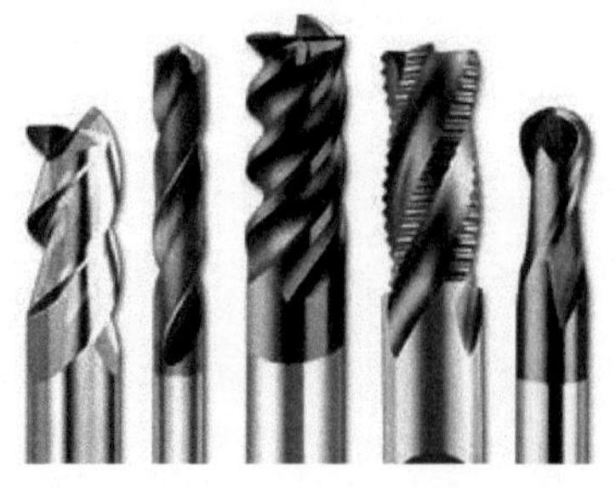

그림 4-19 엔드밀

(마) T 홈 커터(T slot cutter)와 정면 커터(face cutter)

T 홈 커터와 정면커터는 엔드밀과 마찬가지로 수직밀링에서 밀링 척에 장착된다. T 홈 커터는 각종 공작물의 T형 홈을 깎는데 쓰인다. 정면 커터는 넓은 평면 깎기에 유용하게 사용되는 커터이다.

(a) T홈 커터

(b) 정면 커터

그림 4-20 T홈 커터와 정면 커터

(바) 각형 커터(angular cutter)

날에 각을 둔 것이면, 한쪽 또는 양쪽 각을 둔 것이 있다. 각이 있는 면이나 경사진 홈을 가공할 때 쓰인다.

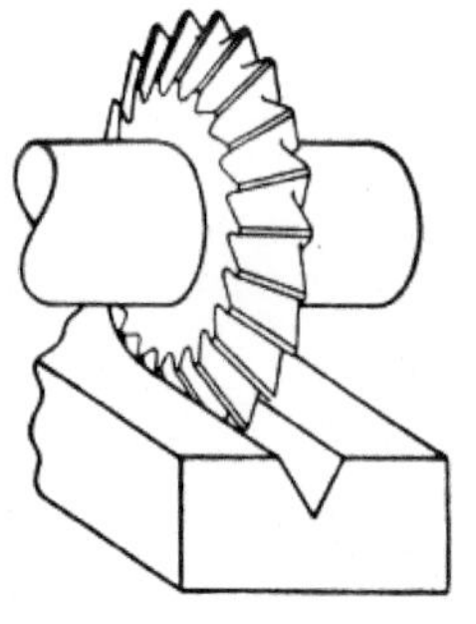

그림 4-21 각 커터

(사) 총형 커터(formed milling cutter)

수평 밀링머신에서 아버에 장착된다. 총형 커터의 모양에서 알 수 있듯이 특별한 형상을 가진 면을 가공할 때 사용하는 커터이다

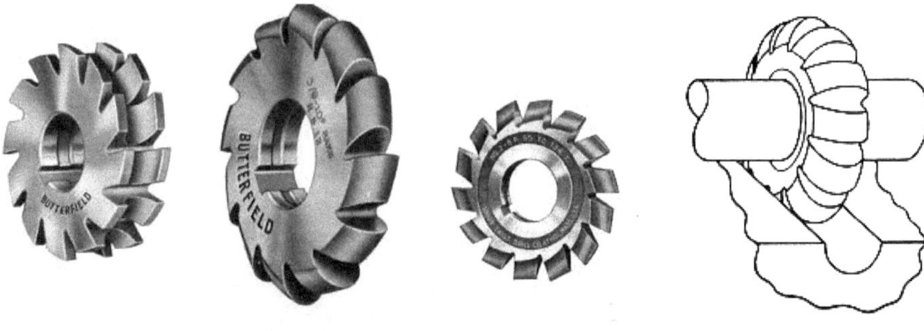

그림 4-22 총형 커터

(2) 밀링커터 재료

밀링커터의 절삭작용은 선삭가공과는 달리 단속적(斷續的)으로 행해지기 때문에 큰 경도와 인성을 함께 요구된다. 수직 밀링머신에서 사용하는 엔드밀이나 수평 밀링머신에서 사용하는 총형커터와 같은 일체형 커터는 고속도강(high speed steel, H.S.S.)이 주로 사용된다.

최근에는 초경합금(sintered carbide)을 인서트(insert) 형태로 제작하여 장착한 밀링커터들도 그 사용량이 증가하고 있다. 그러나 초경합금은 내구성은 좋지만, 값이 비싸고 재 연삭이 어려우며 취성이 있다는 단점이 있다.

그림 4-23 초경 인서트를 장착한 다양한 밀링커터

4-1-5 각 부의 취급 설명

1. 니이(knee)

(1) 니이 상하 수동, 자동 분리의 안전장치

밀링머신의 니이를 수동으로 상하 작용할 때에는 안전장치 즉, 리미트 스위치가 작동하여 모터는 절대로 가동되지 않도록 설계되어 있으므로 안전하다. 그러나 리미트 스위치가 오작동하는 사례도 있으므로 항시 핸들이 스프링에 의하여 앞으로 튀어나와 공회전 하도록 한다.

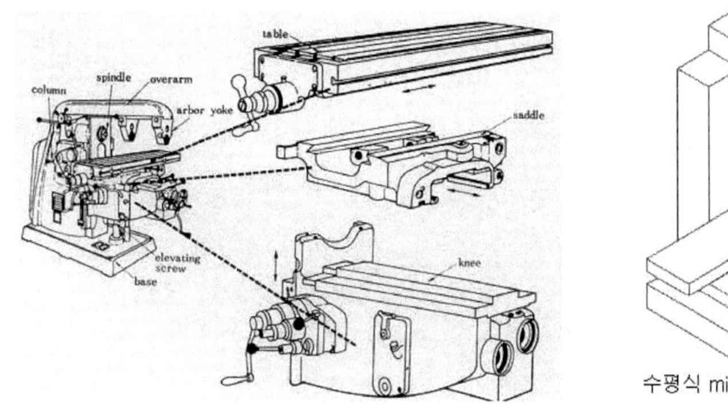

그림 4-24 밀링머신의 이송장치

(2) 니이의 상하 작동시, 상한점과 하한점

니이의 상하 작동시 리미트 스위치가 작동하여 정지되도록 설계되었으므로 스위치의 작동여부를 항시 확인한다.

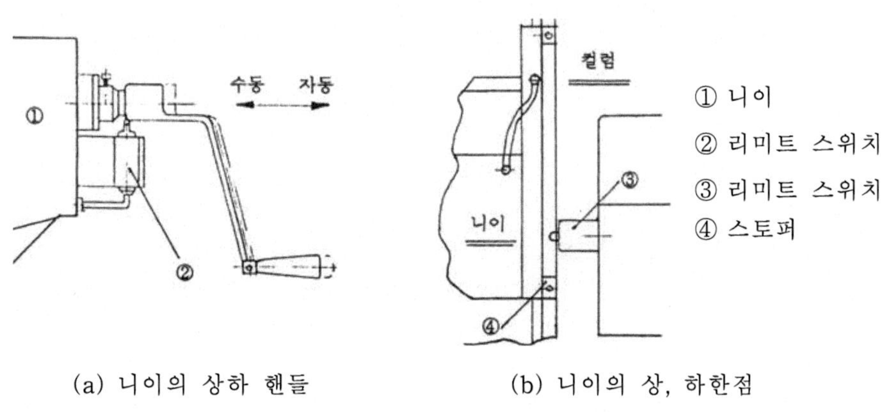

(a) 니이의 상하 핸들 (b) 니이의 상, 하한점

그림 4-25 니이(knee)의 상하작동

2. 테이블(table)

(1) 테이블 좌, 우 이송 스토퍼

그림 4-26과 같이 테이블 전면에는 안전 스토퍼가 좌우 1개씩 설치되어 있으며 좌, 우 이송거리를 설정하여 고정시켜 사용한다. 안전을 위하여 스토퍼 안내 홈 내부에 안전볼트가 설치되어 있다.

(2) 백 레쉬 엘리미네이터(Back lash Eliminater) 좌, 우 방향

테이블을 좌우 이송할 때 상향 절삭과 하향 절삭시 백 레쉬 제거장치를 원하는 방향으로 돌려서 제거시켜 사용한다. 제거하는 방법은 우선, 테이블의 핸들을 수동으로 회전시킨다. 동시에 백레쉬 핸들 노브를 원하는 방향으로 돌리면서 회전력이 크게 걸리면 백 레쉬 핸들을 멈춘다. 이 때 백 레쉬는 제거된다.

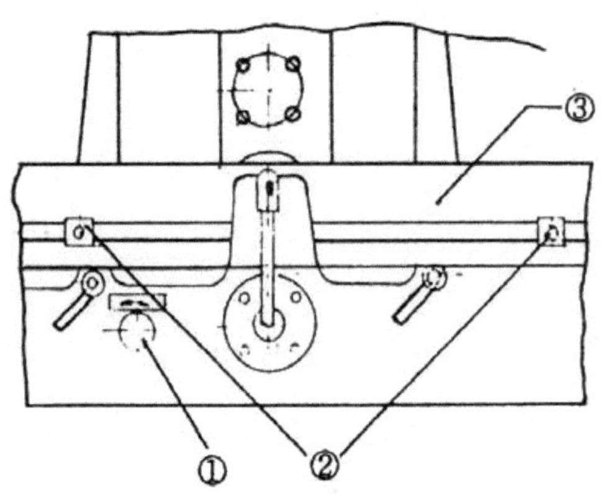

① 백 레쉬 핸들 노브
② 도그 (좌, 우)
③ 테이블

그림 4-26 테이블과 도그

3. 속도 변환

(1) 주축 스핀들 속도 변환

밀링머신의 주축 스핀들 속도를 변환할 때에는 스핀들 스위치를 끄고 레버를 조작한다. 회전 중의 레버 조작은 변속기어 파손의 원인이 된다.

기어는 열처리 연마된 것으로 반영구적인 수명을 보장되지만 잘못된 레버조작으로 손상되는 사례가 많이 발생하므로 유의해야 한다.

(2) **테이블 이송 속도 변환**

테이블의 이송속도 변환시에도 스위치를 끈 다음 핸들을 돌려 원하는 속도에 둔다.

테이블 이송 중에는 절대로 돌리지 말아야 한다. 변환이 잘 되지 않을 때에는 스위치를 켰다 끄면 들어간다. 핸들을 돌려도 원하는 문자판이 나오지 않을 시는 반대로 돌려본다. 이때에 테이블이 이송이 안될 때에는 안전장치의 스프링을 조여주면 테이블이 이송되도록 설계되어 있다.

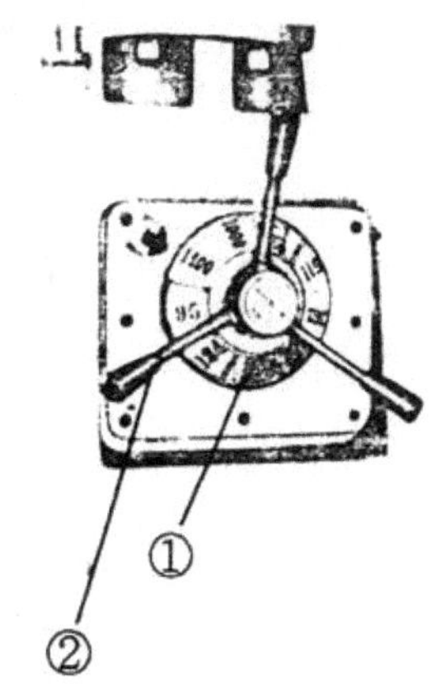

① 회전 속도표 ② 레버

그림 4-27 속도 테이블

【실습번호 4-2】 공작물의 고정

소요시간 : 3시간

【실습 목적】

밀링머신에서 공작물의 고정 방법을 습득한다.

【재 료】

공작물(직육면체), 절삭유 및 윤활유

【기계 및 공구】

수직밀링, 수평밀링, 직육면체 블록, 바이스, 고정구, 평행대, 스패너, 볼트, 너트, 다이얼 게이지 등

【실습 순서】 ☞ 밀링 관련 동영상 자료 참고

1. 밀링 테이블 면에 바이스 세팅

(1) 테이블의 윗면 및 바이스의 아랫면을 깨끗이 닦고 흠이 있는지를 점검한다. 만일, 거스러미가 있을 때에는 깨끗이 제거한다.

(2) 바이스를 테이블의 중간지점에 올려놓고 T볼트로 약간 고정한다.

(3) 바이스를 테이블 위에 고정시킬 때에는 바이스와 너트 사이에 반드시 와셔를 끼우고 죄어야 한다.

(4) 다이얼 게이지와 스탠드를 주축대 또는 컬럼에 고정시킨다.

(5) 테이블을 좌, 우로 이동하여 게이지 지침의 움직임을 본다. (지침 변위량의 1/2씩 수정)

(6) 바이스 죠오의 평행도가 정확하지 않을 때에는 설치 볼트를 풀어 고무 해머로 가볍게 두들겨 정정한다.

(7) 바이스의 평행을 정확히 맞추고 바이스를 단단히 고정한다.

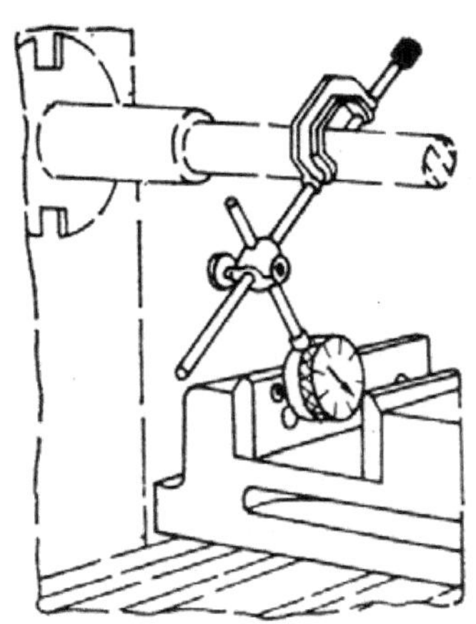

그림 4-28 밀링 테이블과 바이스를 평행하게 맞추기

2. 공작물의 고정방법

(1) 공작물은 되도록 바이스의 고정 죠오 부분에서 큰 절삭력을 받도록 고정한다.

(2) 직육면체의 공작물을 고정할 때에는 공작물의 길이가 긴 방향을 바이스 죠오쪽으로 고정하는 것이 안전하다.

(3) 바이스로 공작물을 고정할 때에는 되도록 바이스에서 위로 나오는 부분이 작게 한다. 즉, 그림 4-29(a)와 같이 적어도 두께의 2/3 이상 물리도록 한다.

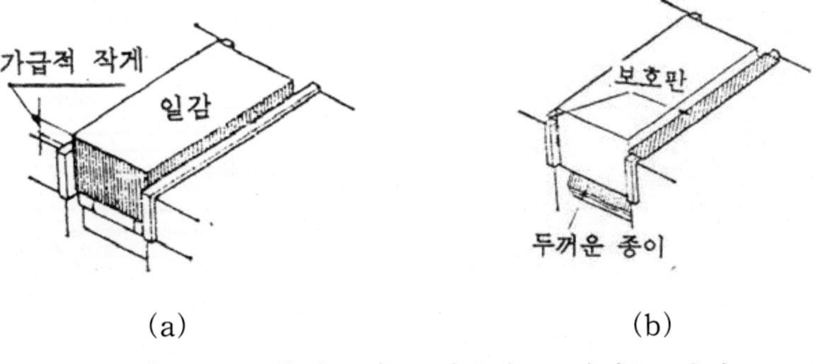

(a) (b)

그림 4-29 바이스에 공작물을 고정하는 방법

(4) 흑피의 공작물을 고정할 때에는 4-29(b)와 같이, 바이스의 죠오에 흠이 나지 않도록 구리나 알루미늄과 같은 연질금속으로 만든 보호판을 대고, 바이스의 밑면에는 약간 두꺼운 종이를 끼운다.

(5) 공작물의 기준면과 직각인 면을 절삭할 때에는 공작물의 기준면을 바이스 고정 죠오에 댄다. 이동 죠오측이 평면일 때에는 기준면을 고정 죠오에 밀착시키키 위하여, 그림 4-30과 같이 이동 죠오 공작물 사이에 둥근 막대를 끼워 줜다. 둥근 막대의 중심은 공작물이 고정 죠오에 접하여 있는 부분의 거의 중앙에 오도록 한다.

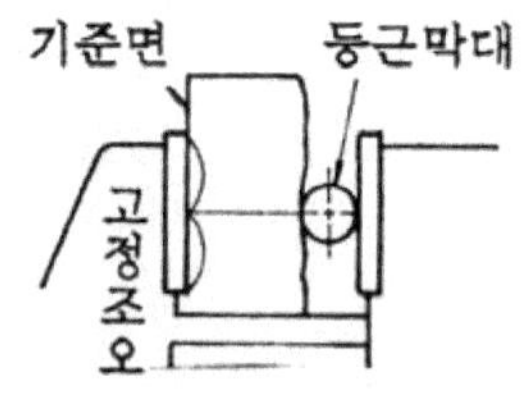

그림 4-30

(6) 기준면과 평행하고 폭이 넓은 평면을 절삭할 때에는, 원칙적으로 그림 4-31과 같이 바이스 바닥에 2개의 평행대를 사용하여 고정하고 바이스를 죈 다음, 햄머로 위에서 가볍게 두들겨 공작물을 평행대에 밀착시킨다. 이때 강하게 두들기면 반동으로 공작물이 떠올라서 밀착되지 않는다. 밀착 정도를 점검하려면 평행대를 손가락으로 밀어보면 알 수 있다.

(7) 가공 정밀도와 작업 능률을 좋게 하기 위하여 그림 4-32와 같이 공작물은 가급적 바이스에 물린 채 측정할 수 있도록 한다.

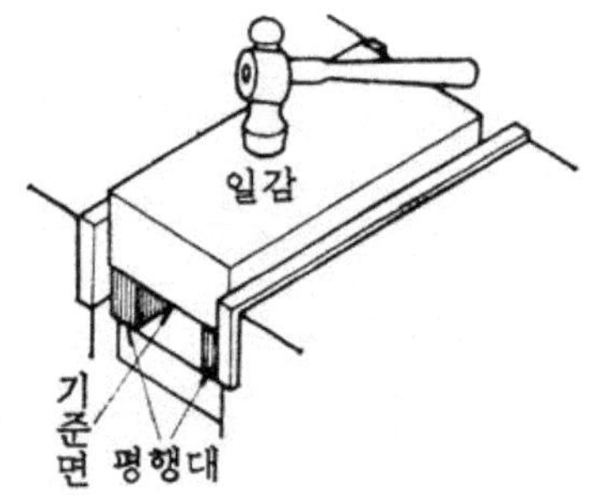

그림 4-31 공작물의 고정

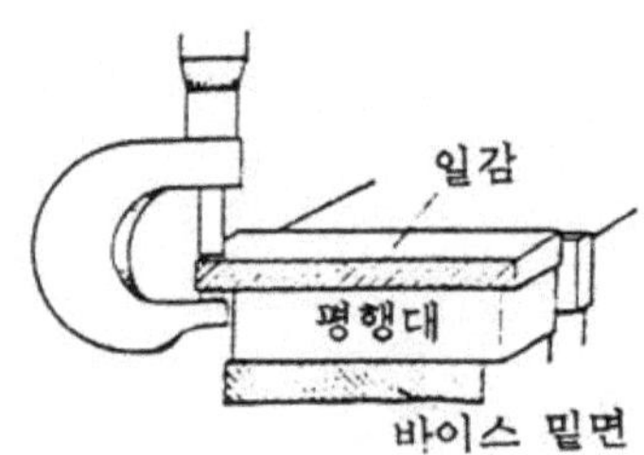

그림 4-32 공작물의 측정

【안전 및 유의사항】

1. 밀링머신의 주축과 같이 회전축에는 손을 대지 않는다..
2. 장갑을 끼고 밀링 작업을 해서는 안된다.
3. 밀링머신의 메인전원을 임의로 조작하지 않는다.
4. 니이 핸들 조작시, 유격이 있는지 확인한다.
5. 보안경 및 보안면은 반드시 착용하고 가공한다.

【평 가】

평가기준	평 가 항 목		만점	양호	보통	득점	비고
	기능평가	바이스 고정 방법 (평행도 검사)	30	24	18		
		공작물 고정 방법	30	24	18		
	실습평가	안전 실습	10	8	6		
		실습 방법	10	8	6		
		정리 정돈	10	8	6		
		실습 시간	10	8	6		
	종합평가	총 계					

【실습번호 4-3】 수평 밀링 커터의 세팅

소요시간 : 3시간

【실습 목적】

밀링머신에서 밀링 커터의 세팅 방법을 습득한다.

【재　　료】

공작물(직육면체), 절삭유 및 윤활유

【기계 및 공구】

수직밀링, 수평밀링, 바이스, 밀링커터, 엔드밀, 스패너, 버니어 캘리퍼스, 다이얼 게이지 등

【실습 순서】

1. 아버(arber)의 고정

(1) 아버나 커터를 장착하고 탈착하는 도중에 주축이 회전하면 위험하므로 전원 스위치를 끊는다.

(2) 주축 테이퍼 구멍과 아버의 테이퍼부를 깨끗이 청소하고 흠집의 유무를 점검한다.

(3) 주축 끝의 키이를 아버 플랜지의 홈에 맞도록 아버 테이퍼부를 주축 테이퍼 구멍에 끼운다. 당김 볼트의 나사 부분에 약간의 윤활유를 주고 주축 뒤에서 끼운다.

(4) 한 손으로 아버를 쥐고 다른 손으로는 당김볼트를 되도록 끝까지 끼운다(손으로 끼울 수 없을 때에는 나사부에 이상이 있는 것이므로 점검해 본다). 로크 너트를 스패너로 죄어서 고정한다.

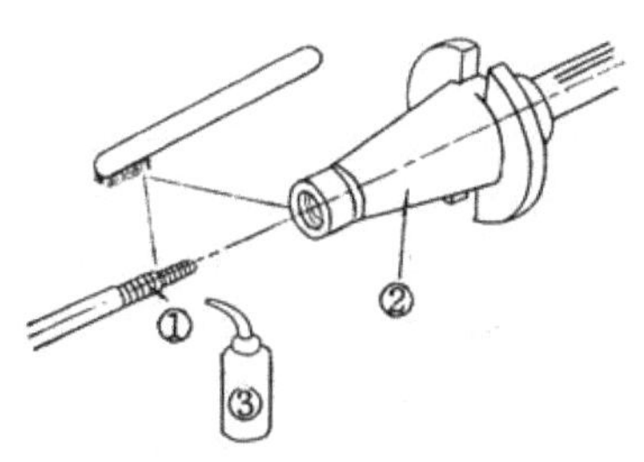

① 급유한다. ② 걸레로 깨끗하게 한다.
③ 윤활유

그림 4-33 테이퍼 부분의 점검

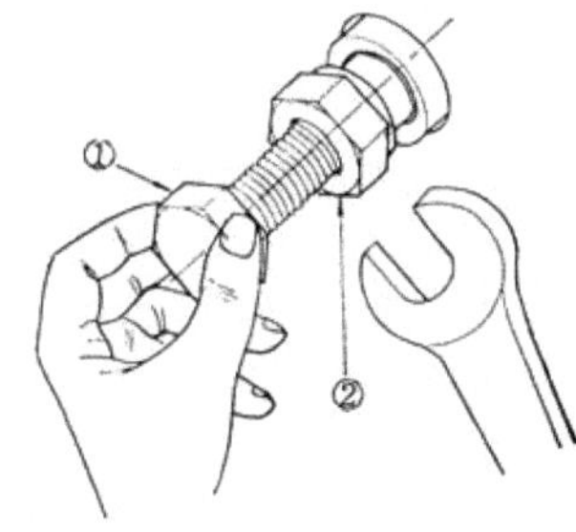

① 손으로 돌려 끼운다.
② 로크 너트(스패너로 죈다)

그림 4-34 당김 볼트의 끼우기

2. 밀링 커터의 고정

아버나 칼라를 깨끗이 청소하고 흠이 있는지를 점검한다.

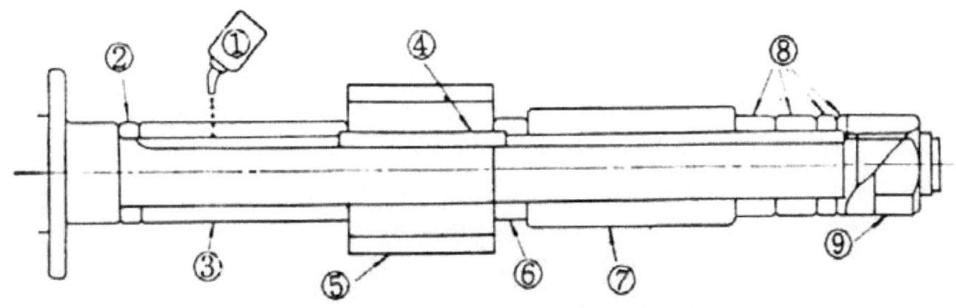

① 급유 ② 엔드 칼라 ③,⑥,⑧ 칼라 ④ 키이 ⑤ 밀링커터
⑦ 베어링칼라 ⑨ 아버 너트

그림 4-35 아버 및 커터의 고정

아버에 약간의 윤활유를 주고 엔드 칼라부터 끼운다. 다음 커터의 고정 위치를 생각하고 칼라 및 커터를 끼운다. 아버 너트를 죌 때에는 아버가 구부러지지 않도록 아버 너트를 가볍게 손으로 돌리고, 아버 요크를 끼운 다음 스패너로 꽉 죈다. 이 때 주축 회전 속도를 최저로 해놓으면 조이는데 편리하다.

3. 밀링 커터의 빼기

아버 너트를 스패너로 푼 다음, 아버 요크를 빼고 칼라와 커터를 뺀다. 이 때 칼라와 커터는 흠이 나지 않도록 조심스럽게 다룬다.

4. 아버의 빼기

로크 너트를 스패너로 풀고 2~3회 정도 회전시킨 다음, 당김 볼트의 머리를 구리 햄머로 두들겨 주축 구멍과 아버의 맞춤을 풀며, 한쪽 손으로 아버를 쥐고 다른 손으로는 당김 볼트를 돌려서 푼다. 이 때 당김 볼트의 나사를 완전히 풀어 낸 상태나 나사의 체결부가 1~2산 밖에 끼워지지 않은 상태에서 두들기면 나사가 상하게 되므로, 반드시 5~6산 이상 끼워졌을 때 두들기도록 한다.

5. 엔드밀의 고정 및 빼기

엔드밀은 그림 4-36과 같이 콜릿을 사용하여 스프링 척에 고정한다. 콜릿은 반드시 엔드밀 생크(자루)의 지름에 맞는 것을 사용하고 무리하게 콜릿을 벌리든지 오무리면 안된다.

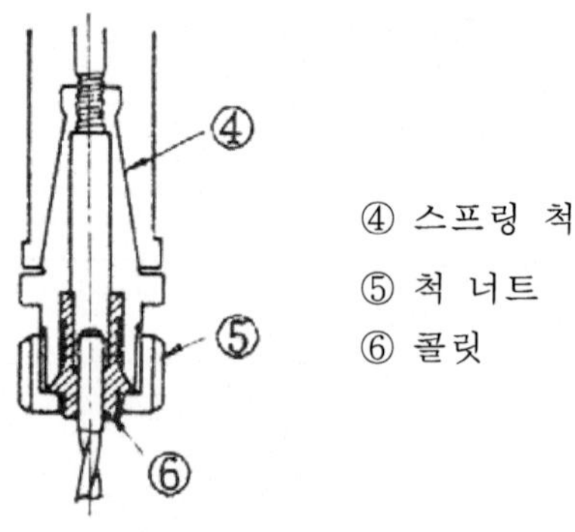

그림 4-36 스프링 척

6. 정면 커터의 고정 및 빼기

정면 커터의 고정 방법은 그림 4-37과 같이 크기에 따라서 다르다.

정면 커터를 고정시킬 때에는 깨끗이 청소하여 흠집의 유무를 점검하고, 접촉부에는 약간의 윤활유를 주어서 키이와 커터의 홈을 잘 맞추어 고정한다.

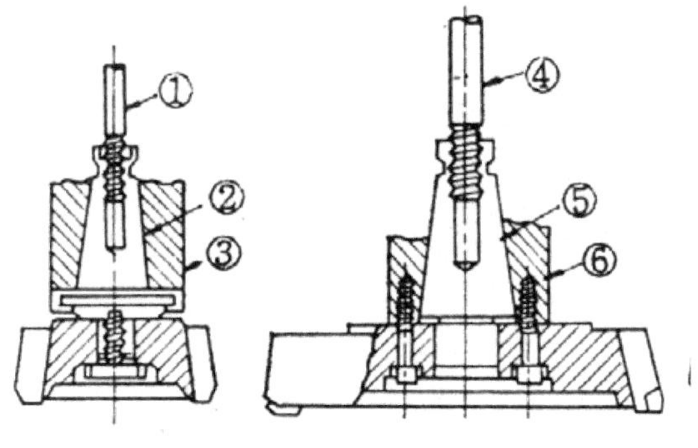

①, ④ 당김 볼트
② 아버
③, ⑥ 주축
⑤ 센터플러그

그림 4-37 정면 커터

【안전 및 유의사항】

1. 밀링머신의 주축등 회전축에는 손을 대지 않는다..
2. 장갑을 끼고 밀링 작업을 해서는 안된다.
3. 밀링머신의 메인전원을 임의로 조작하지 않는다.
4. 니이 핸들 조작시, 유격이 있는지 확인한다.
5. 보안경 및 보안면은 반드시 착용하고 가공한다
6. 정면커터 및 엔드밀 탈부착시 손이 다치지 않도록 조심한다.

【평　　　가】

평가기준	평가항목		만점	양호	보통	득점	비고
평가기준	기능 평가	아버 탈부착	20	16	12		
		앤드밀 탈부착	20	16	12		
		정면커터 탈부착	20	16	12		
	실습 평가	안전 실습	10	8	6		
		실습 방법	10	8	6		
		정리 정돈	10	8	6		
		실습 시간	10	8	6		
	종합 평가	총　　계					

【실습번호 4-4】 직육면체 가공

소요시간 : 3시간

【실습 목적】

1. 밀링머신으로 직육면체 치수의 공차를 ±0.05로 가공할 수 있다.
2. 밀링머신으로 직육면체 각 면의 직각도를 공차 0.01까지 가공할 수 있다.

【도 면】

도번 : 밀링 4-1 (P.144)

【재 료】

38×45×50mm 기계구조용 탄소강, 절삭유, 윤활유

【기계 및 공구】

밀링 머신, 정면 커터, 동 햄머, 버니어 캘리퍼스, 다이얼 게이지, 마이크로미터 등

【실습 순서】

1. 바이스를 설치한다.

(1) 테이블의 면과 바이스 밑면의 흠집을 검사하고 깨끗이 닦는다.

(2) 바이스를 테이블의 중간 지점에 놓고 T볼트로 약간씩 고정한다.

(3) 밀링의 컬럼 면에 다이얼 게이지를 부착시킨 후, 니이를 상하로 이송하며 수직도를 검사한다.

(4) 테이블을 좌우로 이송하며 바이스의 고정 죠오가 컬럼 면과 평행하도록 T볼트를 번갈아 가며 고정하며, 평행도를 확인한다.

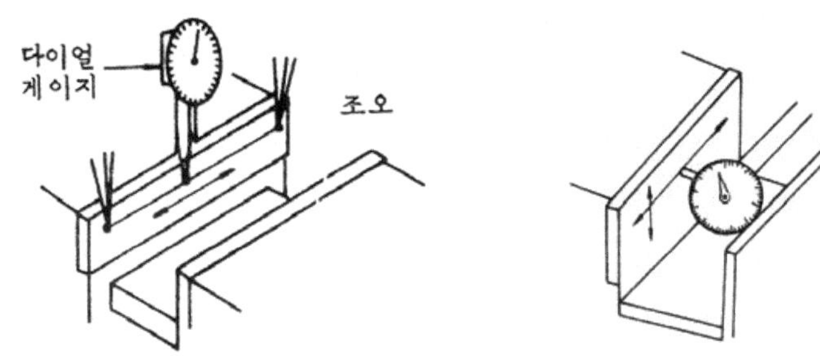

그림 4-38 바이스 설치

2. 공작물 치수를 확인한다.

도면을 보고 공작물 치수를 확인한다.

3. 정면 커터를 설치한다.

직육면체 가공을 하기 위하여 적당한 크기의 정면커터를 주축 스핀들에 장착한 후, 절삭 제원에 의하여 회전수를 선정한다.

그림 4-39 정면 커터

4. 직육면체를 절삭한다

(1) 기준면 ①면을 절삭한다. (그림 4-40)

㉮ 바이스 죠오와 밑면을 깨끗이 닦는다.

㉯ 같은 규격의 평행대 2개를 바이스 밑면에 밀착하여 놓는다.

㉰ 평행대 위에 공작물을 놓고 동봉을 이용하여 ②면이 고정 죠오에 밀착 되도록 고정한다.

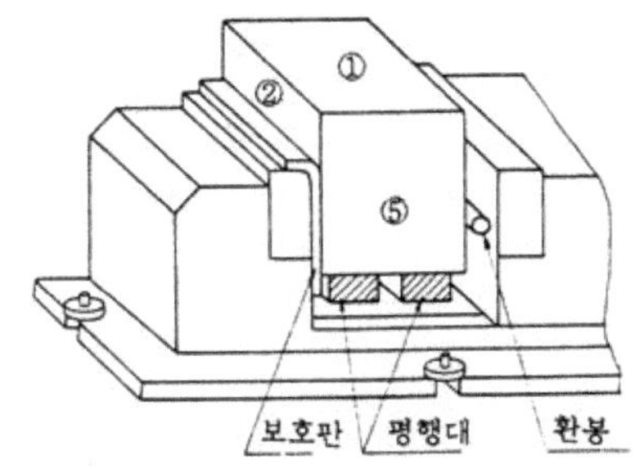

그림 4-40 기준면 ①면 절삭

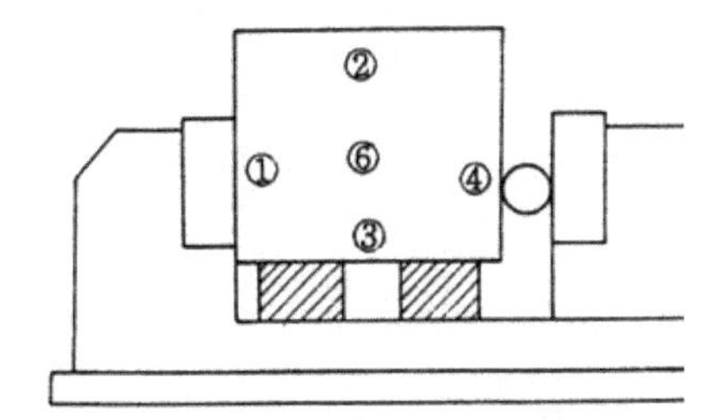

그림 4-41 ②면 절삭

㉣ 절삭 깊이를 0.5mm 정도로 흑피를 제거한다.

㉤ 바이스를 풀고 거스러미를 제거한다.

(2) ②면을 절삭한다. (그림 4-41)

㉮ 바이스 죠오와 밑면을 깨끗이 닦고 평행대를 밀착되게 놓는다.

㉯ 기준면 ①면이 고정 죠오에 밀착되도록 공작물을 고정한다.

㉰ 절삭 깊이를 0.5mm 정도로 흑피를 제거한다.

㉱ 바이스를 풀고 거스러미를 제거한다.

㉲ 정반과 직각자를 이용하여 ①면과 ②면의 직각도를 검사한다.(그림 4-42)

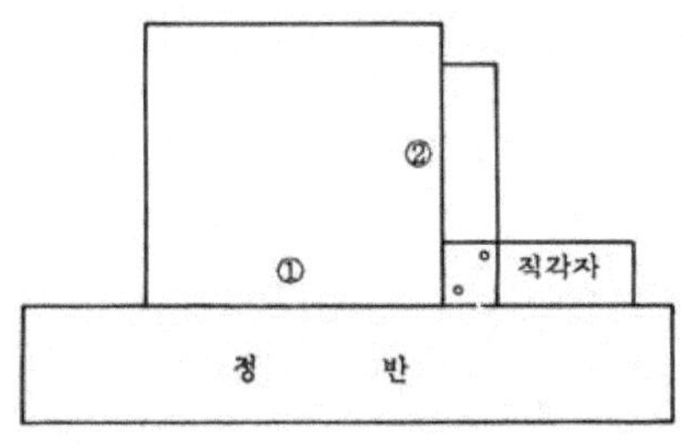

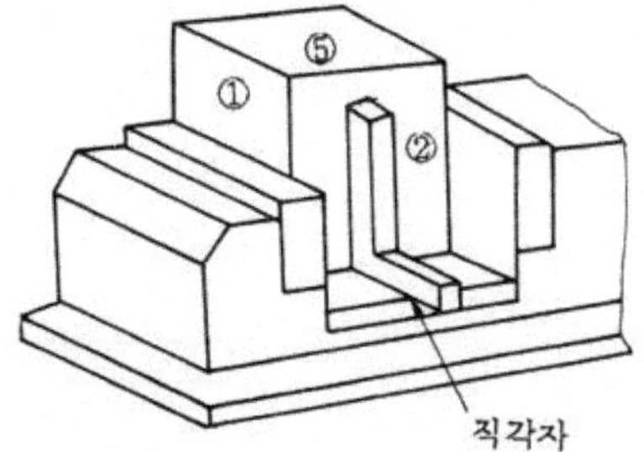

그림 4-42 직각도 검사

(3) ③면을 절삭한다.

㉮ 바이스 죠오와 밑면을 깨끗이 한다.

㉯ 바이스 밑면에 평행대를 밀착 되게 놓는다.

㉰ 기준면을 ①면이 고정 죠오에 밀착 되도록 고정한다.

㉱ 햄머로 ③면을 가볍게 두드려서 ②면이 바닥에 밀착되게 한다.

㉲ 평행대가 움직이지 않는가를 확인한다.

㉳ 버니어캘리퍼스와 니이 핸들의 눈금을 이용하여 치수 35±0.05mm로 절삭한다.

㉴ 바이스를 풀고 거스러미를 제거한다.

㉵ 치수 및 직각도를 확인하고 검사한다.

(4) ④면을 절삭한다. (그림 4-43)

㉮ 바이스 밑면을 깨끗이 하고 밑면에 평행대를 밀착되게 놓는다.

㉯ 기준면 ①면이 평행대에 밀착되도록 연질 햄머로 가볍게 두드리며 고정한다.

㉰ 평행대가 움직이지 않나 확인한다.

㉱ 버니어캘리퍼스와 니이 핸들의 눈금을 이용하여 치수 40±0.05mm로 절삭한다.

㉲ 바이스를 풀고 거스러미를 제거한다.

㉳ 치수 및 직각도를 확인한다.

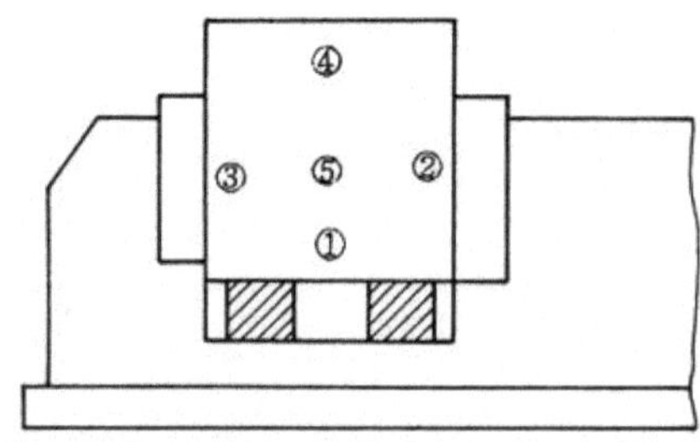

그림 4-43 ④면 절삭

(5) ⑤면을 절삭한다.(그림 4-44)

㉮ 바이스 죠오와 밑면을 깨끗이 하고 평행대를 밀착되게 놓는다.

㉯ ①면과 ④면을 바이스 죠오에 고정시키며 절삭 깊이를 0.5mm 정도로 하여 흑피를 제거한다.

㉰ 바이스를 풀고 거스러미를 제거한다.

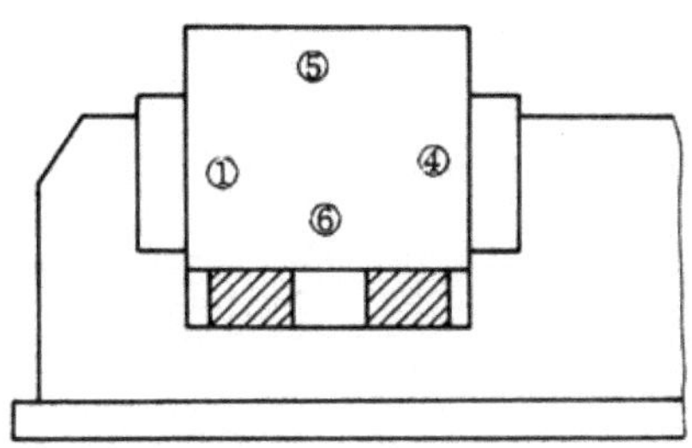

그림 4-44 ⑤면 절삭

(6) ⑥면을 절삭한다.

㉮ 바이스 죠오와 밑면을 깨끗이 하고 평행대를 밀착되게 놓는다.

㉯ ②면을 바이스 죠오에 고정시키며 절삭 깊이를 0.5mm 정도로 하여 흑피를 제거한다.

㉰ 버니어 캘리퍼스와 니이 핸들의 눈금을 이용하여 45±0.05mm로 절삭한다.

㉱ 거스러미를 제거한다.(그림 4-45)

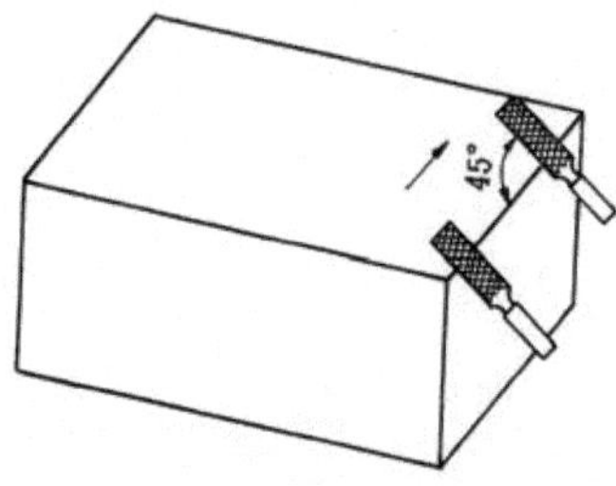

그림 4-45 거스러미 제거

5. 검사한다.

(1) 가공 부위의 치수를 점검한다.

(2) 육면체 각면의 지각도를 점검한다.

(3) 잘못된 부분이 있으면 원인 분석을 하고 시정 조치한다.

6. 정리, 정돈 한다.

(1) 기계 및 공구를 정리한다.

(2) 기계 청소를 하고 밀링의 각 주유 부분에 주유를 한다.

(3) 공작물에 번호를 새기고 제출한다.

(4) 기계 및 주위를 청소하고 정돈한다.

【안전 및 유의사항】

1. 직각도가 맞지 않을 경우에는 바이스 상태를 점검한다.
2. 공작물 고정은 가급적 많이 물려서 안전하게 한다.
3. 공작물의 가공치수가 벗어난 경우는 2mm 줄여서 가공한다.
4. 장갑을 끼고 밀링 작업을 해서는 안된다.
5. 정면 커터의 인서트 교환시, 조심스럽게 교환한다.
6. 공작물의 치수측정은 주축을 정지하고 측정한다.
7. 보안경은 반드시 착용하고 가공한다.
8. 밀링 운전 중에는 자리를 떠나지 않는다.

【평 가】

	평 가 항 목		만점	양호	보통	득점	비고
평가기준	작품평가	치 수 공 차	40	32	24		
		직 각 도	12	10	7		
		외 관	8	6	5		
	실습평가	실 습 방 법	16	12	10		
		안 전 실 습	7	6	4		
		재 료 사 용	7	6	4		
	시간평가	소 요 시 간	10	8	6		
	총 계						

【도 면】

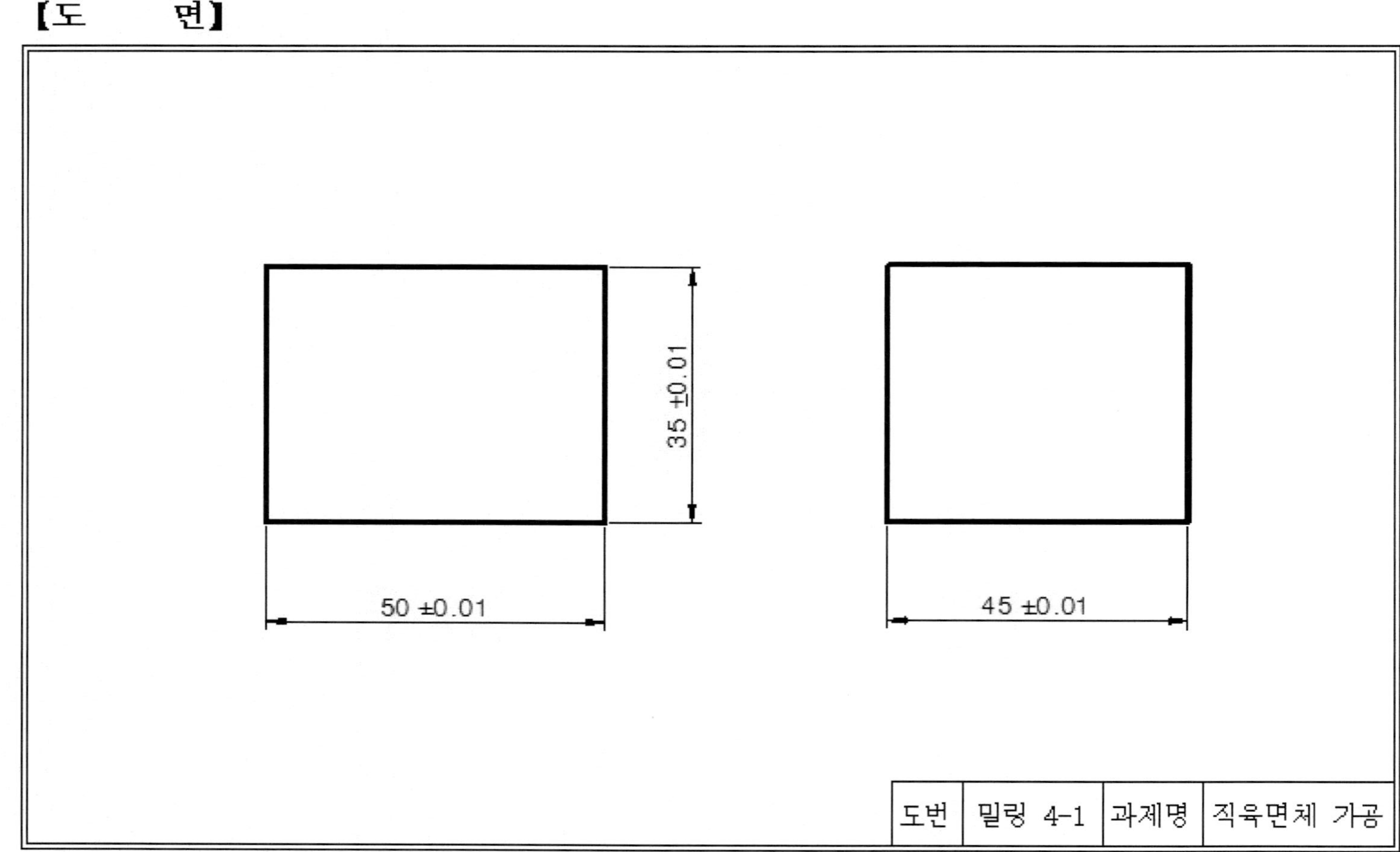

【관계 지식: 직육면체 가공】

4-1-3 커터의 절삭 방향

밀링 작업시, 공작물 절삭 방법은 공구의 회전 방향과 이송 방향에 따라 상향 절삭(up-milling, up-cutting, conventional cutting)과 하향 절삭(down-milling, down cutting, climb cutting)이 있다.

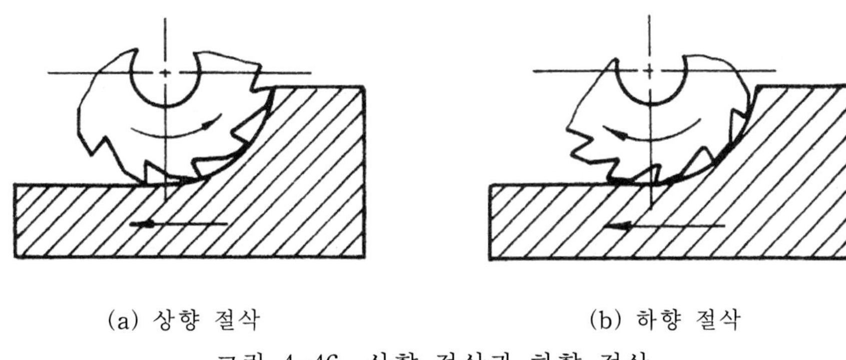

(a) 상향 절삭 (b) 하향 절삭

그림 4-46 상향 절삭과 하향 절삭

(1) 상향 절삭

일반적으로 많이 사용되는 방법으로서 위 그림 4-46(a)와 같이 커터의 회전방향과 가공물의 이송방향이 반대일 때, 즉 커터의 절삭날이 절삭을 시작할 때 칩(chip)이 가장 얇고 절삭이 끝날 때 가장 두껍게 되는 절삭을 상향 절삭이라 한다.

(가) 상향 절삭의 장점

① 칩이 절삭날의 진행을 방해하지 않는다.

② 커터와 테이블의 진행방향이 상반되므로 백 래쉬(back lash)가 없다.

③ 진동이 없는 상태에서 공구형상과 이송에 의해서만 결정되는 이론적 조도가 작다.

(나) 상향 절삭의 단점

① 커터가 가공물을 들어올리려 하므로 가공물을 견고하게 고정하여야

한다.

② 절삭날이 무디거나 절삭 초기에 이송이 적으면 절삭날이 미끄러져 쉽게 마멸되고, 아버의 스프링 작용으로 떨림(chattering)이 발생할 수 있다.

(2) 하향 절삭

그림 4-46(b)와 같이 커터의 회전방향과 가공물의 이송방향이 같을 때, 즉 절삭 초기에 칩의 두께가 가장 두껍고 절삭이 끝날 때에 가장 얇게 되는 절삭을 하향 절삭이라 한다.

(가) 하향 절삭의 장점

① 가공물을 누르면서 절삭하므로 가공물의 고정 방법이 간단하고, 고정이 어려운 얇은 가공물, 깊고 폭이 좁은 홈파기의 가공에 유리하다.

② 상향 절삭에서와 같은 슬라이딩이 없어 커터 절삭날의 마모가 적다.

(나) 하향 절삭의 단점

① 테이블 이송기구의 백 레쉬에 의하여 가공물이 커터에 끌려 들어가 떨림 또는 가공물과 커터에 손상을 가져올 수 있으므로 백 레쉬 장치가 있어야 한다.

② 주철과 같이 표면의 경도가 큰 가공물을 절삭할 때 커터의 절삭날이 충격을 받아 절삭날이 손상되기 쉽다.

【실습번호 4-5】 홈 가공

소요시간 : 3시간

【실습 목적】

1. 밀링머신의 이송 핸들을 이용하여 정밀하게 가공할 수 있다.
2. 밀링머신의 각 부 이송시 백 레쉬를 제거할 수 있다.
3. 엔드밀을 사용하여 정밀하게 홈 가공을 할 수 있다.

【도 면】

도번 : 밀링 4-2 (P.152)

【재 료】

45×45×55mm 기계구조용 탄소강, 절삭유, 윤활유

【기계 및 공구】

밀링 머신, 정면 커터, 각 종 엔드밀, 동 햄머, 버니어 캘리퍼스, 다이얼 게이지, 마이크로미터 등

【실습 순서】

1. 실습 준비를 한다.

(1) 바이스를 설치한다.
(2) 공작물 치수를 확인한다.
(3) 정면 커터를 설치한다.
(4) 직육면체를 절삭한다.

2. 금긋기를 한다.

(1) 도면을 보고 금긋기할 부분에 매직잉크를 칠한다.
(2) 높이 게이지를 이용하여 금긋기를 한다. (그림 4-47)
(3) 도면을 보고 확인한다.

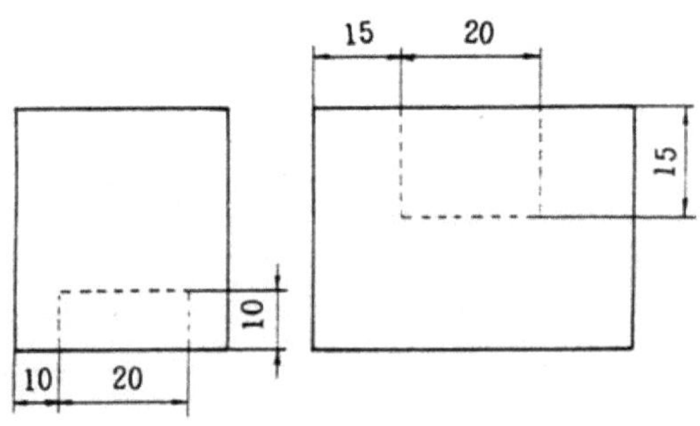

그림 4-47 금 긋기

3. 홈 절삭을 한다.

(1) 홈 폭 20mm, 깊이 15mm 부분 절삭을 한다. (그림 4-48)

㉮ 엔드밀 ∅16(mm)을 고정한다.

㉯ 바이스 위로 금긋기 선이 5mm 정도 나오게 공작물을 고정한다.

㉰ 깊이 2mm 정도씩 절삭하여 c부분의 깊이를 14.5mm 정도로 황삭한다..

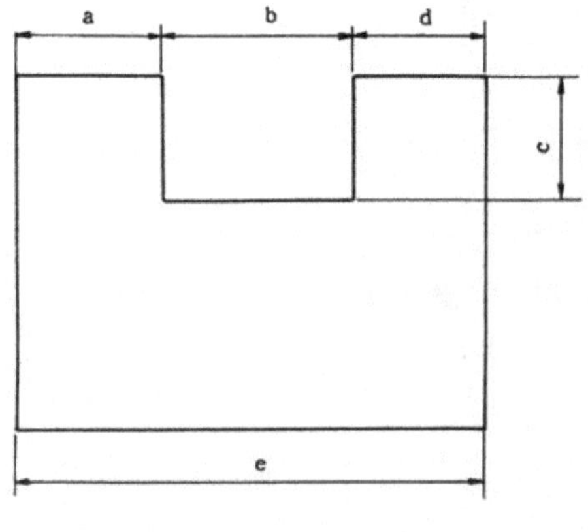

그림 4-48 홈 절삭
(홈 깊이 15mm 부분)

㉣ a, d(도면 치수 : 15mm) 부분의 치수를 측정한다.

㉤ 새들의 핸들눈금을 이용하여 a, d 부분을 15.5mm 정도 황삭한 후 측정한다.

㉥ 새들과 니이의 핸들눈금을 이용하여 a 부분이 15±0.05mm, b 부분이 20±0.05mm, c 부분이 15±0.05mm 되게 정삭한다.

(2) 홈 폭 20mm, 깊이 10mm 부분 절삭을 한다. (그림 4-49)

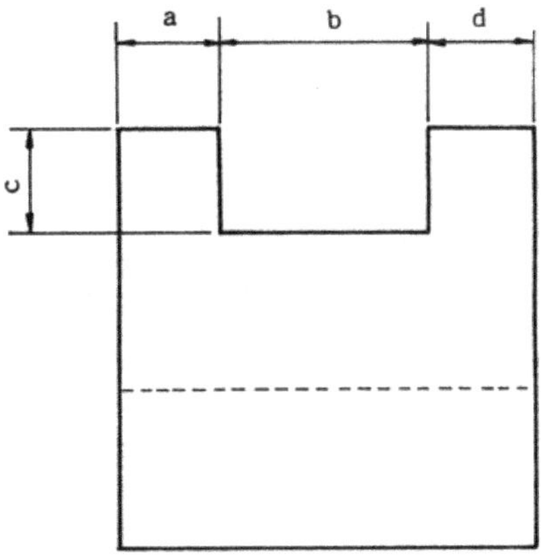

그림 4-49 홈 절삭
(홈 깊이 10mm 부분)

㉮ 바이스에서 공작물을 풀어낸 후에, 공작물을 거꾸로 돌려 물린다.

㉯ 깊이 2mm 정도씩 절삭하여 c부분의 깊이를 9.5mm 정도로 황삭한다.

㉰ a, d(도면 치수 : 10mm) 부분의 치수를 측정한다.

㉱ 새들의 핸들눈금을 이용하여 a, d 부분을 9.5mm 정도 황삭한 후 측정한다.

㉲ 새들과 니이의 핸들눈금을 이용하여 a 부분이 10±0.05mm, b 부분이 20±0.05mm, c 부분이 10±0.05mm 되게 정삭한다.

4. 모따기를 한다.

모따기는 일반 모따기(C2)로 한다.

5. 검사한다.

(1) 가공 부위의 치수를 점검한다.

(2) 가공치수가 틀려지면 원인 분석을 하고 시정 조치한다.

6. 정리, 정돈 한다.

(1) 기계 및 공구를 정리한다.

(2) 기계 청소를 하고 밀링의 각 주유 부분에 주유를 한다.

(3) 공작물에 번호를 새기고 제출한다.

(4) 기계 및 주위를 청소하고 정돈한다

【안전 및 유의사항】

1. 직각도가 맞지 않을 경우에는 바이스 상태를 점검한다.
2. 공작물 고정은 가급적 길게 물려서 안전하게 한다.
3. 공작물의 가공치수가 벗어난 경우는 2mm 줄여서 가공한다.
4. 장갑을 끼고 밀링 작업을 해서는 안된다.
5. 정면 커터의 인서트 교환시, 조심스럽게 교환한다.
6. 공작물의 치수측정은 주축을 정지하고 측정한다.
7. 보안경은 반드시 착용하고 가공한다.
8. 밀링 운전 중에는 자리를 떠나지 않는다.

【평 가】

평가기준	평 가 항 목		만점	양호	보통	득점	비고
평가기준	작품평가	치 수 공 차	40	32	24		
		형 상 공 차	12	10	7		
		외 관	8	6	5		
	실습평가	실 습 방 법	16	12	10		
		안 전 실 습	7	6	4		
		재 료 사 용	7	6	4		
	시간평가	소 요 시 간	10	8	6		
	총 계						

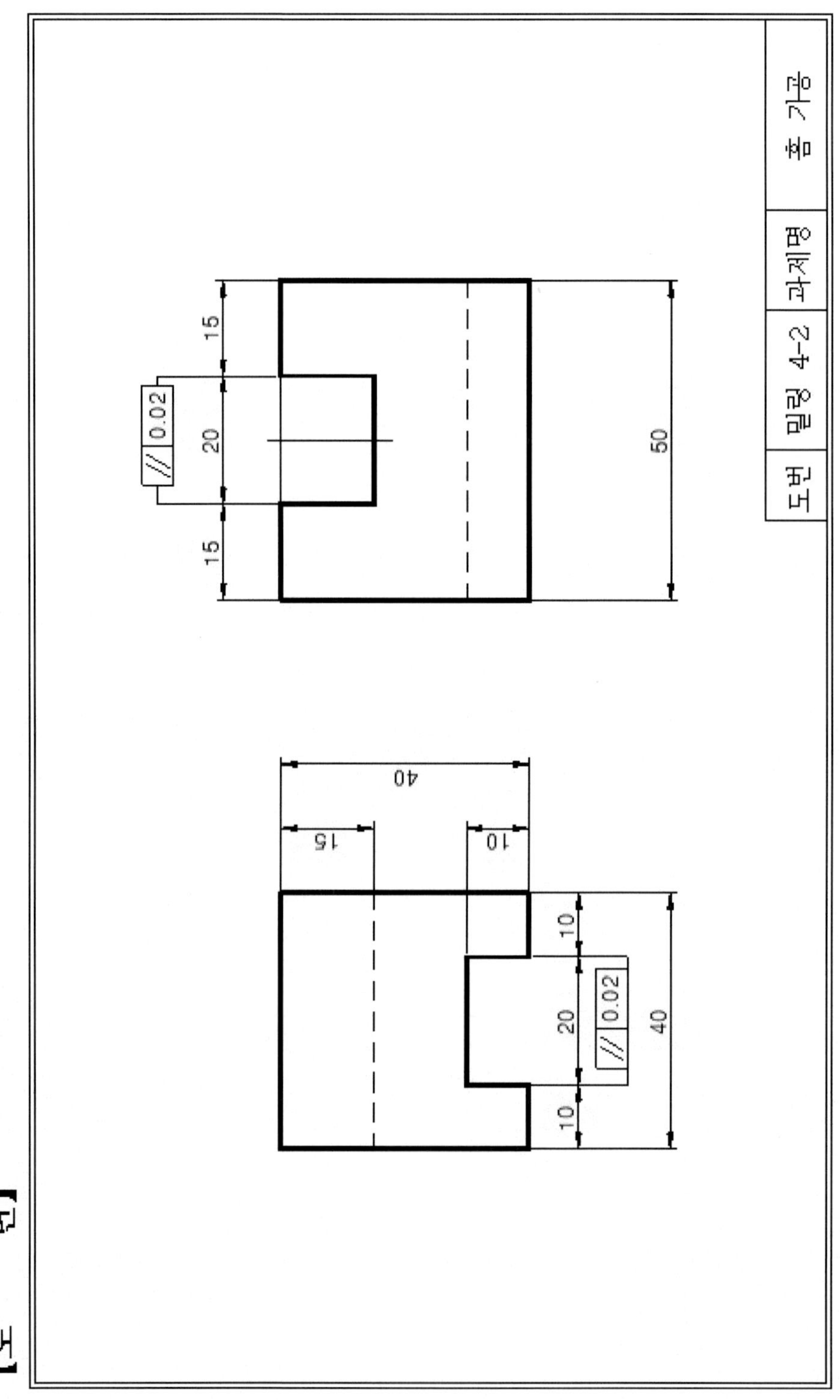
【도 면】
도번
밀링 4-2
과제명
홈 가공
15
20
15
50
// 0.02
40
15
10
10
20
10
40
// 0.02

제5장

제 5장 평면 연삭 실습

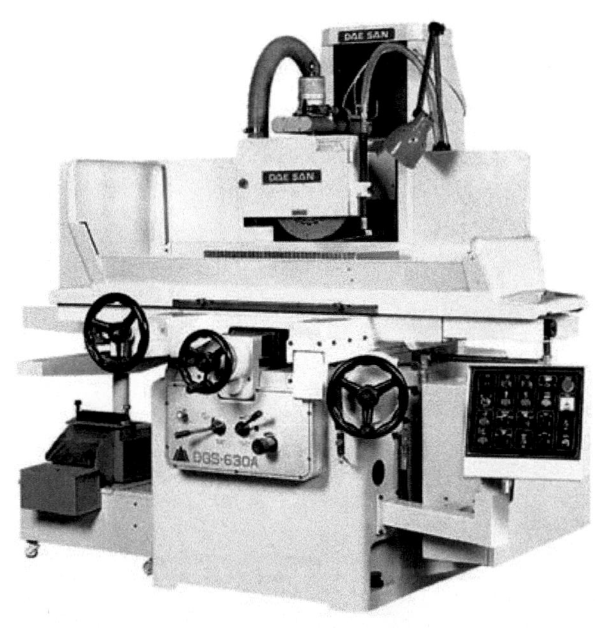

【실습번호 5-1】 평면 연삭기 조작

소요시간 : 3시간

【실습 목적】

1. 평면 연삭기의 각 부 명칭 및 기능을 알 수 있다.
2. 평면 연삭기를 수동으로 조작할 수 있으며, 자동으로 조작도 할 수 있다.
3. 공작물을 자석(마그네트) 척에 고정할 수 있다.

【재 료】

절삭유 및 윤활유

【기계 및 공구】

평면 연삭기, 연삭 숫돌, 다이어몬드 드레서, 밸런싱 스탠드 등

【실습 순서】

1. 평면 연삭기 조작 준비

평면 연삭기를 운전하기 전에 반드시 다음 사항을 지켜야 한다.

(1) 배전판의 접속 단자에 전원을 접속시킨다.

(2) 각 급유 개소에 지정된 윤활유를 급유시킨다.

(3) 평면 연삭기 주축의 스핀들에 연삭 숫돌이 장착되어 있는지 확인하고, 연삭 숫돌을 손으로 회전시키며 간섭을 일으키는 요소가 있는지 살펴본다.

2. 평면 연삭기 조작 순서

(1) 평면 연삭을 위한 공작물의 크기에 맞추어서 테이블 이송 역전

스토퍼의 위치를 조정한다.
(2) 주축 스핀들에 장착되어 있는 연삭 숫돌을 회전시킨다.
(3) 테이블의 좌우작동을 위해 테이블 자동 이송레버를 조작한다.
(4) 새들의 전후 이동을 위해 새들 자동 이송레버를 조작한다.

【안전 및 유의사항】

1. 공작물을 자석 척에 고정한 후 손으로 흔들어 고정 상태를 확인한다.
2. 연삭 가공면의 평행도 불량은 공작물의 설치의 영향이 크므로 공작물 설치 및 고정에 유의한다.
3. 연삭 작업은 가급적 습식 연삭으로 한다.
4. 거친 연삭이 끝나고 다듬질 연삭을 하기 전에 드레싱을 하면 고운 연삭 면을 얻을 수 있다.

【평 가】

평가기준	평가항목		만점	양호	보통	득점	비고
	기능평가	각 부의 명칭 숙지	20	16	12		
		공작물 고정 상태	20	16	12		
		수동 조작 방법	20	16	12		
	실습평가	안전 실습	10	8	6		
		실습 방법	10	8	6		
		정리 정돈	10	8	6		
		실습 시간	10	8	6		
	종합평가	총계					

【관계 지식: 연삭 가공】

5-1-1 연삭(surface grinding)의 개요

연삭 숫돌 입자(abrasive grain)의 절삭작용으로 가공물에서 미소 칩이 발생토록 하는 가공을 연삭(grinding)이라 하고, 연삭에 사용되는 공작기계를 연삭기(grinding machine)라 한다.

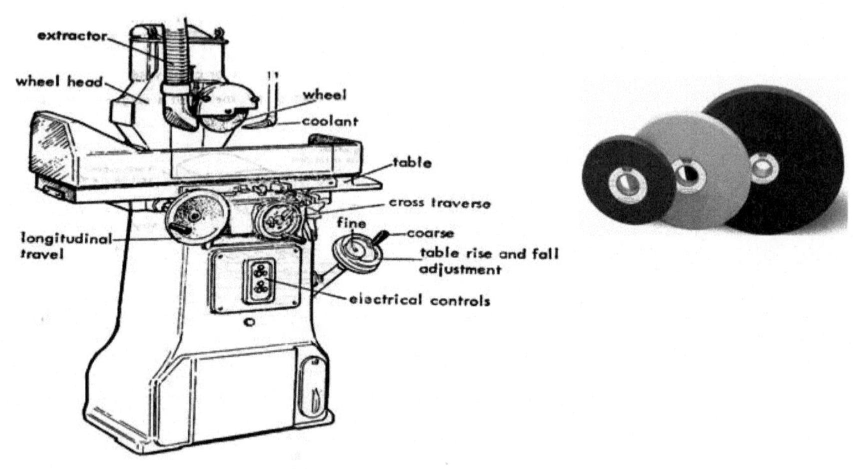

그림 5-1 평면 연삭기와 연삭숫돌

연삭가공은 선반에서 사용하는 바이트(bite)나 밀링 커터(milling cutter)와 같은 절삭공구에 의한 가공에 비하여 금속제거율(metal removal rate)이 낮으나 다음과 같은 장점을 갖고 있다.

① 연삭 숫돌 입자의 경도가 높기 때문에 다른 절삭공구로 가공이 어려운 경화강(硬化鋼)과 같은 경질재료의 가공이 용이하다.

② 생성되는 chip이 매우 작아 가공정밀도가 높다.

③ 연삭 숫돌 입자가 무디어져 연삭저항이 증가하면 숫돌입자가 탈락되는 자생작용을 하므로 다른 공구와 같이 작업 중, 재연마를 할 필요가 없어 연삭작업을 계속할 수 있다.

5-1-2 연삭기의 종류

연삭기를 분류하는 방법에는 연삭기의 기구특성 또는 가공특성에 따라 분류할 수 있으나 여기에서는 가공특성에 따라 분류하기로 한다.

(1) 평면 연삭기(surface grinding machine)

평면 연삭기의 종류에는 수평축(horizontal spindle)과 수직축(vertical spindle) 평면 연삭기가 있지만, 일반적으로 수평축 평면 연삭기가 많이 사용된다.

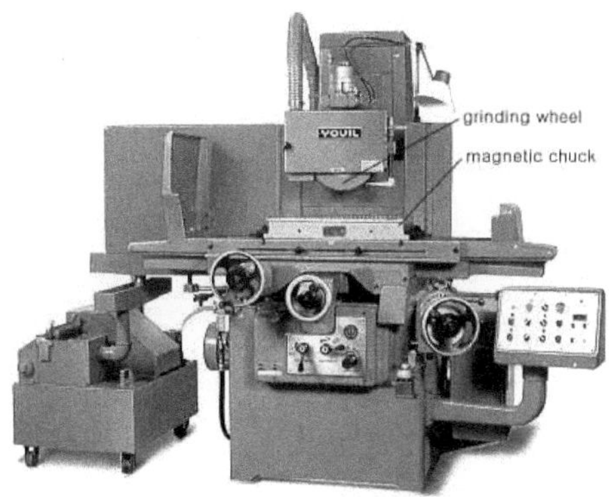

그림 5-2 평면 연삭기(수평축)

(2) 원통 연삭기(cylindrical grinding machine)

원통 연삭기는 원통형상을 갖는 공작물의 외경가공과 내경가공을 정밀하게 연삭 가공할 수 있다.

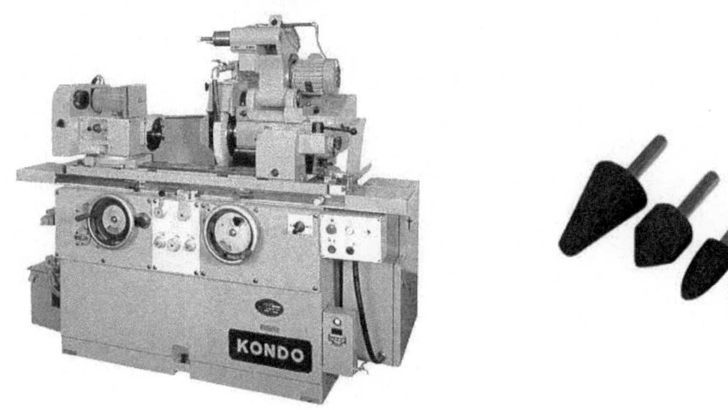

그림 5-3 원통 연삭기와 내경가공 연삭숫돌

(3) 특수 연삭기(special grinding machine)

(가) 만능 공구 연삭기(universal tool grinding machine)

(나) 나사 연삭기(thread grinding machine)

(다) 크랭크 축 연삭기(crank shaft grinding machine)

(라) 기어 연삭기(gear grinding machine)

5-1-3 연삭 조건

연삭 숫돌의 원주속도, 연삭 깊이, 이송량 등은 서로 밀접한 관계를 가지고 연삭 작용에 영향을 준다. 따라서 공작물의 재질이나 연삭 방법에 따라 이들을 알맞게 결정해야 한다.

(1) 연삭 숫돌의 원주속도와 회전수

연삭 숫돌에는 그 사용속도가 표시되어 있으므로, 반드시 사용 원주 속도의 범위 내에서 회전시켜야 한다. 일반적으로 연삭 숫돌의 원주속도는 다음 식으로 부터 구할 수 있다.

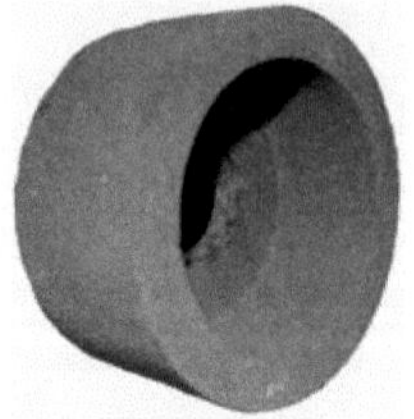

그림 5-4 컵형 연삭숫돌

$$V = \frac{\pi DN}{1000}$$

N : 연삭 숫돌의 회전수 (rpm)

V : 연삭 숫돌의 원주속도 (m/min)

D : 연삭 숫돌의 지름 (mm)

연삭 숫돌의 원주속도와 결합도의 관계는, 숫돌의 결합도가 단단한 것을 사용할 때에는 원주 속도를 낮추고, 연한 것은 원주속도를 빠르게 하는 것이 좋다.

(2) 연삭 깊이

연삭 깊이는 가공재료와 연삭 조건에 따라 다르나, 보통 사용되는 연삭 깊이는 거친 연삭일 때에는 0.05~0.1mm로 하고, 연삭액을 사용할 때에는 이 보다 연삭 깊이를 더 할 수도 있다. 다듬질 연삭을 할 때에는 0.01~0.001mm로 작게 한다.

【실습번호 5-2】 연삭 숯돌의 설치

소요시간 : 3시간

【실습 목적】

1. 연삭할 공작물의 재질, 크기, 정밀도, 모양 및 접촉면의 크기 등에 알맞은 연삭 숫돌을 선택할 수 있다.
2. 연삭 숫돌의 무게 균형을 맞추고, 연삭기에 바르게 설치할 수 있다.

【재 료】

연삭 숫돌(평면 연삭용, 원통 연삭용)

【기계 및 공구】

원통 연삭기, 평면 연삭기, 스패너, L렌치, 다이어몬드 드레서, 밸런싱 스탠드, 플라스틱 햄머

【실습 순서】

1. 작업 조건에 알맞는 숫돌을 선택한다.

(1) 연삭 숫돌의 측면에 붙어 있는 검사표를 참조하여 숫돌의 치수, 입자 종류, 입도, 결합도, 조직, 결합제를 확인한다.

(2) 이 검사표는 버리지 말고 보관하여 다음의 숫돌을 선택 및 교환의 기준으로 삼는다.

2. 연삭 숫돌의 균열을 검사한다.

(1) 연삭 숫돌을 잘 살펴보고 균열이 없나 확인한다.

(2) 연삭 숫돌의 구멍에 손가락을 걸어서 든다,

(3) 나무나 플라스틱 망치로 연삭 숫돌의 바깥 둘레 부근을 가볍게 두드려 소리를 들으면서 검사한다.

(4) 맑은소리가 나면 안전하나 둔탁한 소리가 나면 균열이 있으므로 사용하지 않도록 한다.

3. 연삭 숫돌을 플랜지에 고정한다.

(1) 연삭 숫돌의 양면에 붙인 레이블(label)이 완충의 역할을 한다.

(2) 플랜지의 안쪽을 깨끗이 닦는다.

(3) 플랜지에 연삭 숫돌을 끼운다. 이 때 연삭 숫돌 구멍과 플랜지 사이에는 0.1mm 정도의 틈이 있어서 약간 헐겁게 삽입된다.

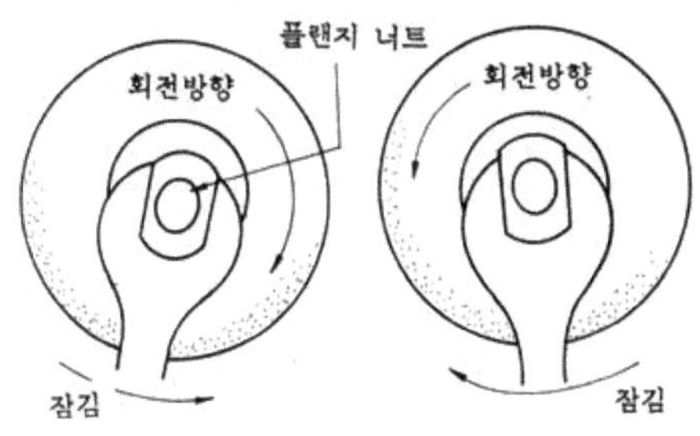

(a) 평면 연삭기용 플랜지 조임

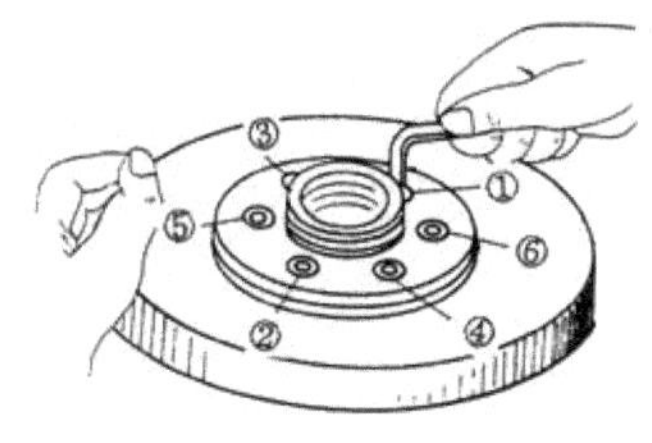

(b) 원통 연삭기용 플랜지 조임

그림 5-5 플랜지에 연삭 숫돌 체결

(4) 플랜지 너트를 조여 연삭 숫돌을 고정한다.

㉮ 연삭 숫돌 고정 나사 측에서 볼 때 숫돌의 회전 방향이 시계 방향인 경우 플랜지 너트는 왼나사, 반시계 방향이면 플랜지 너트는 오른 나사이므로 너트의 잠김 방향에 유의한다. (그림 5-5(a) 참조)

㉯ 원통 연삭기의 경우는 그림 5-5(b)와 같이 여러 개의 나사로 고정되며 하나의 나사를 각각 단단히 조이지 않고 서로 대각선 방향으로 1-2-3-4-5-6의 순서로 조금씩 나누어 조임을 되풀이 한다.

㉰ 플랜지 너트를 너무 세게 조이면 연삭 숫돌이 파손될 위험이 있으므로 적당히 조인다.

4. 연삭 숫돌의 무게균형을 맞춘다.

(1) 연삭 숯돌을 플랜지에 조립한 후에, 플랜지의 균형추(3개)를 서로 균일한 간격으로 벌려 놓는다.

(2) 이어서, 연삭 숫돌을 연삭기에 설치하고 회전시킨 다음, 다이아몬드 드레서로 연삭 숫돌의 외주면과 양측면을 트루잉하여 외주의 흔들림을 없앤다.

(3) 연삭 숫돌의 회전을 멈추고 떼어낸다.

(4) 밸런싱 스탠드를 평평한 곳에 설치한다. (그림 5-6 참조)

(5) 연삭 숯돌이 조립된 플랜지에 밸런싱 아버를 끼우고 스탠드 위에 올려 놓는다.

(6) 연삭 숫돌이 자중으로 회전하여 무거운 부분이 아래로 내려가서 멈춘다.

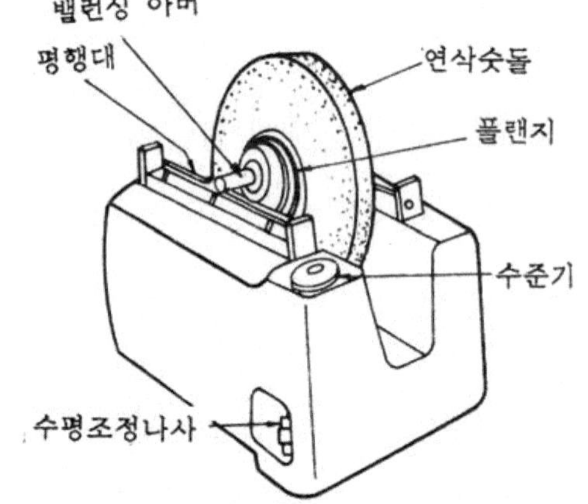

그림 5-6 밸런싱 스탠드

(7) 연삭 숫돌의 맨 위(가벼운 부분)를 분필로 표시하고 여기에 균형추(balancing weight)A를 고정한다.(그림 5-7 ① 참조)

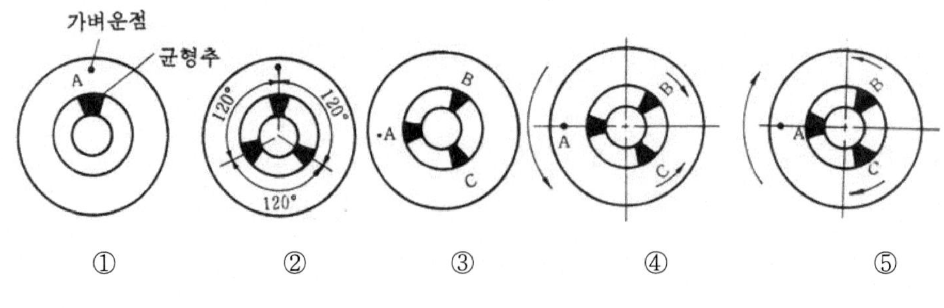

그림 5-7 연삭 숫돌의 균형 잡기

(8) 나머지 2개의 균형추 B, C를 똑같은 양만큼씩 이동하여 조정한다.

(9) 분필로 표시한 부분을 수평 위치로 하여 스탠드 위에 놓아 회전 상태를 살핀다.

(10) 연삭 숫돌의 회전 방향에 따라 그림 5-7의 ④, ⑤와 같이 균형추 B, C를 조정한다.

5. 연삭 숫돌을 연삭기에 설치하고 드레싱을 한다.

(1) 연삭 숫돌을 연삭기에 설치한다.

(2) 연삭 숫돌의 크기에 알맞는 다이아몬드 드레서를 선택한다.

(3) 다이아몬드 드레서를 드레서 홀더에 짧게 나오도록 고정한다.

(4) 다이아몬드 드레서를 그림 5-8과 같이 연삭 숫돌의 회전 방향으로 5°~15°, 드레서의 이송방향에 대하여 20°~30° 의 각도로 고정한다. 평면 연삭기의 경우는 그림 5-9와 같이 다이아몬드 드레서의 끝이 연삭 숫돌의 중심에서 회전 방향 쪽으로 5mm 정도 벗어나게 테이블을 이동시킨다.

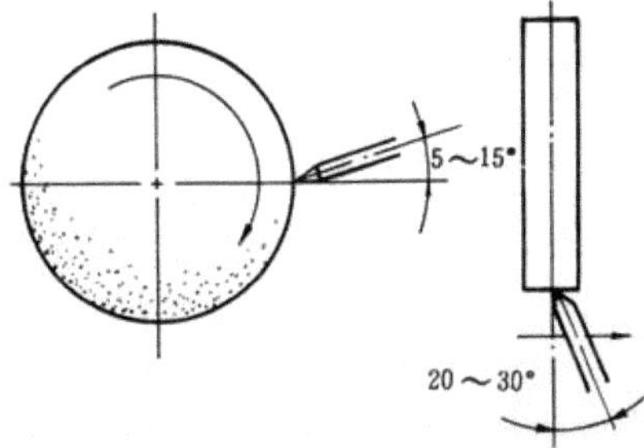

그림 5-8 원통 연삭기 숫돌의 드레싱

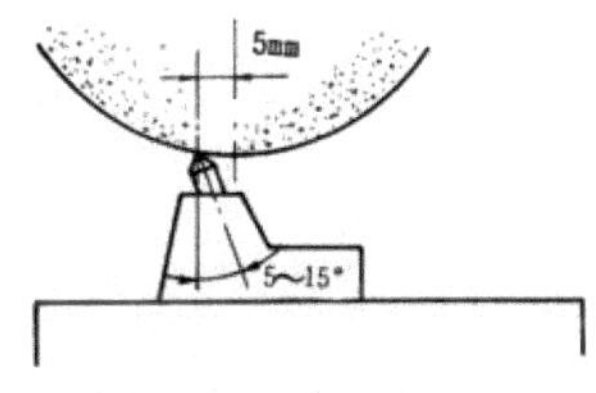

그림 5-9 평면 연삭기 숫돌의 드레싱

(5) 연삭 숫돌을 회전시키고 다이아몬드 드레서를 접촉시킨다.

(6) 드레서를 이송하여 연삭 숫돌면을 깎아낸다.

(7) 드레서의 절입 깊이를 0.02~0.03mm 정도로 하고 드레서의 이송을 250~500mm/min 정도로 하여 2~3회 거친 드레싱을 한다.

(8) 드레서의 절입 깊이를 0.01mm정도, 이송을 100~200mm/min로 하여 2~3회 다듬질 드레싱을 한다.

(9) 마지막에는 절입을 하지 않고 느리게 이송하여 1회 왕복한다.

(10) 드레서는 다이아몬드의 예리한 부분이 연삭 숫돌에 닿게 가끔 돌려서 고정하여 사용한다.

(11) 드레싱 상태가 공작물의 가공면 거칠기에 많은 영향을 주므로 가공면 상태에 따라 드레싱 조건을 적절히 조절해야 한다.

【안전 및 유의 사항】

안전한 연삭 작업을 하기 위해서는 연삭 숫돌을 스핀들과 플랜지와의 사이에 정확하고 안전하게 끼우는 일이다. 연삭 숫돌의 설치 방법이 불량할 경우에는, 예기치 않은 위험을 가져오는 수가 있으므로 다음과 같은 점에 주의해야 한다.

1. 연삭기는 진동을 피할 수 있게 알맞은 기초 위에 완전히 고정 설치되어 있어야 한다.

2. 연삭 숫돌의 죔 너트는 알맞게 죄어야 하며 지나치게 세게 죄면 플랜지가 변형되거나 숫돌 바퀴에 균열이 생길 위험이 있다.

3. 연삭 숫돌를 끼우는 스핀들 너트는 회전 중 풀리지 않도록 전용공구로 고정해야 한다. 특히, 스핀들 끝의 나사는 숫돌 바퀴의 회전 방향과 반대 방향으로 죌 수 있어야 한다.

4. 안전한 연삭 작업을 하기 위해서는 연삭기의 연삭 숫돌 바깥부분에 안전 커버를 달아서 만일의 사고에 대비해야 한다.

5. 연삭 숫돌을 3~5분 동안 공회전시켜 회전 시험을 한 다음 연삭작업을 한다.

6. 새로운 연삭 숫돌은 연삭기에 주축 스핀들에 장착하여 연삭 숫돌의 원주면과 양측면을 트루잉(드레싱)하여, 주축 스핀들에 장착된 연삭 숫돌을 동심원이 되도록 한다. 이러한 작업 후에 연삭 숫돌을 주축 스핀들에서 풀어내어 밸런싱 스탠드에 올려놓는다. 연삭 숫돌의 무게균형은 앞에서 설명한 3개의의 균형추를 조정하여 맞추도록 한다.

【평 가】

	평 가 항 목	만점	양호	보통	득점	비고
평가기준	1. 연삭 숫돌에 사용되는 입자 및 결합제의 종류를 이해하고 있는가?	20	16	12		
	2. 연삭 숫돌의 입도와 결합도는 어떻게 분류하고 있는지 이해하고 있는가?	20	16	12		
	3. 연삭 숫돌의 플랜지 고정상태	20	16	12		
	4. 연삭 숫돌의 균형 맞춤상태	20	16	12		
	5. 불량 연삭 숫돌에 의한 연삭기의 진동에 대한 처리는 알고 있는가?	20	16	12		
	총 계					

【관계 지식: 연삭 숫돌】

5-2-1 연삭 숫돌의 개요

연삭 숫돌(grinding wheel)은 매우 단단한 숫돌 입자(abrasive grain)를 결합제로 다져서 여러 가지의 모양으로 만든 것이다. 이것은 그림 5-10과 같이 예리한 날을 가진 입자와 결합제, 그리고 기공으로 이루어져 있다.

숫돌 바퀴의 성능은 숫돌입자, 입도, 결합도, 조직, 결합제, 모양과 치수 등에 따라 결정되므로, 연삭 숫돌를 선택할 때에는 이상과 같은 사항에 대하여 정확한 지식을 가지고 있어야 한다.

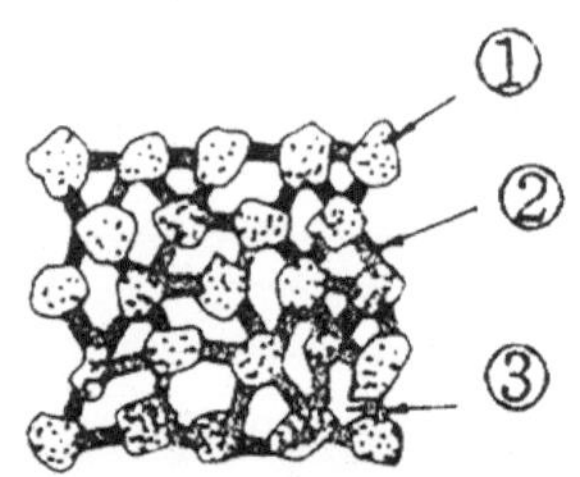

①입자 ②결합제 ③기공

그림 5-10 연삭 숫돌의 구성

(1) 숫돌 입자

연삭 숫돌의 입자 하나하나가 절삭 공구의 구실을 하여 공작물을 깎는 것이므로, 숫돌 입자는 공작물보다 강인한 재료이어야 한다. 이러한 재료로서는 천연산인 다이아몬드가 있으나 값이 비싸서 특수한 경우에만 사용되며, 일반적으로 인조 연삭제로 만든 것이 널리 사용된다.

인조 연삭제는 알루미나(AL_2O_3)와 탄화규소(SiC)의 결정체를 부숴 만든다. 알루미나계의 숫돌 입자에는 순도가 낮고, 흑갈색인 A입자(Alundum grain)와 순도가 높은 흰색인 WA입자(White alundum grain)가 있다. 이것은 표 5-1과 같이 순도가 가장 높은 4A를 비롯한 3A, 2A, 1A 등으로 구분한다.

표 5-1 숫돌 입자의 분류

기호	종 별	KS	상품명	용 도
A	흑갈색 알루미나 (약 95%)	2A	얼런덤 알록사이드	인장강도(30kg/mm^2)가 크고, 인성이 큰 재료의 강력 연삭이나 절단 작업용
WA	흰색 알루미나 (99.5% 이상)	4	38얼런덤AA 알록사이드	인장강도(50kg/mm^2)가 매우 크며, 인성이 많은 재료로서 발열하면 안되고, 연삭깊이가 얕은 정밀 연삭용
C	흑자색 탄화규소 (약 97%)	2C	37크리스탈론 카아버런덤	주철과 같이 인장 강도가 작고, 취성이 있는 재료, 절연성이 높은 비철 금속, 석재, 고무, 플라스틱, 유리, 도자기 등
GC	녹색 탄화규소 (98% 이상)	4C	39크리스탈 녹색 카아버런덤	경도가 매우 높고 발열하면 안 되는 초경합금, 특수강 등

탄화규소계의 숫돌 입자는, 순도가 낮고 흑자색인 C입자(carborundum grain)와 순도가 높은 녹색인 GC입자(green carborundum grain)가 있다.

탄화규소계는 4C, 3C, 2C, 1C등으로 구분 되는데, 4C는 다른 것에 비하여 순도가 높다. 이밖에 일반 연삭 숫돌로서는 연삭이 곤란한 재료 등, 특수한 용도에는 다이아몬드의 입자를 사용한 D입자(diamond grain)가 있다.

(2) 입도

숫돌 입자의 크기를 입도라 하며, 덩어리의 숫돌 입자를 분쇄기에서 일정한 입자로 만들고 불순물을 제거한 후 체에 의해 입도를 정한다. 숫돌 입자의 입도는 표 5-2와 같이 입자와 가루로 나누며, 220번 이하의 입자는 메시(mesh) 번호 #로, 가루는 마이크론(μ)으로 표시하기도 한다. 숫돌 입자의 입도는 보통 10~800번까지의 것이 있으며, 표 5-3과 같은 규격으로 세분되어 있다.

표 5-2 입도의 종류와 호칭

종 류	호 칭
입 자 (번)	10, 12, 14, 16, 20, 24, 30, 36, 46, 54, 60, 70, 80, 90, 100, 120, 150, 180, 220
가 루 (μ)	80, 67, 57, 48, 40, 34, 28, 24, 20, 16, 13, 10, 7.9, 6.3, 5.0

입도의 크기는 공작물의 재질, 연삭 방법, 연삭 깊이, 연삭 속도, 결합도 및 조직 등과 깊은 관계가 있으며 일반적으로 다음과 같은 점을 고려하여 알맞은 입도의 것을 선택한다.

표 5-3 연삭 숫돌의 입도 구분

구 분	거친 것	보통 것	고운 것	매우 고운 것
입 도 (번)	10, 12, 14, 16, 20, 24	30, 36, 46, 54, 60,	70, 80, 90, 100, 120, 150, 180, 220	240, 280, 320, 400, 500, 600, 700, 800

① 일반 탄소강 연삭에는 보통 것으로 한다.

② 연삭 여유가 많아 거칠게 연삭할 때에는 거친 입도, 이 때 대형 숫돌 입자에는 같은 입도 중에서 거친 것, 소형에는 보통 것으로 한다.

③ 다듬질 연삭이나 공구 연삭에는 보통 것으로 한다.

④ 홈, 나사 등의 정밀 연삭에는 고운 것을 사용한다.

⑤ 구리나 알루미늄 합금은 거친 것으로 한다.

⑥ 원통 연삭, 내면 연삭, 평면 연삭의 순으로 입도를 거칠게 한다. 일반적으로, 단단하고 치밀한 가공 재료에는 거친 것 중에서 고운 것을, 연한 재료에는 거친 입도의 것을 사용한다.

(3) 결합도

연삭 숫돌의 입자는 결합제에 의해 서로 결합되어 있는데, 이들의 결합된 세기를 결합도라 한다. 일반적으로 숫돌 바퀴가 단단하다 또는 연하다

하는 것은 숫돌 입자 자체의 경도를 말하는 것이 아니라, 입자를 지지하고 있는 결합력의 강약의 정도를 표시하는 것이다. 결합도의 세기는 숫돌 입자를 결합하는 결합제의 양에 따라 다르게 된다.

결합도는 보통 표 5-4와 같이 A～D를 뺀 알파벳순으로 연한 것부터 단단한 차례로 구분하여 표시한다. 연삭 숫돌의 결합도를 선택할 때 고려해야 할 점을 들면 다음과 같다.

① 재질이 연한 공작물에는 단단한 숫둘 바퀴를, 단단한 공작물에는 연한 것을 사용한다.

② 연삭 숫돌의 원주 속도가 클 경우에는 결합도가 연한 연삭 숫돌을, 반대일 때에는 단단한 것을 사용한다.

③ 접촉 면적이 큰 연삭 작업일수록 결합도가 연한 것을 사용한다.

④ 가공 표면이 거칠 때에는 단단한 숫돌 바퀴를, 반대일 때에는 연한 것을 사용한다.

여기서 주의 할 것은, 카아버런덤 회사의 결합도 표시법은 표 5-4와 정 반대로 극히 연한 것을 A, 극히 단단한 것을 D의 순으로 하고 있다.

표 5-4 결합도의 기호와 호칭

기호	E, F, G	H, I, J, K	L, M, N, O	P, Q, R, S	T, U, W, Z
호칭	극히 연한 것	연한 것	보통 것	단단한 것	극히 단단한 것

(4) 조직

조직(structure)이란 연삭 숫돌의 단위 체적에 대한 입자의 밀도 상태를 나타내는 것으로, 숫돌 입자의 입도가 같을 때에 단위 체적 내의 입자 수와 작은 기공이 많은 것을 밀도가 치밀한 것이라 하며 그 반대로 입자의 수가 적고 기공도 크며 그 수가 적은 것을 밀도가 거칠다고 한다.

연삭 숫돌의 조직은 표 5-5와 같이 밀도가 치밀한 것, 중간 것, 거친 것 등의 세 가지로 구분한다. 연삭 숫돌의 조직을 선택할 때에는 다음과 같은 점을 고려해야 한다.

① 치밀한 조직의 숫돌 바퀴는 단단한 재료의 다듬질 연삭이나 접촉 면적이 작은 공작물에 사용한다.

② 거친 조직의 보통 탄소강이나 구리 합금과 같은 연한 재료는 연삭량이 많아 신속한 작업이 요구 될 때, 또는 공작물과의 접촉 면적이 클 때 사용된다.

표 5-5 연삭 숫돌의 조직

구분 / 호칭	일본 (JIS)		노오튼 회사
	조직 기호	입자율(%)	조직 번호
치밀한 것	W	42>	0, 1, 2, 3
중간 것	m	42~50	4, 5, 6
거친 것	C	50<	7, 8, 9, 10, 11, 12

(5) 결합제

결합제는 크게 나누어 무기질, 유기질 및 금속 결합제 등 세 종류로 분류하며 일반적으로 표 5-6과 같은 것들이 있다.

표 5-6 결합제의 종류

종 류	기 호
비트리 파이드	V
실리케이트	S
고 무	R
레지노이드	B
셀 락	E
메 탈	M

(가) 무기질 결합제

점토, 장석, 규산나트륨, 산화마그네슘 등을 원료로 한 결합제로서 비트리파이드(vitrified) 숫둘 바퀴, 실리케이트(silicate) 연삭 숫돌이 있다.

(나) 유기질 결합제

천연 수지인 셸락(shellac), 고무, 합성수지인 베이클라이트 등을 원료로 한 결합제를 유기질 결합제라 한다. 유기질 결합제로 만든 것에는 고무 연삭 숫돌, 레지노이드 연삭 숫돌 및 셸락 연삭 숫돌 등이 있으며, 보통 탄성이 있으므로 탄성 연삭 숫돌(elastic grinding wheel)라고도 한다.

(다) 금속 결합제

구리, 황동, 은 및 철 등의 금속을 원료로 한 결합제로서 그 대표적인 것은 다이아몬드 연삭 숫돌을 들 수 있다.

5-2-2 연삭 숫돌의 표시

연삭 숫돌에는 그림 5-11과 같이 여러 가지의 기호와 수치가 기입되어 있다. 이것은 연삭 숫돌의 성질과 치수를 표시한 것으로, 제조자와 사용자의 편의를 도모하기 위한 것이다.

연삭 숫돌의 표시는 보통 다음과 같은 순서로 표시한다. 즉, 숫돌 입자의 종류, 입도, 결합도, 조직, 결합제, 모양, 치수(D×T×H)의 순으로 한다.

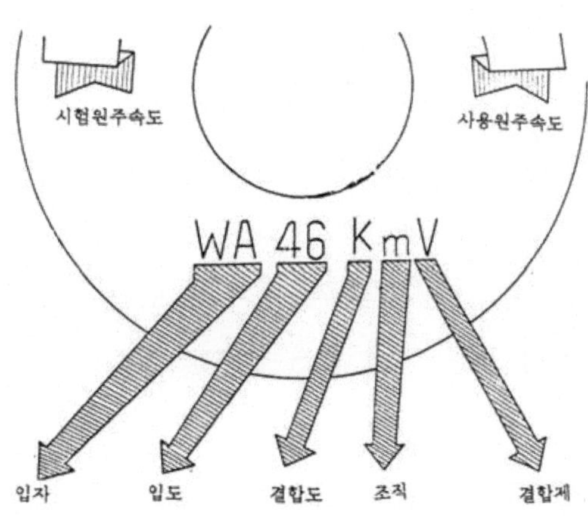

그림 5-11 연삭 숫돌의 표시 예

그러나, 필요에 따라서는 시험 및 사용 원주 속도의 범위, 제조 회사명 또는 약호, 제조 번호 및 년 월일 또는 약호 같은 것을 표시하기도 한다.

5-2-3 투루잉과 드레싱

(1) 트루잉

연삭 숫돌을 처음 연삭기에 설치했을 때 숫돌의 중심이 맞지 않아 연삭 숫돌이 회전 중 외주가 흔들리게 된다. 또한 사용중인 숫돌은 마모되어 점차 형태가 흐트러지며 작업에 따라서는 숫돌면을 필요한 형상으로 깎아 만들 필요가 있다. 이와 같은 경우에 연삭 숫돌의 면을 깎아 연삭 숫돌을 회전축에 대해서 동심원으로 만들거나 숫돌면의 형상을 성형가공하는 작업을 트루잉이라 한다. (그림 5-12(a) 참조)

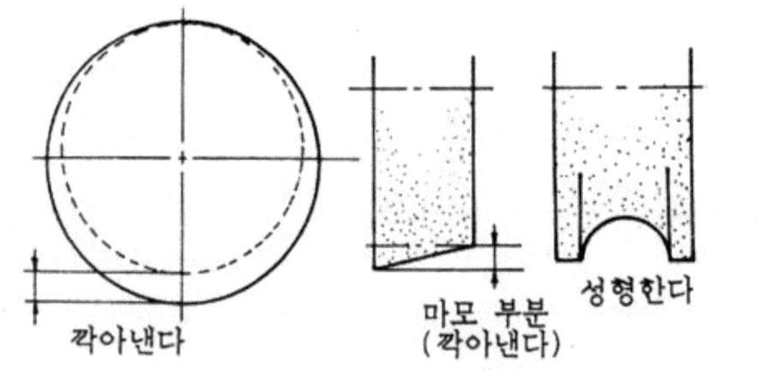

(a) 트루잉(숫돌면의 형상 가공)

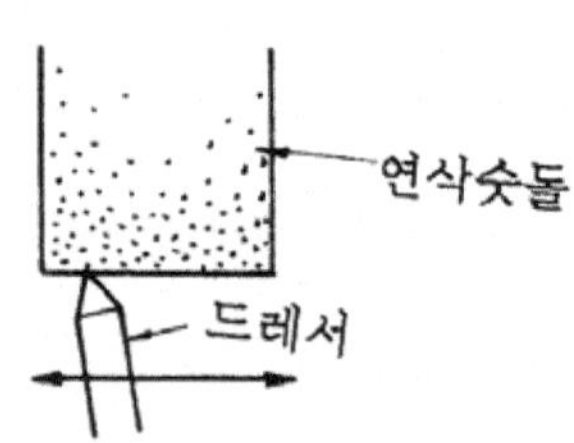

(b) 드레싱(새로운 절삭날 생성)

그림 5-12 트루잉과 드레싱

(2) 드레싱

오래 사용한 연삭 숫돌은 입자가 마모 되거나 입자 사이의 기공(틈새)이 막히게 되어 연삭이 원활치 않게 되는 경우가 있다. 이런 경우 연삭 숫돌의 표면을 드레서로 깎아 새로운 입자를 노출시켜서 연삭성을 향상시키는 작업을 드레싱이라 한다. (그림 5-12(b) 참조)

【실습번호 5-3】 직육면체 연삭

소요시간 : 3시간

【실습 목적】

1. 평면 연삭기로 치수 정밀도 ±0.01mm 이내의 평면 연삭을 할 수 있다.
2. 평면 연삭기의 자석 척에 공작물을 바르게 고정할 수 있다.
3. 직육면체의 각 면간의 평행도 ±0.01mm이내, 직각도 ±0.01mm 이내의 직육면체 연삭을 할 수 있다.

【도 면】

도번 : 연삭 5-1 (P.181)

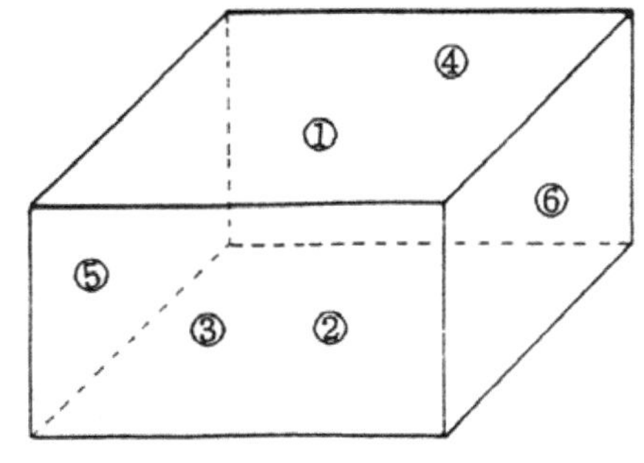

그림 5-13 직육면체 연삭

【재 료】

50×35×45mm 기계구조용 탄소강

【기계 및 공구】

평면 연삭기, 연삭 숫돌, 다이아몬드 드레서, 밸런싱 스탠드 등

【작업 순서】

1. 작업준비를 한다.

(1) 탄소강 재료에 알맞는 연삭숫돌을 선택(WA60 HmV)하여 연삭기에 설치한다.

(2) 자석 척의 윗면을 깨끗이 닦는다.

㉮ 자석 척의 윗면을 깨끗한 면포나 고무와이퍼를 이용하여 깨끗이 닦아낸다. (그림 5-14)

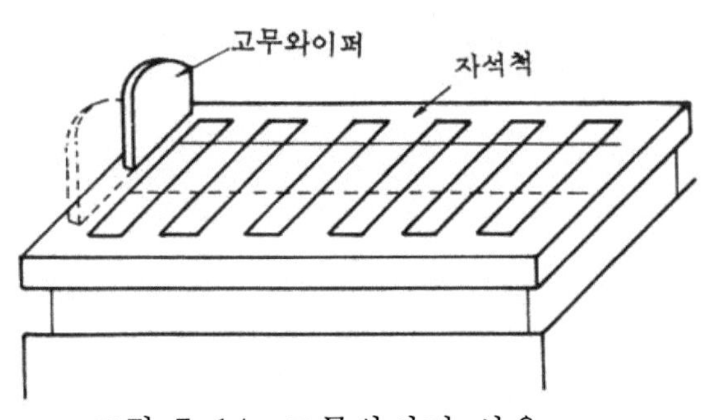

그림 5-14 고무와이퍼 사용

㉯ 자석 척 윗면을 깨끗한 손바닥으로 쓸어내면서 돌기가 있을 경우 기름 숫돌로 제거한다.

㉰ 자석 척 윗면은 연삭하는 공작물의 평행도 기준이 되므로 먼지나 상처로 인한 돌기가 생기지 않도록 관리해야 한다.

2. 공작물을 자석 척에 설치한다.

(1) 공작물의 거스러미를 없애고 깨끗이 닦는다.

(2) 공작물의 ②번 면을 밑으로 하여 자석 척 위에 그림 5-15와 같이 공작물의 길이 방향이 테이블의 좌우 이송 방향과 평행하게 한다.

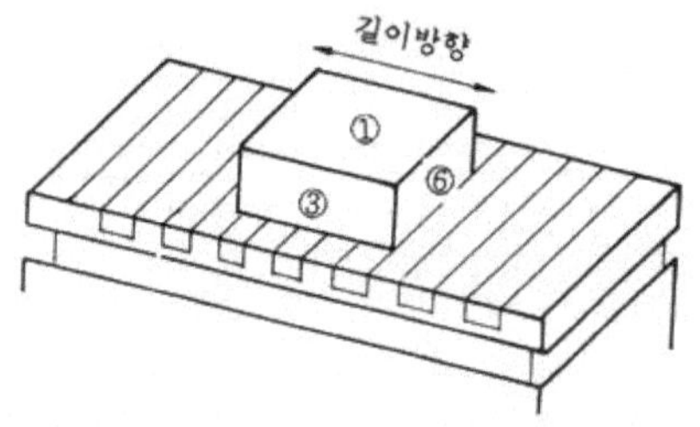

그림 5-15 공작물의 고정방향

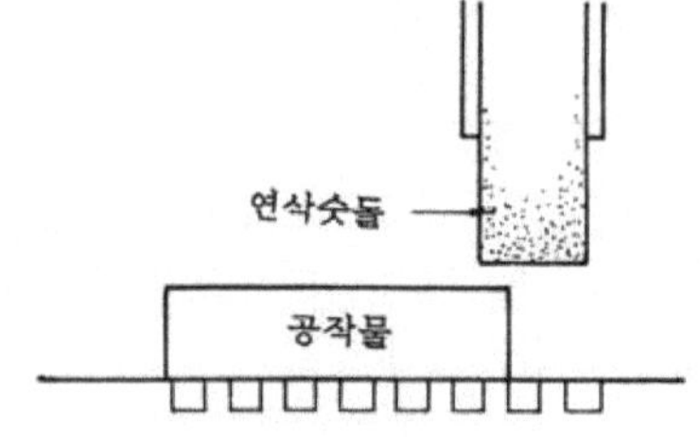

그림 5-16 연삭숫돌과 공작물의 위치

(3) 자석 척 스위치를 켜고 손으로 공작물을 흔들어 고정 상태를 확인 한다.

(4) 공작물을 연삭숫돌의 바로 밑에 그림 5-16과 같이 오도록 한다.

(5) 연삭 숫돌을 회전시킨다.

3. 공작물의 표면을 순서대로 연삭한다.

(1) 공작물의 ①번 면을 연삭한다.

㉮ 연삭 숫돌을 조심스럽게 내려 공작물과 가볍게 접촉되도록 한다. 접촉 상태는 불꽃의 발생과 소리로써 알 수 있다.

㉯ 불꽃이 나면 즉시 연삭 숫돌의 내림을 멈추고 테이블을 한쪽으로 이송하여 숫돌과 공작물을 분리시킨다.

㉰ 연삭액을 공급한다.

㉱ 공작물을 좌우로 이송한다. (그림 5-17, 5-18)

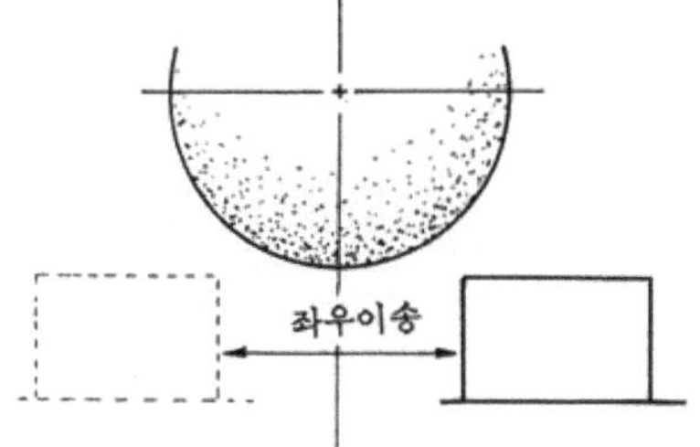

그림 5-17 공작물의 좌우이송위치

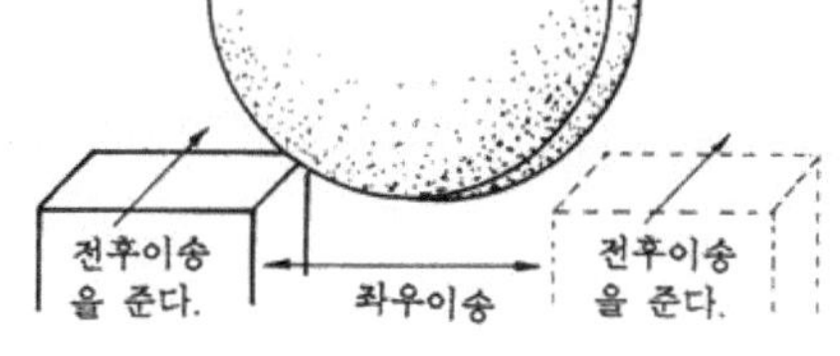

그림 5-18 전후 이송의 위치

㉲ 좌우 이송의 양 끝마다 전후 이송을 한다. 전후 이송은 공작물의 폭을 연삭 숫돌이 완전히 지날 때까지 한다. (그림 5-19)

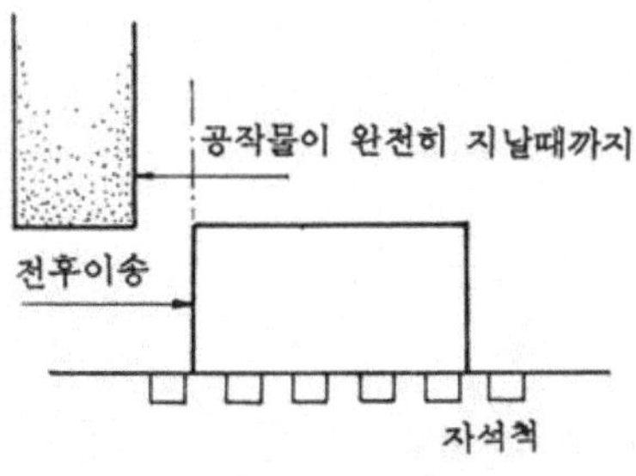

그림 5-19 전후 이송의 끝

㉳ 다시 공작물을 처음의 위치로 되돌려 연삭숫돌을 절입(연삭깊이)하고 좌우, 전후 이송하여 연삭한다.

㈓ 연삭 깊이는 0.05mm 정도, 전후 이송은 2.5~3mm 정도로 한다.

㈔ 연삭 여유가 작아지면 연삭 깊이는 0.01mm 로 하고 점차 연삭 깊이를 0.005~0.01mm, 전후 이송은 1~2mm 정도로 다듬질 연삭한다.

㈕ 연삭 가공면을 잘 살펴 다음과 같은 조치를 한다.

• 가공면이 거칠 때는 연삭 깊이와 전후 이송량을 줄여 보거나 연삭 숫돌면을 곱게 드레싱한다.

• 가공면에 진동 무늬가 생길 때는 연삭 숫돌면을 트루잉하여 숫돌의 흔들림을 없게 한 후, 밸런스 스탠드에서 연삭 숫돌의 균형을 바로 잡는다.

㈖ 연삭작업이 완료되면 연삭액을 잠그고 연삭 숫돌의 회전을 정지시킨다.

(2) 공작물의 ②번 면을 연삭한다.

㈎ 자석 척의 면을 깨끗이 닦고 처음위치에 연삭된 ①번을 밑으로 하여 고정한다.

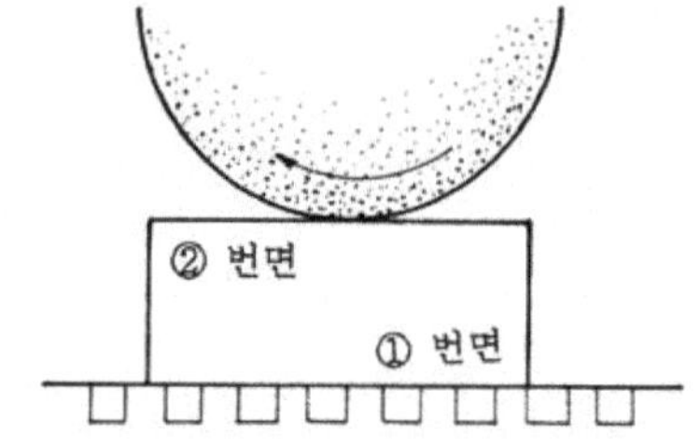

그림 5-20 공작물의 ②면 연삭

㈏ 완성 치수에서 0.03~0.05mm 정도의 다듬질 여유를 남기고 ②번면을 거친 연삭한다.

㈐ 공작물의 ②번 면을 다듬질 연삭하여 치수를 맞춘다.

(3) 공작물의 ③번 면(①, ②번 면을 기준하여 직각)을 연삭한다.

■ 정밀 연삭용 바이스를 이용한 방법 (그림 5-21)

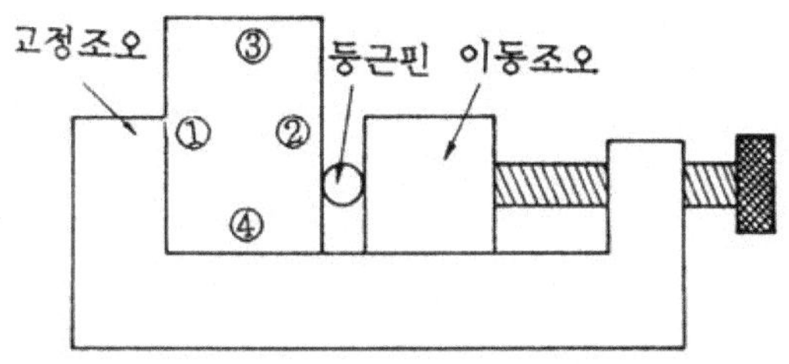

그림 5-21 정밀바이스를 이용한 공작물의 직각 연삭

㉮ 연삭된 기준면인 ①번 면을 고정 조오에 댄다.

㉯ ②번 면과 이동 조오 사이에 둥근 핀(봉)을 대고 바이스를 조여 공작물의 기준면이 고정 조오에 단단히 밀착되게 한다.

㉰ 공작물이 고정된 바이스를 자석 척에 설치한다.

㉱ ③번 면을 연삭한다.

■ 직육면체 블록을 이용하는 방법 (그림 5-22)

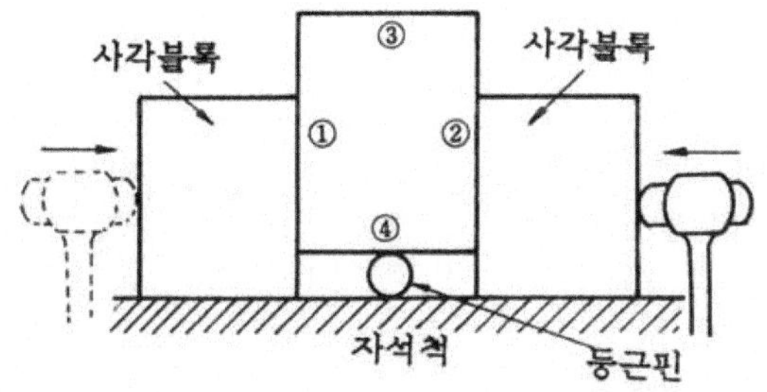

그림 5-22 사각블록을 이용한 공작물의 직각맞춤

㉮ 공작물의 ④번 면에 둥근 핀(봉)을 받쳐 자석 척에 올린다.

㉯ 직각 상태가 정확한 2개의 사각 블록으로 공작물의 ①, ②번 면을 밀착시킨다.

㉰ 자석 척의 스위치를 넣는다.

㉱ 나무망치로 양쪽의 사각블록을 가볍게 쳐서 공작물을 확실히 밀착시킨다.

㉲ ③번 면을 연삭한다.

(4) 공작물의 ④번 면(③번 면을 밑으로 하여 자석 척에 고정)을 연삭하여 치수를 맞춘다.

(5) 공작물의 ⑤번 면을 연삭한다.

㉮ 그림 5-23과 같이 공작물의 ①번 면을 바이스 고정 조오에 대고 정반위에서 직각자를 사용하여 ⑤번 면을 ③, ④번 면에 대하여 직각으로 고정한다.

㉯ 공작물이 고정된 바이스를 연삭기의 자석 척에 설치하고 ⑤번 면을 연삭한다.

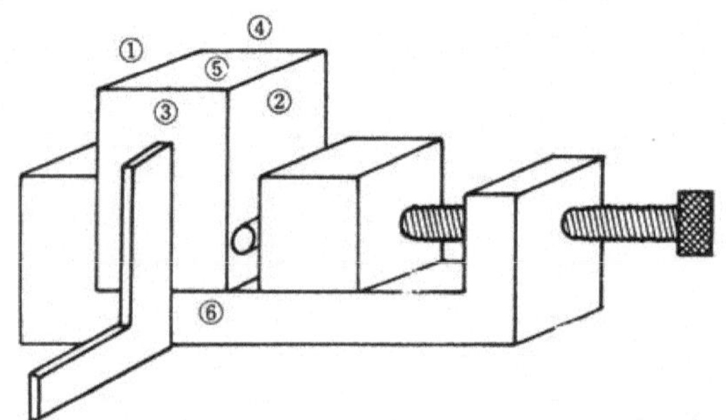

그림 5-23 직각자를 이용한 공작물 고정

(6) 공작물의 ⑥번 면(⑤번 면을 자석 척에 고정)을 연삭한다.

4. 공작물을 풀어내어 모서리의 거스러미를 제거한다.

5. 공작물의 치수 및 직각도를 확인한다.

(1) 마이크로미터로 치수를 측정할 때에는 어느 한 곳만 측정하지 말

고 그림 5-24와 같이 A~E의 부분을 고루 측정한다. 이 때 각 측정값의 차이가 어느 한계를 넘지 않도록 가공해야 한다.

(2) 정반 위에서 직각자를 공작물의 측면에 대어 틈새의 크기에 따른 빛의 투과량 차이로 직각도를 판정한다.

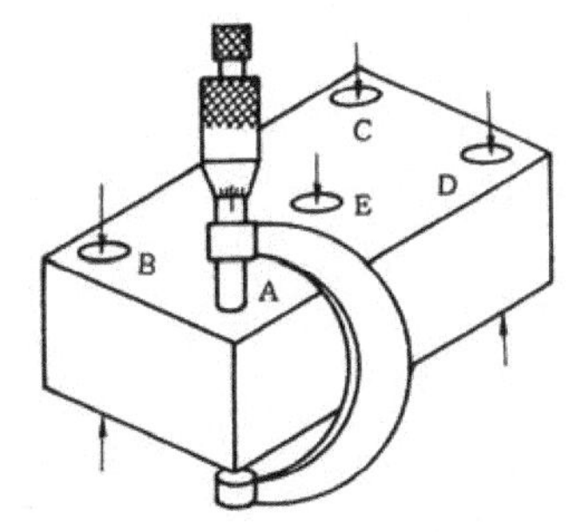

그림 5-24 공작물의 치수 측정

6. 공작물의 평가를 받은 후 위의 방법으로 3회 반복 가공한다.

7. 공작물에 남아있는 잔류 자기를 없앤다.

(1) 탈자기 위에 얇은 천을 깐다.

(2) 탈자기의 전원 스위치를 넣고 공작물을 올려놓는다.

(3) 탈자기 중앙에 있는 홈을 경계로 하여 공작물을 좌우로 번갈아 여러 번 문지른다.

(4) 공작물을 수평으로 미끄러뜨려 탈자기에서 떼어낸다. 공작물을 탈자기에 올려놓은 채로 스위치를 꺼서는 안된다.

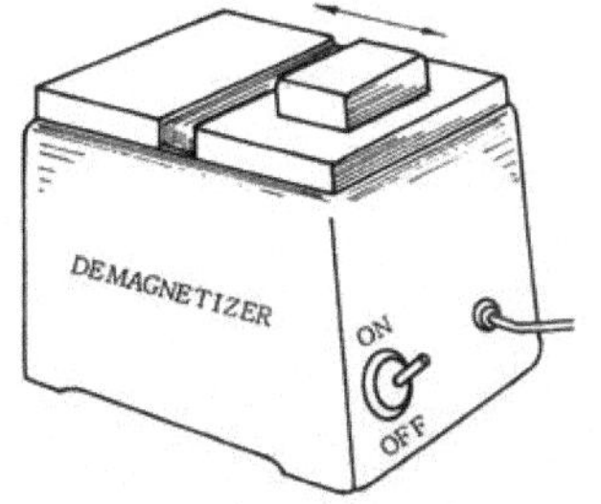

그림 5-25 탈자기

(5) 가는 핀이나 쇳조각을 붙여 봐서 자성이 제거되었는지 확인한다.

(6) 탈자기의 스위치를 끈다.

8. 정리, 정돈을 한다.

(1) 사용공구, 측정기를 깨끗이 닦는다.

(2) 사용장비를 깨끗이 청소하고 주유를 한다.

<table>
<tr><td colspan="8">【평　　　가】</td></tr>
<tr><td rowspan="9">평
가
기
준</td><td colspan="2">평 가 항 목</td><td>만점</td><td>양호</td><td>보통</td><td>득점</td><td>비고</td></tr>
<tr><td rowspan="3">작품
평가</td><td>치수 정밀도</td><td>40</td><td>32</td><td>24</td><td></td><td></td></tr>
<tr><td>표면 거칠기</td><td>12</td><td>10</td><td>7</td><td></td><td></td></tr>
<tr><td>외　관</td><td>8</td><td>6</td><td>5</td><td></td><td></td></tr>
<tr><td rowspan="3">실습
평가</td><td>실 습 방 법</td><td>16</td><td>12</td><td>10</td><td></td><td></td></tr>
<tr><td>실 습 태 도</td><td>7</td><td>6</td><td>4</td><td></td><td></td></tr>
<tr><td>안 전 실 습</td><td>7</td><td>6</td><td>4</td><td></td><td></td></tr>
<tr><td>시간평가</td><td>소 요 시 간</td><td>10</td><td>8</td><td>6</td><td></td><td></td></tr>
<tr><td colspan="2">총　　계</td><td></td><td></td><td></td><td></td><td></td></tr>
</table>

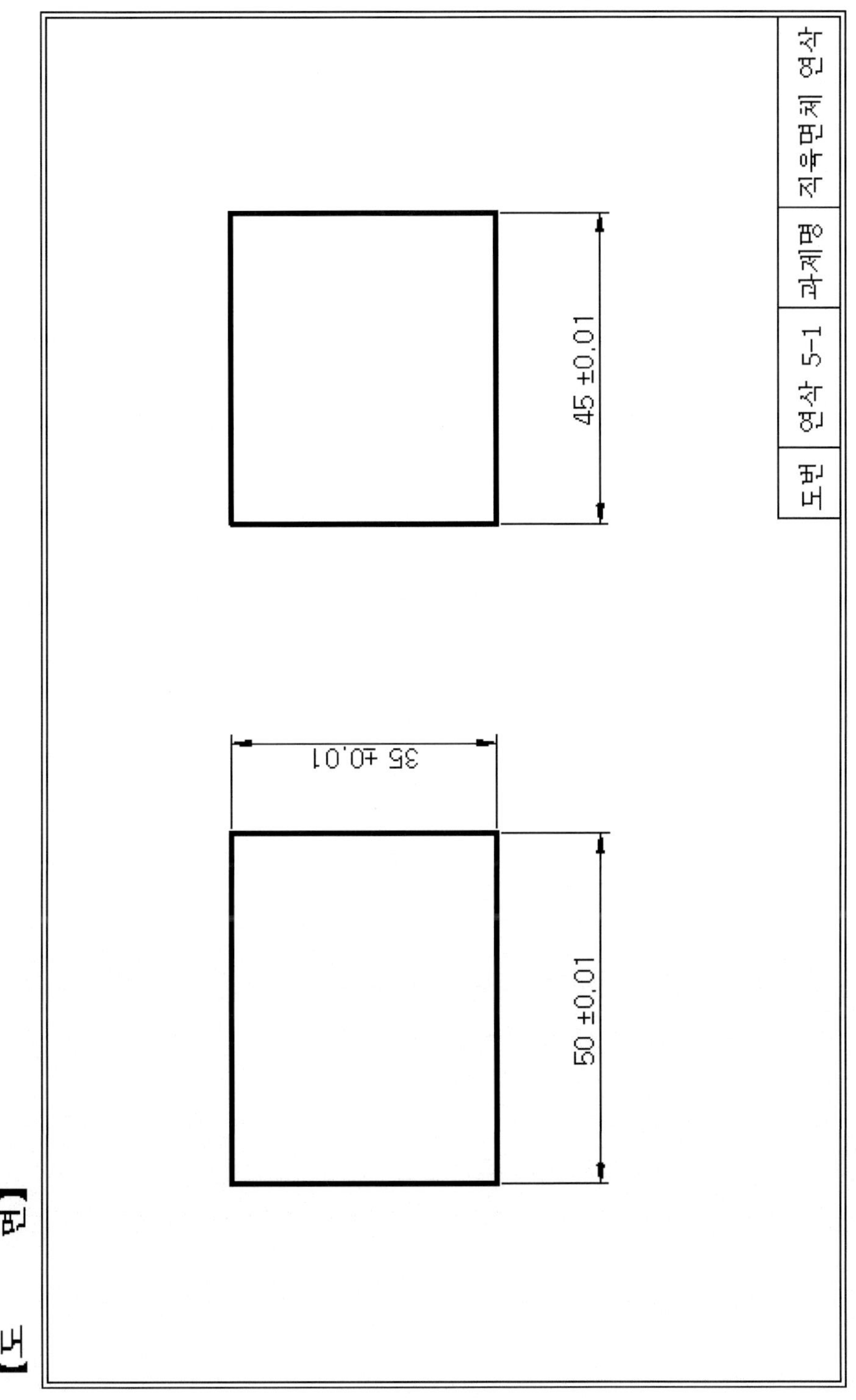
【도 면】
도번
연삭 5-1
과제명
직육면체 연삭
45 ±0.01
50 ±0.01
35 ±0.01

제6장

제 6장 용접 실습

【실습번호 6-1】 아크 용접

소요시간 : 3시간

【실습 목적】

1. 교류 아크 용접기의 구조와 원리를 이해한다.
2. 교류 아크 용접기의 전류 조정법 및 아크 발생법을 익힌다.

【재 료】

평철(95×50×9mm), 용접봉(E4301) ∅3.2(mm)

【기계 및 공구】

용접기, 용접 보호구 일체, 용접 해머 등

【실습 순서】 ☞ 아크 용접 관련 동영상 자료 참고

(1) 아크 용접기 및 재료, 공구를 준비하고 정리해 놓는다.
(2) 1차측 단자와 2차측 단자가 확실히 접속되었는지 확인한다.
(3) 보호구를 정확히 착용한다.
(4) 용접봉 ∅3.2(mm)일 때는 용접 전류를 80~120A로 조정한다.
(5) 용접봉을 홀더의 90° 홈에 정확하게 물린다.
(6) 모재를 중심으로 평행하게 앉은 다음, 발을 자기 어깨 넓이 정도로 벌려준다.
(7) 홀더를 가볍게 쥐고 팔의 힘을 빼며, 어깨와 팔은 수평을 유지하고 바른 자세에서 상반신만 약간 앞으로 굽힌다.
(8) 이 때 시선은 모재와 용접봉이 일치하는 곳을 주시한다.
(9) 핸드 실드로 얼굴을 가리기 전에 용접봉 끝을 모재면에서 10~20mm 정도까지 접근시켜 아크 발생 위치를 선정한다.

(10) 핸드 실드로 얼굴을 가리는 것과 동시에 순간적으로 용접봉을 모재면에 접촉시켰다가 3~4mm 정도 떼면 아크가 발생한다.

(11) 아크의 발생은 스크레칭법(scratch method)과 태핑법(tapping method)의 두 가지 방법을 되풀이하여 익숙해질 때까지 연습한다.

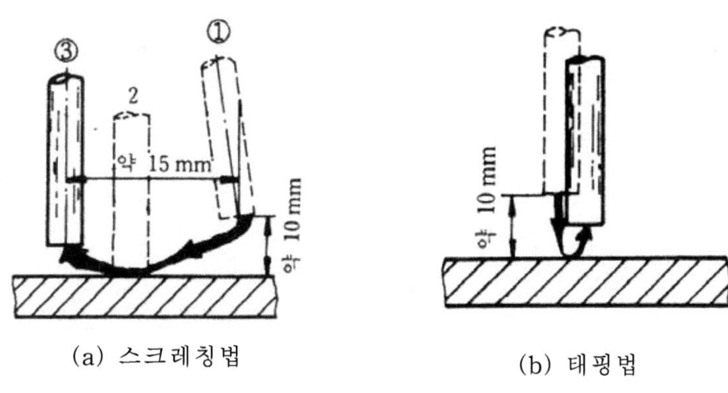

(a) 스크레칭법 (b) 태핑법

그림 6-1 아크 발생 방법

(12) 아크의 길이는 사용하는 용접봉의 심선 지름 정도로 일정하게 유지한다.

(13) 용접 후 비드는 용접 해머로 슬래그를 떨고 쇠솔로 닦은 다음 비드 상태를 검사한다.

(14) 정리, 정돈한다.

【안전 및 유의 사항】

1. 전원 스위치를 개폐할 때에는 안전에 유의한다.
2. 접속이 헐거워 움직일 때에는 연결부가 저항열에 의하여 소손되므로 완전하게 한다.
3. 전격 방지를 위하여 전격 방지기를 설치하거나 어스선을 연결하여야 한다.
4. 용접 케이블은 피복이 벗겨진 부분이 있어서는 안 된다.

5. 보호구는 완전하게 착용한다.
6. 아크는 반드시 필터 유리를 통해서 본다.
7. 슬래그는 어느 정도 냉각된 다음에 떨어낸다.
8. 슬래그를 떨어 낼 때에는 보호구를 착용하여 화상을 입지 않도록 주의한다.
9. 습기가 있는 옷이나 보호구를 착용하지 않도록 주의한다.
10. 용접 후 모재를 집을 때에는 반드시 집게를 사용한다.

【평 가】

	평 가 항 목		만점	양호	보통	득점	비고
평가기준	기능평가(60%)	용접기의 종류와 회로 이해	10	8	6		
		용접봉의 종류와 특징 이해	10	8	6		
		보호기구의 명칭 및 착용법	10	8	6		
		재해 방지 및 응급법의 이해	10	8	6		
		용접기의 조작 방법	10	8	6		
	실습평가(40%)	긁는법, 찍는법에 의한 아크 발생	10	8	6		
		안 전 실 습	10	8	6		
		정 리 정 돈	10	8	6		
		실 습 시 간	10	8	6		
	종합평가	총 계					

【관계 지식: 아크 용접】

6-1-1 피복 아크 용접

아크 용접(arc welding)이라 함은 용접물과 전극봉 사이에서 아크를 발생시켜 그 아크로 인해서 전기 에너지를 열 에너지로 바꾸어서 이 열을 이용하여 두개 이상의 금속편을 하나로 접합하는 방법이다.

피복 아크 용접법은 용접봉의 심선에 피복제를 입힌 피복 용접봉과 용접물 사이에서 발생하는 전기 아크의 열을 이용하여 모재와 용접봉을 녹여서 용접하는 방법이다. 아크 용접법의 전원에 따라 교류 아크 용접법과 직류 아크 용접법으로 구분한다.

(1) 용접 회로 (welding circuit)

그림 6-2와 같이 피복 아크 용접 회로는 용접기, 전극 케이블, 용접봉 홀더, 피복 아크 용접봉, 아크 용접물 또는 모재, 접지 케이블로 이루어져 있다.

용접기에서 발생한 전류는 전극 케이블, 용접봉 홀더, 아크 용접봉, 모재 및 접지 케이블을 지나서 다시 용접기로 되돌아오는 이 한 바퀴를 용접 회로라 한다.

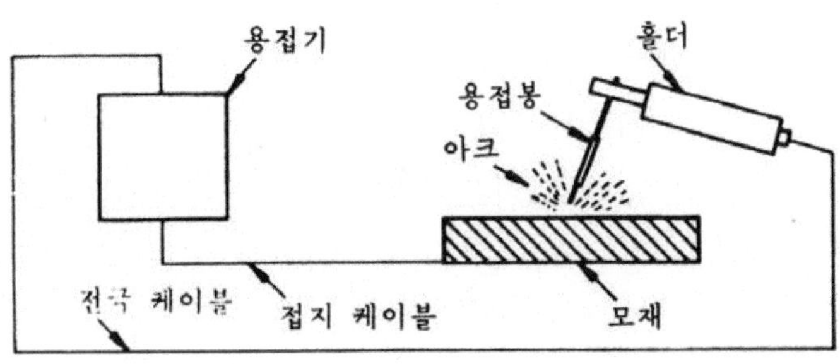

그림 6-2 피복 아크 용접 회로

(2) 용접 원리

용접봉 끝을 모재에 살짝 대었다가 떼면 강한 빛과 열을 내는 아크가 발생되는데, 이 아크의 강한 열(약 5000℃)에 의하여 용접봉이 녹으면 증기 또는 용적(globule)으로 되며, 아크열에 의하여 녹은 모재와 융합하여 용접금속(weld metal)을 만든다. 이 때, 녹은 쇳물 부분을 용융지, 모재가 녹은 깊이를 용입(penetration)이라 하며, 용접봉이 용융지(moltenpool)에 녹아 들어가는 것을 용착(deposit)된다고 한다. 그림 6-3은 피복 아크 용접 원리를 나타낸 것이다.

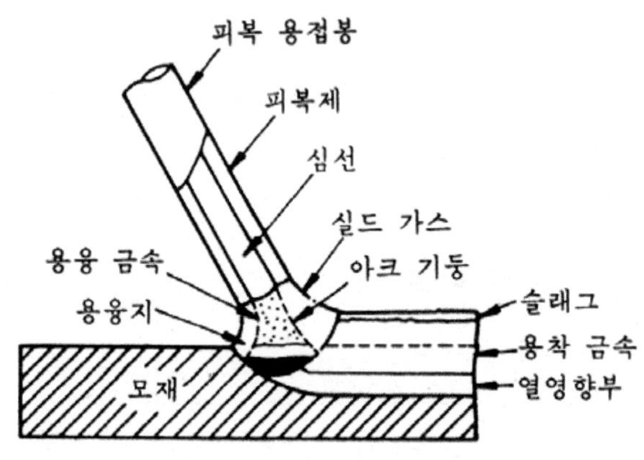

그림 6-3 피복 아크 용접 원리

(3) 아크 현상

용접봉과 모재와의 사이에 전압을 걸고 용접봉 끝을 모재에 살짝 접촉시켰다가 떼면, 청백색의 강한 빛을 내며 아크가 발생한다. 이 아크를 통하여 약 10~500A의 전류가 흘러서 금속 증기와 그 주위의 각종 기체 분자가 해리하여 양전기를 띤 양이온과 음전기를 전자(electron)로 전리되고, 이들이 각각 양이온은 음(-)의 전극으로, 전자는 양(+)의 전극으로 고속으로 이동하기 때문에 아크 전류가 흐르게 된다.

6-1-2 아크 용접기의 종류

(1) 교류 아크 용접기

교류 아크 용접기는 일반적으로 가장 많이 사용되고 있는 용접기로서, 보통 1차측을 220V의 전원에 연결하고 2차측의 무부하 전압은 70~80V가 되도록 되어 있다.

교류용접기는 일반 전력용 변압기와 구조는 비슷하나 수하특성을 이용하고 있는 점과 누설 자속에 의하여 전류를 조정하는 점이 다르다.

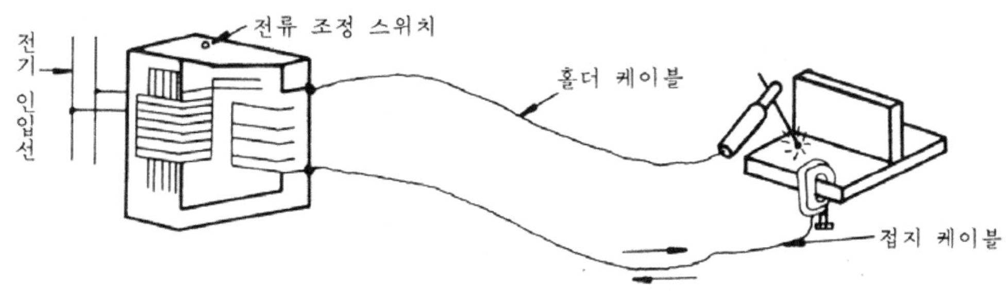

그림 6-4 교류 아크 용접기 회로

교류 아크 용접기는 피복 아크 용접봉의 품질 개선에 의해 좋은 아크의 안전성을 얻게 되었으며, 용접 전류의 조정 방법에 따라 탭 전환형, 가동 철심형, 가동 코일형, 가포화 리액터형으로 분류한다. 교류 아크 용접기는 비교적 구조가 간단하고 가격이 싸며, 보수가 용이하고 아크의 쏠림이 일어나지 않아 많이 사용되고 있다.

(2) 직류 아크 용접기

직류 아크 용접기는 아크의 안정성이 좋아 용접의 발달 초기에 많이 사용 되었으며, 얇은판이나 특수목적 또는 용접봉의 종류에 따라 직류 아크 용접기가 필요하다.

직류 아크 용접기에는 직류 발전기(DC generator)를 이용하는 발전기형과 교류 전원을 정류하여 얻은 정류형이 있는데, 최근에는 정류기가 발달함으로써 정류기형이 많이 쓰인다. 직류 아크 용접기에서는 모재를 발열량이 큰 양극(+)에, 용접봉을 음극(-)에 접속시키는 것이 보통인데, 이와 같이 접속하는 것을 정극성이라 하고, 이와 반대로 접속하는 것을 역극성이라 한다.

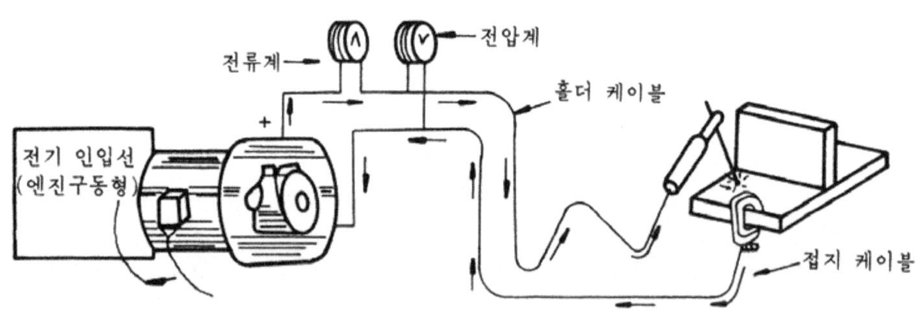

그림 6-5 직류 아크 용접기 회로

아크 용접기는 전류의 크기에 따라 발열량이 변하므로 전류를 조정하는 장치가 필요하며, 전류의 크기는 모재의 재질이나 두께 그리고 용접봉에 적합한 전류로 한다.

(a) 교류 아크 용접기

(b) 직류 아크 용접기

그림 6-6 아크 용접기의 종류

(3) 직류 아크 용접기와 교류 아크 용접기의 비교

직류 아크 용접기와 교류 아크 용접기의 특성을 비교하면 다음 표 6-1과 같다.

표 6-1 직류 아크 용접기와 교류 아크 용접기의 특성 비교

No	종류 / 내용	직류 아크 용접기 (직류 발전형)	직류 아크 용접기 (정류기형)	교류 아크 용접기
1	전류의 흐름	=	=	~
2	극성 이용	가 능	가 능	불 가 능
3	아크 발생	아 주 쉽 다	아 주 쉽 다	초보자는 어렵다
4	아크 쏠림	크 다	크 다	거 의 없 다
5	부 하	일 정 함	일 정 함	일정하지 않다
6	전격 위험	적 다	적 다	많 다
7	소 음	많 다	적 다	적 다
8	자체전류소모	크 다	중 간	적 다
9	효 율	크 다	중 간	적 다
10	고 장	많 다	중 간	적 다
11	가 격	비 싸 다	중 간	적 다

(4) 용접기의 취급과 전류 조정 방법

(가) 용접기를 사용할 때 아크가 발생되면 '윙'하는 소리가 계속나며, 아크를 일으키지 않을 때에는 '웅'하는 작은 소리가 난다. 그러나 용접기에서 갑자기 이상한 소리가 들리거나 연기가 나면 즉시 전원 스위치를 꺼야 하며, 용접 중에 용접봉의 피복제가 타는 냄새가 아닌 다른 냄새가 날 때에도 즉시 용접을 중단하고 그 원인을 조사해야 한다.

(나) 용접 전류를 조정할 때에는 탭을 전환하거나 용접기의 용접 전류 지시 바늘을 전류 눈금에 맞춘다. 이 때, 용접 조정 핸들을 시계 방향으로 돌리면 전류가 높아지고, 반시계 방향으로 돌리면 낮아진다. 정확한 용접 전류를 측정하는 데는 전류계를 사용한다.

6-1-3 피복 아크 용접봉

(1) 아크 용접봉

용접봉은 용접할 모재와 모재 사이의 틈(gap)을 메워 주는 물질로서 용가재 또는 전극봉이라고 하며, 자동 및 반자동 용접에서는 와이어라고도 한다.

그림 6-7 피복 아크 용접봉

피복 아크 용접봉은 금속 심선의 주위에 피복제를 입혀서 건조시킨 것으로, 한 쪽 끝은 홀더에 물려서 전류가 통할 수 있도록 심선을 25mm정도 노출시켰고, 다른 쪽은 아크 발생을 쉽게 하기 위하여 심선을 3mm이하로 노출시켰다. 심선의 지름은 1.0~8.0mm까지 있으며, 길이는 200~900mm이다.

(2) 피복제의 효과

피복 아크 용접봉에는 적당한 배합을 한 피복제가 심선에 도포되어 있으며, 피복제의 역할은 다음과 같다.

(가) 아크를 안정시켜 용접 작업을 용이하게 한다.

(나) 중성 또는 환원성 분위기를 만들어 용융 금속을 대기로부터 보호한다.

(다) 융점이 낮고 비중이 적으며, 점성이 있는 슬래그를 생성하여 용융 금속이 응고, 냉각할 때 대기로부터 보호한다.

(라) 용융 금속이 탈산 정련 작용을 한다.

(마) 용융 금속에 적당한 합금 원소를 첨가하고, 합금 성분을 포함하는 용접 금속을 생성한다.

(바) 용착 금속의 응고와 냉각 속도를 지연 시키고, 고착성을 증가시킨다.

(사) 슬래그의 제거를 쉽게 하고, 파형(ripple)이 고운 비드를 만든다.

(아) 모재 표면의 산화물을 제거하고, 피복제는 전기 절연 작용을 한다.

(3) 연강용 피복 아크 용접봉

연강용 피복 아크 용접봉은 KSD 7004에 규정되어 있다. 용접봉의 종류는 전 용착 금속(all deposited metal)의 인장 강도, 용접자세 및 피복제의 종류에 따라 표 6-2와 같으며, 용접봉의 표시 기호는 다음과 같은 의미를 가지고 있다.

E	43	△	□
↓	↓	↓	↓
①	②	③	④

① 전기 용접봉의 뜻(Electrode의 첫글자 E)

② 전 용착 금속의 최저 인장 강도 (kg/mm^2)

③ 용접 자세　0 : 규정하지 않음

1 : 전 자세

2 : 아래보기와 수평 필릿 자세

3 : 아래보기 자세

4 : 전 자세 또는 특정 자세

④ 피복제의 종류 표시(극성에 영향)

표 6-2 연강용 피복 아크 용접봉의 종류

종 류	피복제 계통	용 접 자 세	사용 전류의 종류
E 4301	일미나이트계	F,V,O H,H	AC 또는 DC(±)
E 4303	라임티타니아계	F,V,O H,H	AC 또는 DC(±)
E 4311	고셀룰로오스계	F,V,O H,H	AC 또는 DC(+)
E 4313	고산화 티탄계	F,V,O H,H	AC 또는 DC(−)
E 4316	저수소계	F,V,O H,H	AC 또는 DC(+)
E 4324	철분 산화티탄계	F,H, Fil	AC 또는 DC(±)
E 4326	철분 저수소계	F,H, Fil	AC 또는 DC(+)
E 4327	철분 산화철계	F,H, Fil	F 용접시 AC 또는DC(+) H-Fil용접 AC 또는DC(−)
E 4340	특수계	F,V,O H F -Fil 또는 어느 자세	AC 또는DC(±)

[주] 1. 용접 자세에 사용된 기호의 의미는 다음과 같다.

F : 아래보기 자세(flat position),

V : 수직 자세(vertical postiton),

H : 수평 자세(horizontal position),

O H : 위보기 자세(overhead position),

H-fil : 수평 필릿(horizontal fillet)

2. 사용 전류의 종류에 사용된 기호의 의미는 다음과 같다.

A C: 교류 D C(±) : 직류봉 양극 및 음극

D C(−) : 용접봉 음극

D C(+) : 용접봉 양극

(4) 연강용 피복 아크 용접봉의 선택

(가) 용접봉의 선택할 때 고려할 사항

용접봉은 용접의 결과를 좌우하는 중요한 요소가 되므로 용접 구조물에 요구되는 품질, 사용 용접기, 용접 장소와 자세, 모재의 재질, 이음의 모양과 용접부의 성질 등을 알아야 한다.

(나) 용접봉의 작업성

피복 아크 용접봉을 사용하여 용접할 때, 용접하기 쉬운 것을 작업성(usability)이라 한다. 용접자는 작업성이 좋은 용접봉을 선택해야 하나. 기계적 성질이 좋은 용접봉은 작업성이 좋지 않는 경우가 많으므로 주의해야 한다.

6-1-4 피복 아크 용접용 기구

(1) 용접용 전선(welding cable)

용접기에 사용하는 전선에는 전원에서 용접기까지 연결하는 1차측 케이블과 용접기에서 모재와 홀더까지 연결하는 2차측 케이블이 있다.

용접기의 용량이 200 A, 300 A, 400 A이면 1차측의 경우 각각 지름이 5.5mm, 8mm, 14mm가 적당하며, 2차측은 그 단면적이 $50mm^2$, $60mm^2$, $80mm^2$ 인 것이 적당하다. 이와 같이, 2차측이 굵은 이유는 저전압 대전류를 필요로 하기 때문인데, 2차 케이블은 유연성이 좋은 캡다이어 케이블을 사용하며, 그 내부는 접선의 지름이 0.2~0.5mm의 가는 구리선을 수백 선 또는 수천 선을 꼬아서 튼튼한 종이로 감고 그 위에 고무 피복을 한 것이다.

그림 6-8 용접용 전선

(2) 용접봉 홀더(electrode holder)

용접봉의 끝을 꼭 집고 용접 전류를 용접 케이블에서 용접봉에 전달하는 기구로 그림 6-9는 일반적으로 사용되는 용접봉 홀더의 구조를 나타낸 것이다. 용접봉의 지름이 다른 여러 용접봉을 쉽게 물리고 뺄 수 있어야 하며, 용접자의 피로를 덜기 위하여 가벼운 것이 좋다.

그러나 홀더 자신의 전기 저항이나 용접봉을 고정하고 있는 죠오(jaw) 부분의 접촉 저항열에 의하여 홀더가 가열되어 가죽 장갑을 끼고도 홀더를 잡을 수 없을 정도로 뜨거워서는 안 되므로, 손잡이 부분은 절연이 잘 되고 튼튼해야 한다.

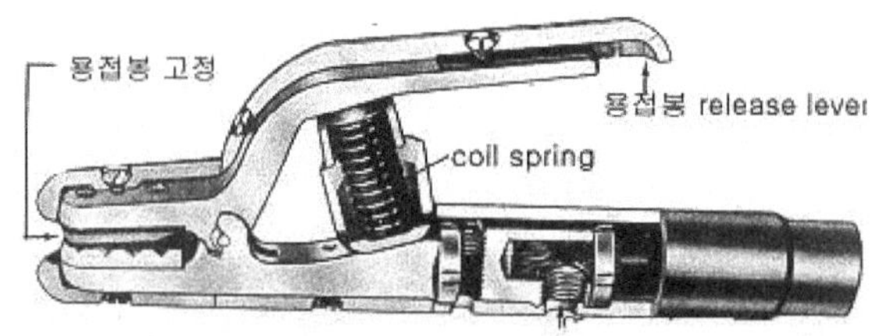

그림 6-9 용접봉 홀더의 구조

(3) 접지 클램프(ground clamp, earth clamp)

모재에 용접기를 접속시키는 것으로서, 접점에서 저항열이 발생하지 않도록 접속이 확실하여야 한다.

(4) 보호 기구

(가) 헬멧 및 핸드 실드

용접 아크에서 발생하는 해로운 자외선과 적외선, 스패터(spatter) 등으로 부터 작업자의 눈, 얼굴 및 머리를 보호하기 위하여 헬멧이나 핸드 실드를 사용한다.

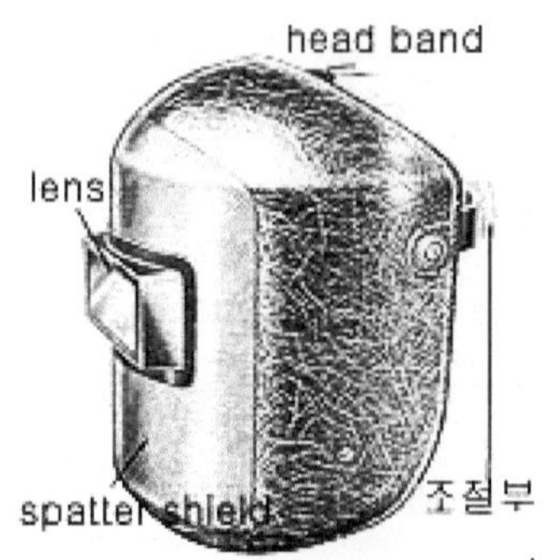

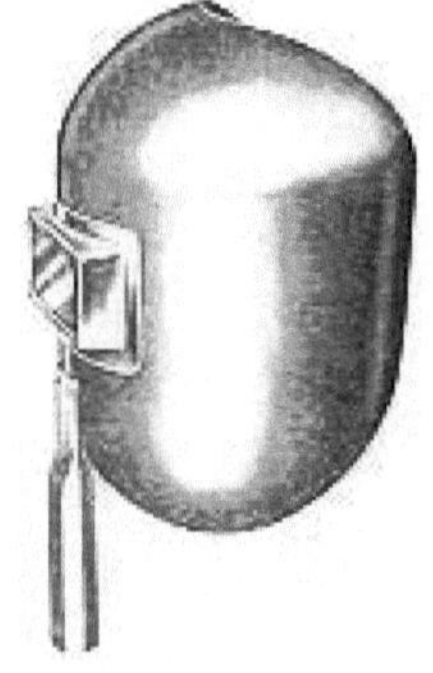

그림 6-10 헬멧과 핸드 실드

헬멧과 핸드 실드에는 유해 광선으로 부터 눈을 보호하기 위해 필터 유리(filter lens)를 끼워서 사용하며, 이 필터 유리 차광도는 표 6-3에서 알 수 있는 바와 같이 구분하여 사용한다. 실제 피복 아크 용접 작업에서는 지름이 3.2~5.0mm인 용접봉을 많이 사용하며, 여기에 적합한 전류는 60~250A 정도이므로 차광 유리는 No 10~11을 가장 많이 사용한다.

(나) 차광막

아크에서 강렬한 유해 광선을 내기 때문에 작업 중에 다른 사람에게 나쁜 영향을 끼치게 되므로 차광막을 사용하게 된다. 특히 여러 사람이 한꺼번에 작업할 때에는 반드시 차광막이 있어야 한다. 차광막의 재료는 빛을 완전히 차단하고 쉽게 인화되지 않는 천이 좋다.

표 6-3 용접 렌즈의 규격

[주] 용접 렌즈 규격은 일본 규격임,

용접 종류	용접 전류 [A]	용접봉 지름 (mm)	차광도 번호
금속 아크	30이하	0.8~1.2	6
금속 아크	30~45	1.0~1.6	7
금속 아크	45~75	1.2~2.0	8
헬리 아크	75~130	1.6~2.6	9
금속 아크	100~200	2.6~3.2	10
금속 아크	150~250	3.2~4.0	11
금속 아크	200~300	4.8~6.4	12
금속 아크	300~400	4.4~9.0	13
탄소 아크	400이상	9.0~9.6	14

(다) 장갑, 발커버, 앞치마

용접 중에 발생되는 아크에 유해한 광선 및 아크열과 용철이 튄 스패터가 손목이나 발목 또는 옷 속에 들어가게 되면 몸에 화상을 입게 되므로, 이것을 피하기 위해서 스패터가 옷 속에 들어가지 않게 해야 한다. 따라서 가죽이나 석면 및 두꺼운 포목 등을 사용하며 작업에 지장을 주지 않도록 유연하고 튼튼한 것을 택해야 한다.

6-1-5 아크 용접의 재해와 안전

아크 용접의 재해 요소로는 전격, 아크의 유해 광선, 중독성 가스, 화상, 화재 등이 있다.

(1) 전격에 의한 재해 방지 및 응급 요법

(가) 전격의 발생

용접 작업을 할 때에는 용접기의 2차측 한쪽이 접지되어 있으므로, 홀더쪽의 전압이 걸려 있는 도체에 닿으면 전격을 받게 된다. 특히 옷이나 몸에 습기가 있거나 발밑에 물기가 있을 때, 용접봉 끝에 몸이 접촉 되었을 때, 홀더의 통전부나 케이블의 연결부가 노출되어 있을 때, 전원 스위치를 개폐할 때, 용접기 자체의 절연이 불량할 때에는 전격을 받게 되므로 위험하다.

(나) 용접 작업에서 전격을 방지를 위한 준수사항

① 전격 방지기나 감전 방지 제어 회로가 있는 용접기를 사용할 것.

② 용접기의 접지를 완전하게 할 것.

③ 단자부나 케이블 등의 연결부는 절연 테이프로 감고, 케이블을 절연 완전한 것을 사용할 것.

④ 안전 홀더와 안전 보호구를 사용할 것.

⑤ 작업을 중단할 때에는 반드시 용접기의 스위치를 끊을 것.

⑥ 신체가 노출되지 않도록 하고, 몸과 주위에 습기가 없게 할 것.

⑦ 절연성 신발과 장갑 및 건조한 작업복을 착용할 것.

(다) 용접의 재해에 대한 응급요법

만일 감전에 의한 가벼운 상해나 작업 중 화상을 입었을 때에는 찬물로 상처 부위를 냉각시켜야 한다. 그리고 될 수 있는 한 공기에 노출되지 않도록 하고, 0.5% 피크린산 또는 탄산수소나트륨 용액이나 보릿가루를 물에 풀어 바르거나 기계유, 변압기유, 바셀린(vaselie)등을 바르고 깨끗한 붕대로 감아 응급 치료를 한 다음, 의사에게 치료를 받아야 한다.

(2) 아크빛에 의한 재해와 그 응급 요법

㉮ 아크는 고온을 발생하고, 또 강렬한 가시광선(16.4%정도)과 80% 정도의 자외선, 3.6%의 적외선도 방사한다. 이 때 자외선과 적외선이 직접 또는 반사되어 눈에 비치면 결막염이나 각막염 등의 전광성 안염을 일으켜 심한 경우에는 실명 상태에까지 이르게 된다.

㉯ 아크 빛에 의한 눈의 재해 중 자외선에 의한 것은 4~8시간 이내에 눈에 통증을 일으키고 24~48시간 내에 회복하지만, 노출이 길어지면 만성 결막염을 일으킨다. 또, 노출된 피부는 화상을 입어 피부가 벗겨지게 된다.

㉰ 적외선에 의한 장해는 안구의 내부에 침투하여 서서히 염증을 일으키는데, 자칫 소홀히 하면 실명의 우려가 있으므로 주의해야 한다.

㉱ 아크로 인하여 염증을 일으켰을 때에는 의사에게 치료를 받아야 한다. 만일 염증이 가벼운 경우에는 안약을 넣거나 찬물이나 감자 생즙으로 찜질을 하기도 하며, 또 2% 붕산 연고를 눈가에 바르면 효과가 있다.

㉲ 용접 작업을 할 때에는 눈을 보호하기 위하여 필터 유리를 끼운 헬멧 또는 핸드 실드를 사용해야 한다. 또 다른 사람에게도 장해가 없도록 차광 칸막이를 사용해야 한다.

(3) 가스 중독에 의한 재해와 그 방지책

㉮ 용접 작업 중 아크 부위에서 발생되는 일산화탄소는 채내의 적혈구를 파괴한다. 또 일산화탄소는 공기의 산소에 의하여 산화되어 이산화탄

소로 변화하기 때문에, 이산화탄소 중독을 일으켜 질식하기도 한다.

㉯ 피복 아크 용접 중에는 산화철, 규산, 산화칼슘, 산화망간 등의 유해 가스가 발생하므로, 용접할 때에는 특히 가스 중독에 주의해야 한다.

㉰ 이와 같은 유해 가스에 의한 중독(인후와 호흡기의 장해, 두통 등) 및 재해를 방지하기 위해서는 작업장의 환기를 충분히 해야 한다.

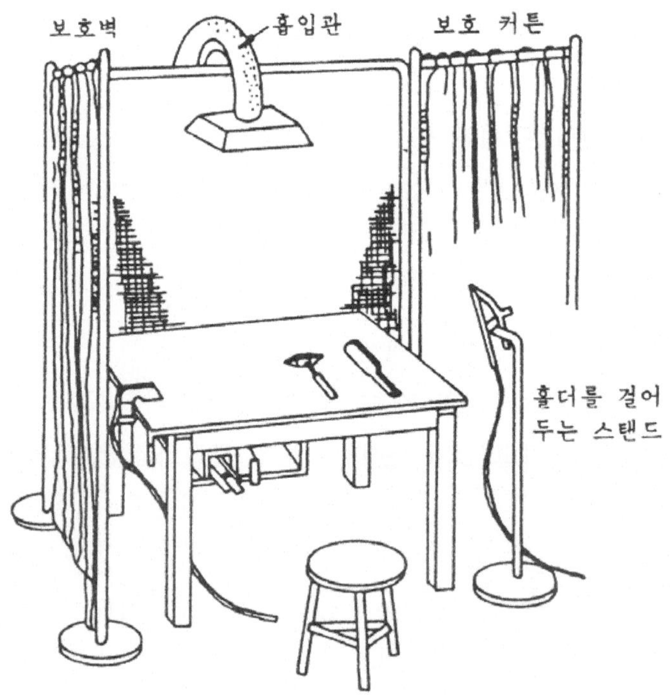

그림 6-11 용접 작업대의 모습

【실습번호 6-2】 아래보기 넓은 비드 놓기

소요시간 : 3시간

【실습 목적】

1. 용접 시작점에서 예열하면서 넓은 피치를 일정하게 유지하면서 파형이 균일하고 폭이 일정한 비드를 만들 수 있다.
2. 연강을 사용하여 전기 용접기로 용접 결함인 용접 시작점 및 크레이터 균열, 언더 컷, 오버랩 등을 방지할 수 있다.

그림 6-12 아래보기 넓은 비드 용접하기

【도 면】

도번 : 용접 6-1 (P.207)

【재 료】

연강판(100×150×9mm), 용접봉(E4301) ∅3.2(mm)

【기계 및 공구】

용접기, 용접 보호구 일체, 용접 해머 등

【실습 순서】 ☞ 아크 용접 관련 동영상 자료 참고

1. 용접 작업을 준비한다.

(1) 용접기와 보호구를 준비한다.

(2) 모재 100×150×9mm 를 준비한다.

(3) 사용공구를 작업대 위에 놓고 용접모재를 쇠솔로 깨끗이 청소한다.

(4) 용접 전류를 용접봉 ∅3.2(mm), 전류 90~120A로 놓는다.

(5) 용접봉을 90°로 홀더에 물린다.

2. 자세를 바로 잡는다.

(1) 몸의 위치는 작업대에 대하여 평행으로 앉고 발은 어깨 넓이 정도로 벌린다.

(2) 홀더는 가볍게 쥐고 어깨에 힘을 빼고 홀더 쥐는 쪽의 팔꿈치를 수평으로 하여 상반신을 약간 앞으로 구부린다.

(3) 홀더 선을 무릎 위나 어깨 너머로 가볍게 얹어 놓는다.

(4) 용접 자세는 위의 범위 내에서 무리가 없도록 안정된 자세로 한다.

3. 아크를 발생시킨다.

아크 시작점보다 10~20mm앞에서 아크를 발생시켜 아크 길이를 4~5mm로 길게 하여 예열하면서 시작점으로 온다.

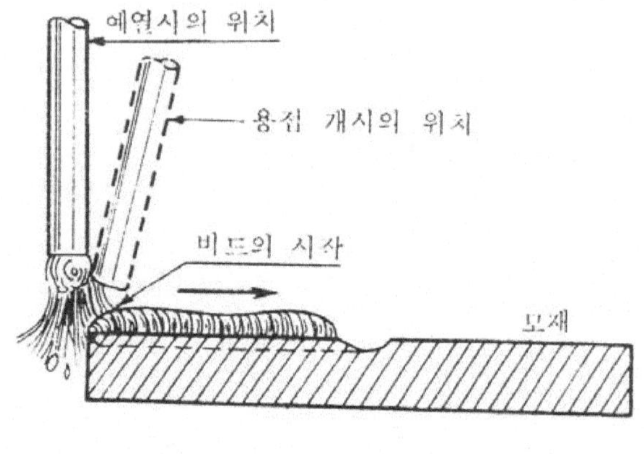

그림 6-13 아크 발생 방법

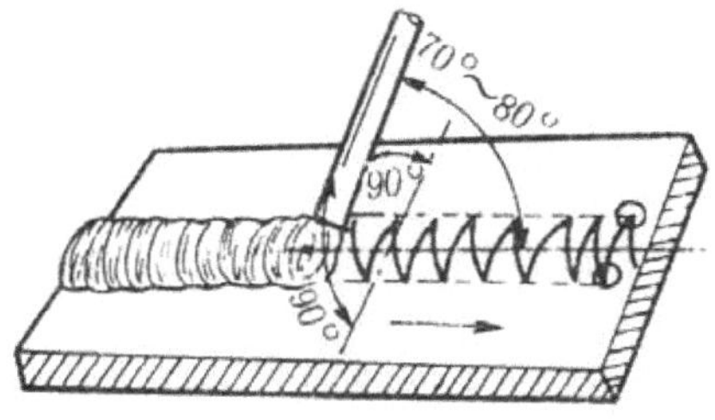

그림 6-14 운봉의 각도

4. 비드를 놓는다.

(1) 작업각 90°, 진행각 70°~80° 를 유지하여 좌측에서 우측으로 일직선이 되게 진행한다. (그림 6-14)

(2) 아크 길이는 2~3mm 정도 유지한다.

(3) 운봉방법은 중앙은 조금 빨리하고, 양끝은 조금씩 머물러 주며 팔 전체로 운봉 한다.

5. 아크를 끊는다.

비드가 끝나는 점보다 2~3mm 앞에서 아크의 길이를 짧게하여 빨리 잡아당겨 끊는다. (우측에서 경사지게 좌로, 그림 6-15)

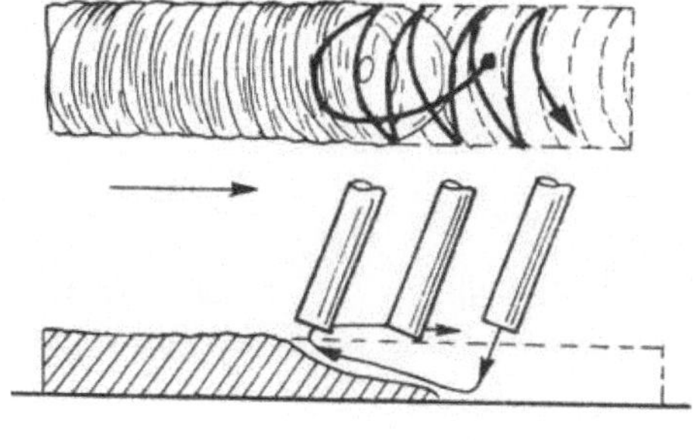

그림 6-15 아크 끊는 방법

6. 비드를 잇는다.

(1) 이음부 부분의 슬랙을 슬랙 해머로 털어내고 쇠솔로 깨끗이 청소한다.

(2) 이음부보다 10~20mm 앞에서 아크를 발생하여 이음부로 와서 예열한 다음 용착 금속이 전 비드와 같아지면 정상적인 속도로 진행한다. (그림 6-16)

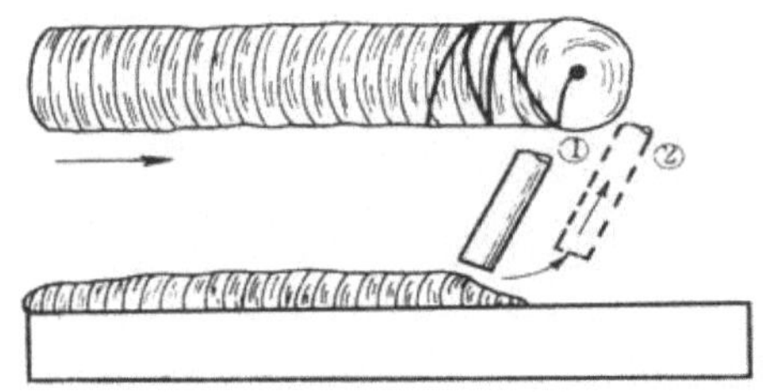

그림 6-16 넓은 비드 잇는 방법

7. 크레이터를 채운다.

(1) 용접이 끝나는 부분에서 아크를 짧게하여 천천히 운봉하며 다시 용접봉을 뒤로 보내서 재빨리 아크를 끈다.

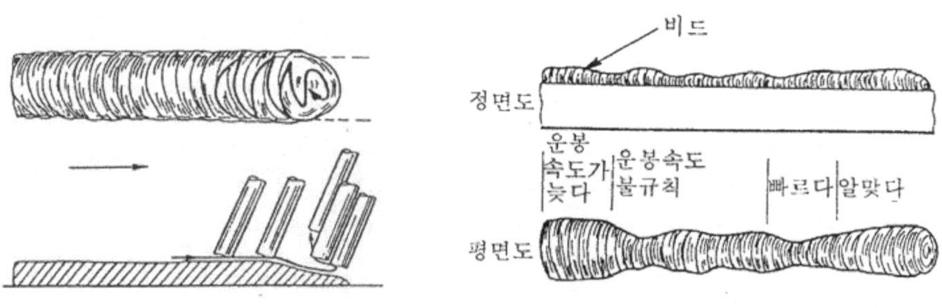

그림 6-17 크레이터 처리법

그림 6-18 넓은 비드 양부

(2) 용착금속이 움푹 파여 있으면 다시 되풀이하여 충분히 쌓아올려야 한다.

8. 용접부를 청소한다.

집게로 모재를 잡고 슬랙 해머로 슬랙을 털고 쇠솔로 비드를 깨끗이 청소한다.

9. 용접부를 검사한다.

(1) 비드의 이음상태 및 직선도를 검사한다.
(2) 비드의 파형, 폭, 높이, 균일도를 게이지로 검사한다.
(3) 시작점과 끝나는 점의 상태를 검사한다.
(4) 언더 컷, 오버 랩의 유무를 확인한다.
(5) 청소 상태를 검사한다.

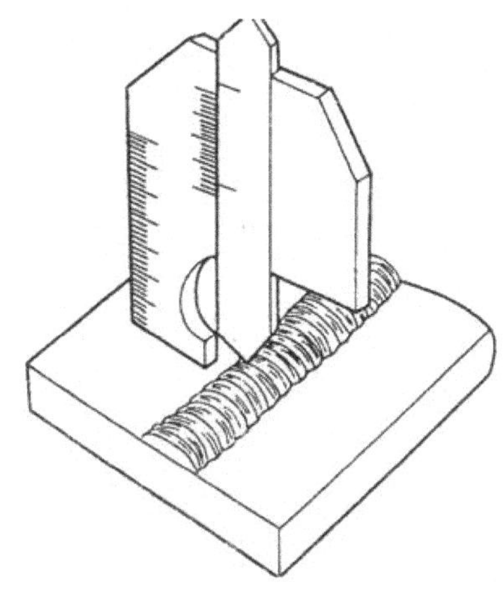

그림 6-19 비드 높이 측정방법

10. 검사후 반복 실습을 한다.

검사 후, 결함 사항에 대한 처리 요령을 숙지한 후 실습한다.

11. 전원을 끊고 정리정돈을 한다.

【안전 및 유의사항】

1. 용접 보호구를 정확히 착용한다.
2. 용접 후 모재는 가열되어 있으므로 손으로 만지지 않는다.
3. 차광유리는 전류의 세기에 적합한 번호의 것을 사용한다.

【평 가】

평가기준		평 가 항 목	만점	양호	보통	득점	비고
평가기준	작품 평가	비드 직선도	10	8	6		
		비드 폭 높이	10	8	6		
		언더컷, 오버랩	10	8	6		
		시작점 및 크레이터	15	12	9		
		비드 이음	15	12	9		
		청소 상태	10	8	6		
	실습 평가	실습 순서	5	4	3		
		작업 안전	5	4	3		
		기계 사용법	5	4	3		
		재료의 경제성	5	4	3		
		실습 시간	10	8	6		
	종합 평가	총 계					

【도 면】

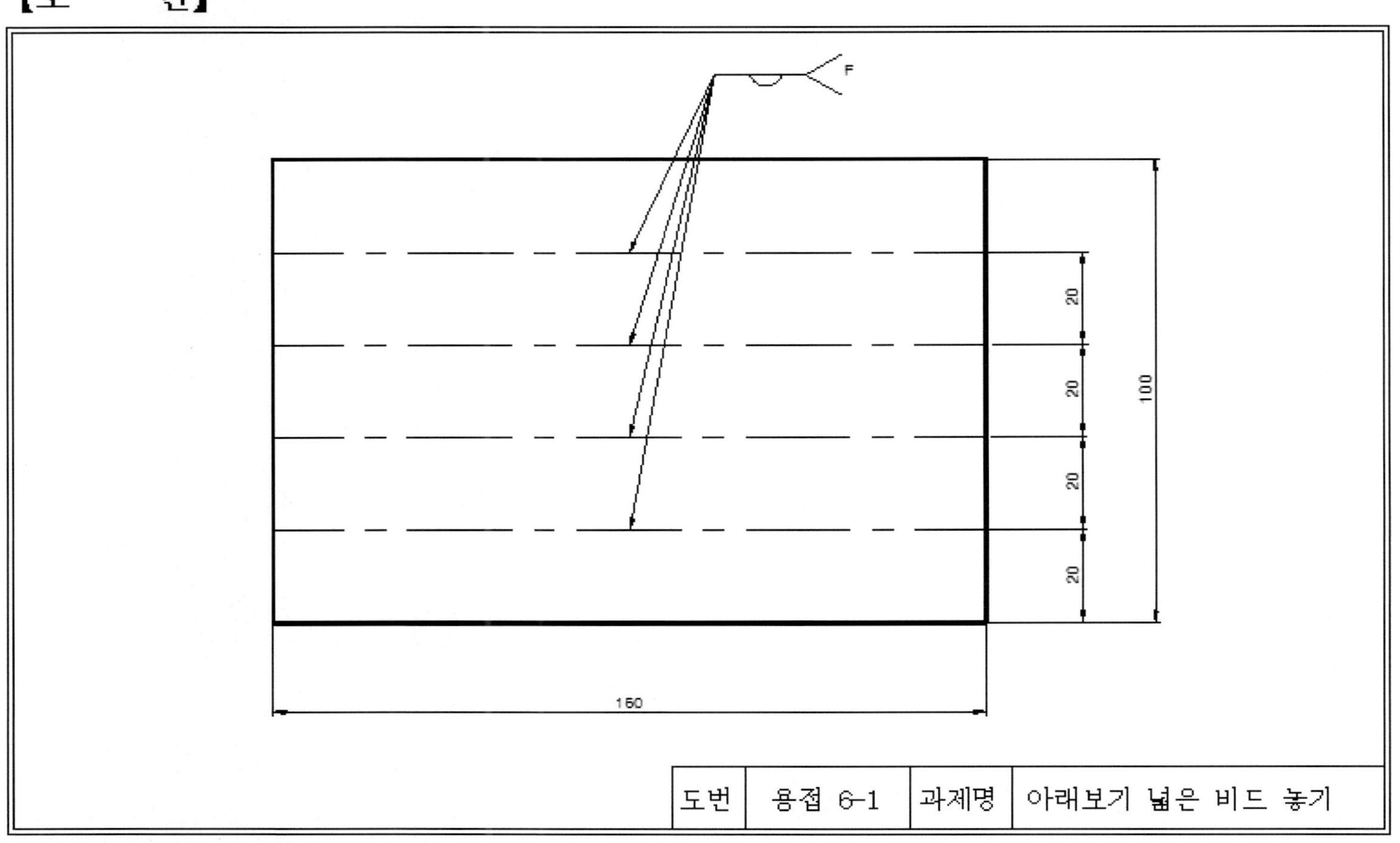

【관계 지식: 아래보기 넓은 비드 놓기】

6-2-1 운봉법

(가) 운봉 폭은 심선 지름의 2~3배가 적당하며 쌓고자 하는 비드 폭보다 다소 좁게 운봉한다. (비드높이 : T/4 ~ T/5)

(나) 비드 피치의 운봉간격(그림 6-20)은 5~6mm되게 하며 운봉속도는 위빙(weaving)중앙은 빠르게 하고, 양끝으로 감에 따라 느리게 하여 끝에서는 봉을 잠시 멈춘다. (비드높이 : T/4 ~ T/5)

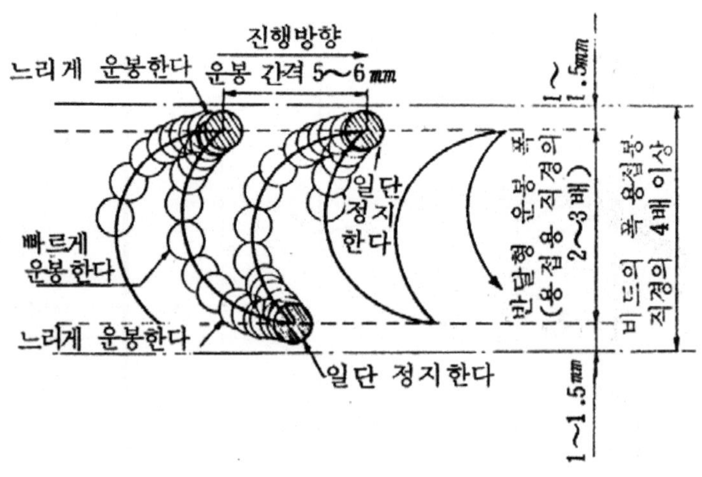

그림 6-20 운봉 요령

(다) 아래 보기 용접에서 운봉법의 종류에는 직선 비드, 소파형, 대파형, 원형, 3각형, 각형이 있다. (그림 6-21)

(라) 비드의 폭이 일정하게 되도록 용접봉을 좌, 우 뿐만 아니라 진행 방향의 앞뒤로 운봉하여 용융지 크기가 일정하게 되도록 조정해야 한다.

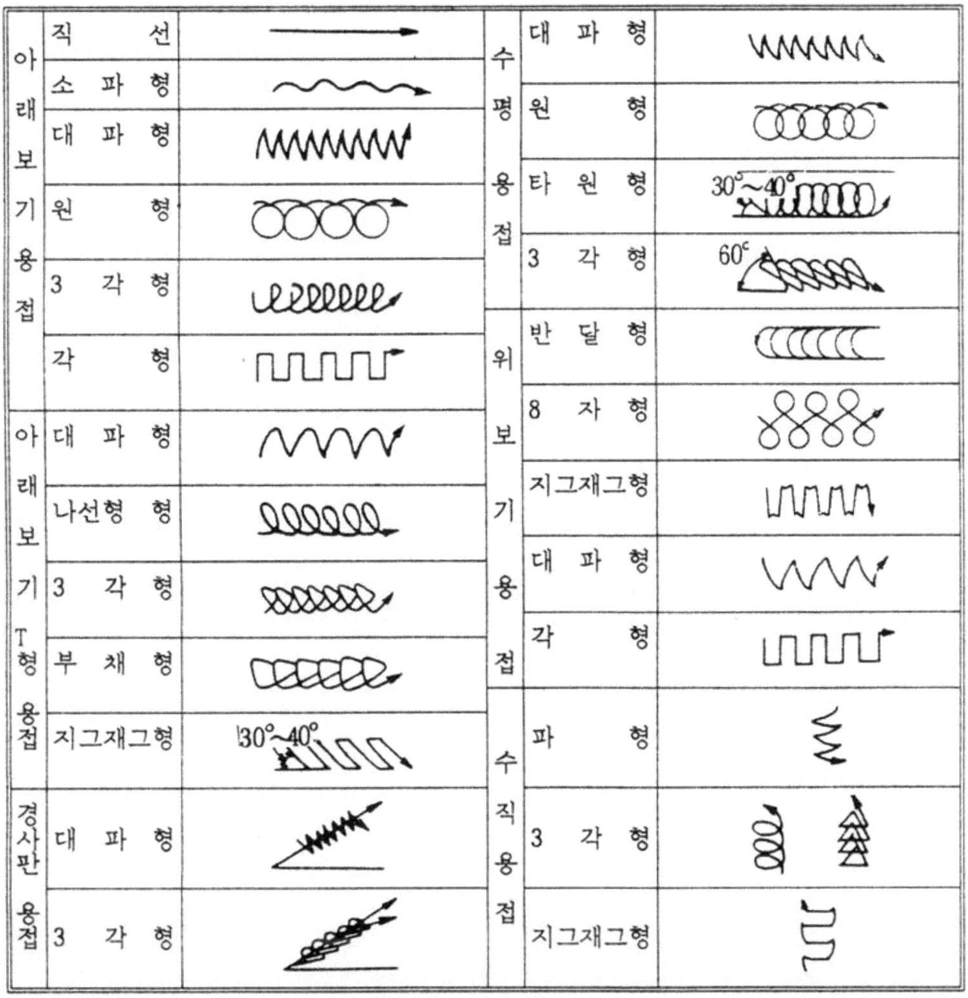

용접	운봉법		용접	운봉법	
아래보기 용접	직선		수평 용접	대파형	
	소파형			원형	
	대파형			타원형	30°~40°
	원형			3 각형	60°
	3 각형		위보기 용접	반달형	
	각형			8 자형	
아래보기 T형 용접	대파형			지그재그형	
	나선형 형			대파형	
	3 각형			각형	
	부채형		수직 용접	파형	
	지그재그형	30°~40°		3 각형	
경사판 용접	대파형			지그재그형	
	3 각형				

그림 6-21 운봉법의 종류

6-2-2 아크 발생법

아크를 발생시킬 때에는 우선 용접봉 끝을 모재면에서 10mm 정도로 유지하고, 아크를 발생시킬 위치를 정한 다음 핸드 실드로 얼굴을 가린 후 용접봉을 순간적으로 재빨리 모재면에 접촉시켰다가 3~4mm 정도 떼면 아크가 발생한다. 이 때, 아크를 무의식적으로 보아 눈을 상하게 하는 수 가 있으므로, 특히 주의해야 한다.

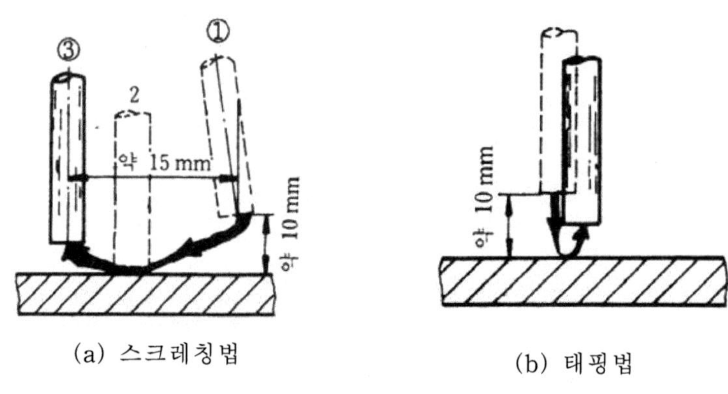

(a) 스크레칭법 (b) 태핑법

그림 6-1 아크 발생 방법(P.185)

그림 6-1은 【실습번호 6-1】에서 살펴보았던 아크 발생법의 종류이다. 그림 6-1(a)는 모재 위를 용접봉으로 긁는법(scratch method)으로서 초보자에게 알맞는 방법이며 ①, ②, ③으로 표시한 순서대로 재빨리 운봉하여 아크를 발생시킨다. 그림 6-1(b)는 찍는법(tapping method)으로 숙련자에게 익숙한 방법으로, 실수하면 용접봉 끝이 모재에 달라붙어 떨어지지 않기 때문에 용접봉이 홀더에서 빠지는 수가 있다.

【실습번호 6-3】 아래보기 V형 맞대기 용접

소요시간 : 3시간

【실습 목적】

1. 언더 컷 오버 랩 방지 및 비드의 폭, 높이를 균일하게 할 수 있다.
2. 운봉 각도를 일정하게 유지하면서 열쇠구멍을 유지하여 이면 비드와 표면 비드의 파형을 균일하게 용접할 수 있다.

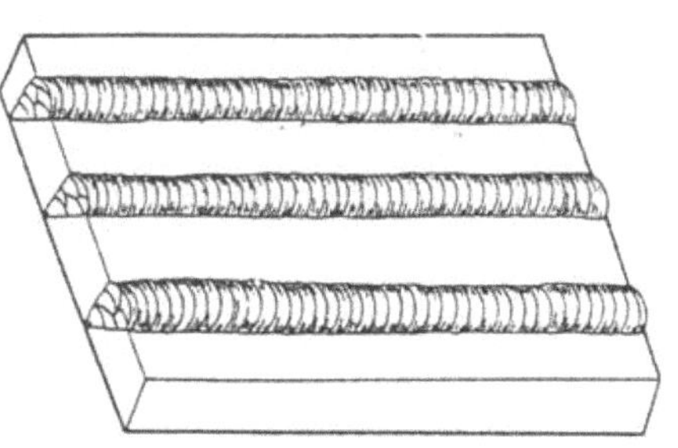

그림 6-22 아래보기 V형 맞대기 용접하기

【도 면】

도번 : 용접 6-2 (P.218)

【재 료】

연강판(30×150×9mm), 용접봉(E4301, E4316) ∅3.2, ∅4.0(mm)

【기계 및 공구】

용접기, 용접 보호구 일체, 용접 해머 등

【실습 순서】 ☞ 아크 용접 관련 동영상 자료 참고

1. 용접 작업을 준비한다.

(1) 용접기를 준비한다.

(2) 보호구를 착용한다.

(3) 사용 공구를 작업대위에 놓는다.

(4) 모재 30×150×9mm 4매를 준비한다. 이때 개선각 30°, 루트면 1~2mm 정도의 줄로 가공한다. (그림 6-23)

(5) 용접봉 ∅3.2(mm), 전류 90~120A로 맞춘다.

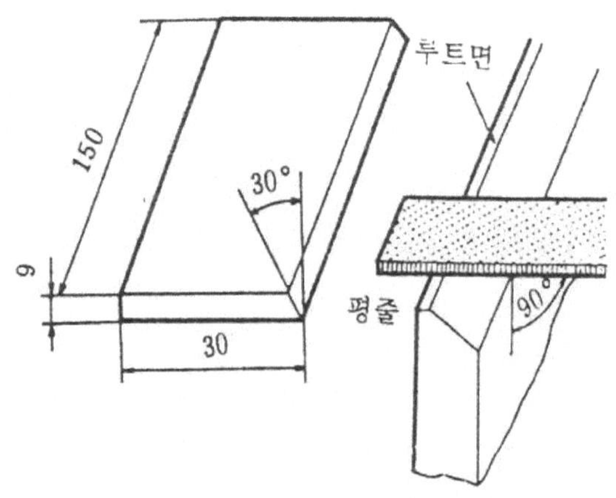

그림 6-23 모재 가공하는 법

2. 가접한다.

(1) 양 모재를 어긋남 없이 그림 6-24와 같이 놓는다.

(2) 루트 간격은 1~1.5mm정도로 띄어 놓는다.

(3) 본 용접에 방해가 되지 않도록 용접면 이면 끝에 확실하게 가접한다.

(4) 가접이 끝나면 용접 후 변형을 방지하기 위해 약 2°~3° 의 역변형을 준다.

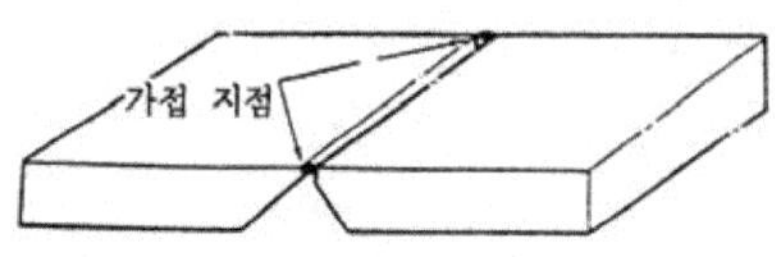

그림 6-24 가접하는 장소

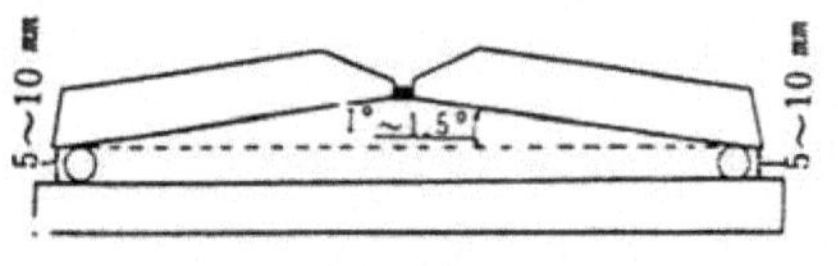

그림 6-25 역변형 주는 법

3. 자세를 바로 잡는다.

(1) 모재에 대해 평행하게 앉은 다음 발은 자기 어깨 넓이로 벌려준다.

(2) 홀더를 가볍게 쥐고 팔의 힘을 빼며 어깨와 팔은 수평을 유지하고 상반신만 약간 앞으로 구부린다.

4. 아크를 발생시킨다.

가접 위치보다 10~20mm 앞에서 아크를 발생시켜 예열하면서 본 용접을 한다.

5. 1층 비드를 놓는다.

(1) 용접봉 ∅3.2(mm), 전류 90~110[A] 로 놓는다.

(2) 작업각 90°, 진행각 70°~80° 를 유지한다.

(3) 아크 길이를 1~2mm 정도로 하고 루트 면을 녹여 열쇠 구멍을 만들며 진행 한다.(그림 6-26)

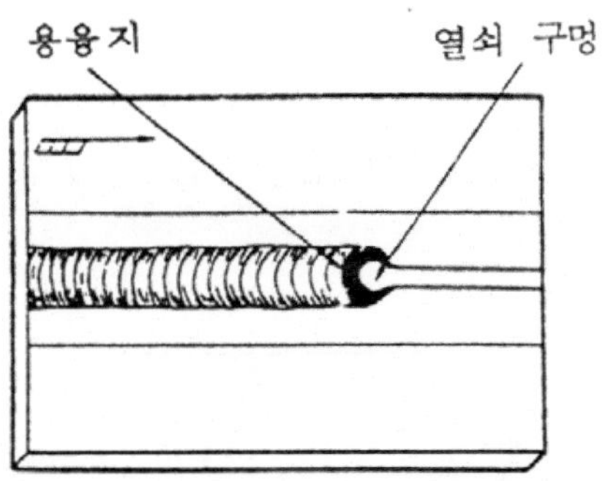

그림 6-26 1층 비드 열쇠 구멍

(4) 열쇠 구멍은 3mm 정도로 하고 너무 커지면 용접봉의 진행각도를 20~30° 로 크게 하여 작게 만들고, 너무 작아지면 진행각도를 5°~10° 작게 하여 크게 만든다.

(5) 베벨형 1층은 그림 6-27과 같이 한다.

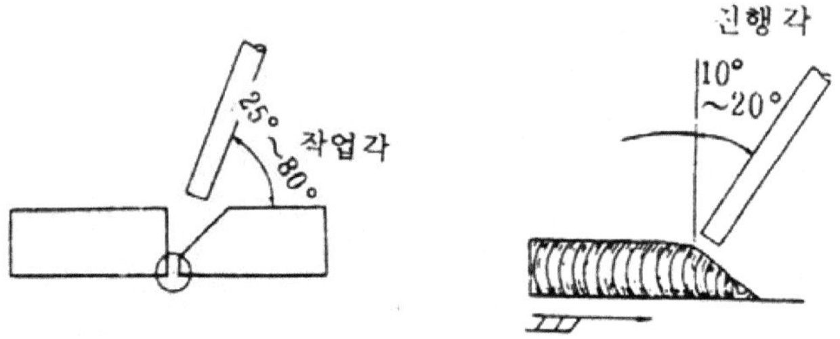

그림 6-27 L 형(베벨형) 1층 운봉 각도

(6) I형 용접에서 t=2mm 이하에서는 한면홈 용접을 하고 t =3~5mm 일 때는 양면 홈 용접을 한다.

6. 아크를 끊는다.

아크를 끊기 직전 열쇠 구멍을 조금 크게 뚫어 놓고 아크를 끊는다.

7. 비드를 잇는다. (그림 6-28)

(1) 이음부의 슬랙 및 스패터를 털어 내고 깨끗이 청소한다.

(2) 열쇠 구멍이 만들어진 곳 10~20mm 전방에서 아크를 발생시켜 아크 길이를 4~5mm 길게 하여 예열하면서 계속 열쇠 구멍을 만들면서 진행한다.

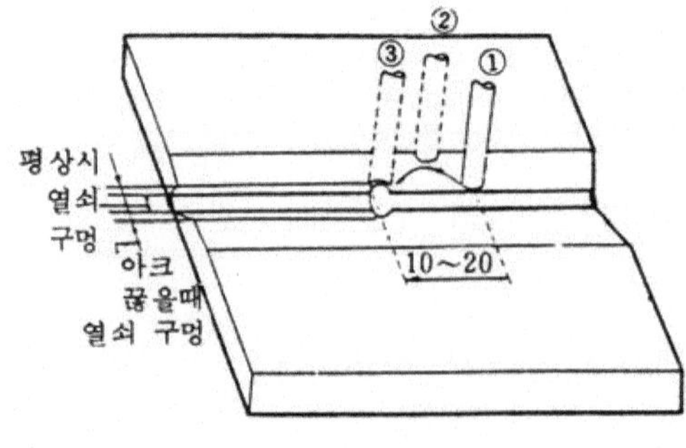

그림 6-28 비드 잇는 법

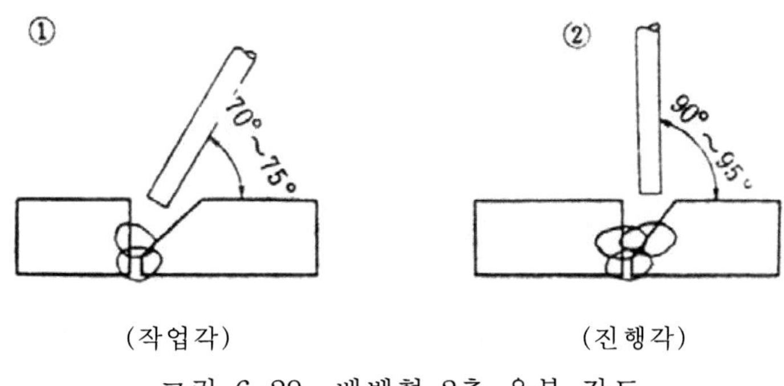

(작업각) (진행각)

그림 6-29 베벨형 2층 운봉 각도

8. 2층 비드를 놓는다. (그림 6-30)

(1) 1층의 슬랙을 깨끗이 청소한다.

(2) 용접봉 ∅4.0(mm), 전류 130~170A로 놓는다.

(3) 3층 용접으로 용접을 끝낼경우에는 2층 비드를 모재표면 1~2mm 아래까지 채운다. 베벨형 용접인 경우는 그림 6-29를 참조한다.

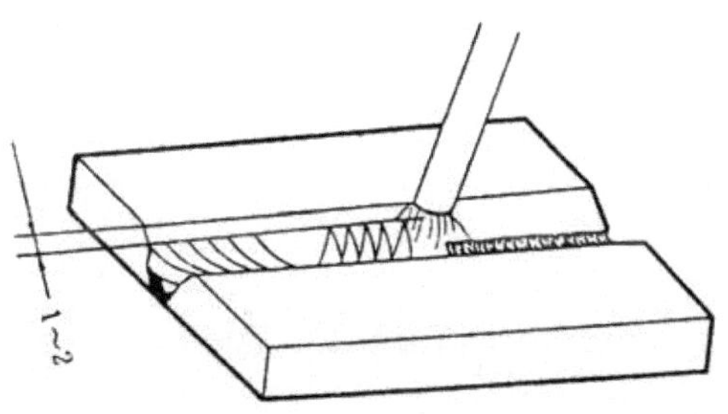

그림 6-30 V형 2층 비드 놓는법

9. 3층 (표면) 비드를 놓는다. (그림 6-31)

(1) 용접봉 ∅4.0(mm) 전류는 2층보다 5~10A 정도 낮게 놓고 넓은 비드를 놓는다.

(2) 운봉 폭 양끝에는 조금씩 머물러 주고 중앙은 약간 빠르게 진행한다.

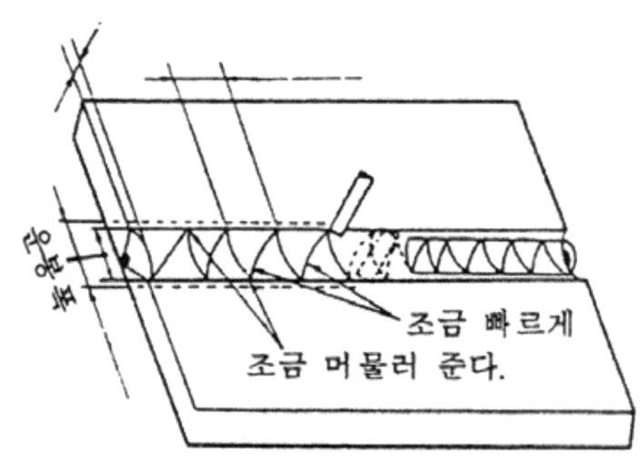

그림 6-31 표면 비드 놓는 법

10. 크레이터를 채운다.

용접이 끝나는 부분에 가서 아크를 짧게하여 천천히 운봉하며 다시 용접봉을 뒤로 보내면서 재빨리 아크를 끊는다.

11. 청소한다.

12. 검사한다.

(1) 이음상태, 언더 컷, 오버 랩 이상 유무를 확인한다.
(2) 비드 폭, 높이를 검사한다.
(3) 비드의 시작점 및 크레이터 검사를 한다.
(4) 변형을 검사한다.

13. 검사후 반복 실습한다.

14. 전원을 끊는다.

15. 정리 정돈한다.

【안전 및 유의 사항】

1. 용접 케이블의 접속 및 절연 상태를 확인한다.
2. 작업이 끝나면 반드시 전원 스위치를 끈다.
3. 홀더의 터진 곳이 없는지 확인한다.

【평　　가】

평가기준		평 가 항 목	만점	양호	보통	득점	비고
	작품평가	비드의 폭 높이	5	4	3		
		언더컷 , 오버랩	5	4	3		
		시작점 및 크레이터	5	4	3		
		이면 비드 균일도	10	8	6		
		청소 상태	5	4	3		
		표면 굽힘	20	16	12		
		이면 굽힘	20	16	12		
	실습평가	실습 순서	5	4	3		
		작업 안전	5	4	3		
		기계 공구 사용법	5	4	3		
		재료의 경제성	5	4	3		
		실습 시간	10	8	6		
	종합평가	총　계					

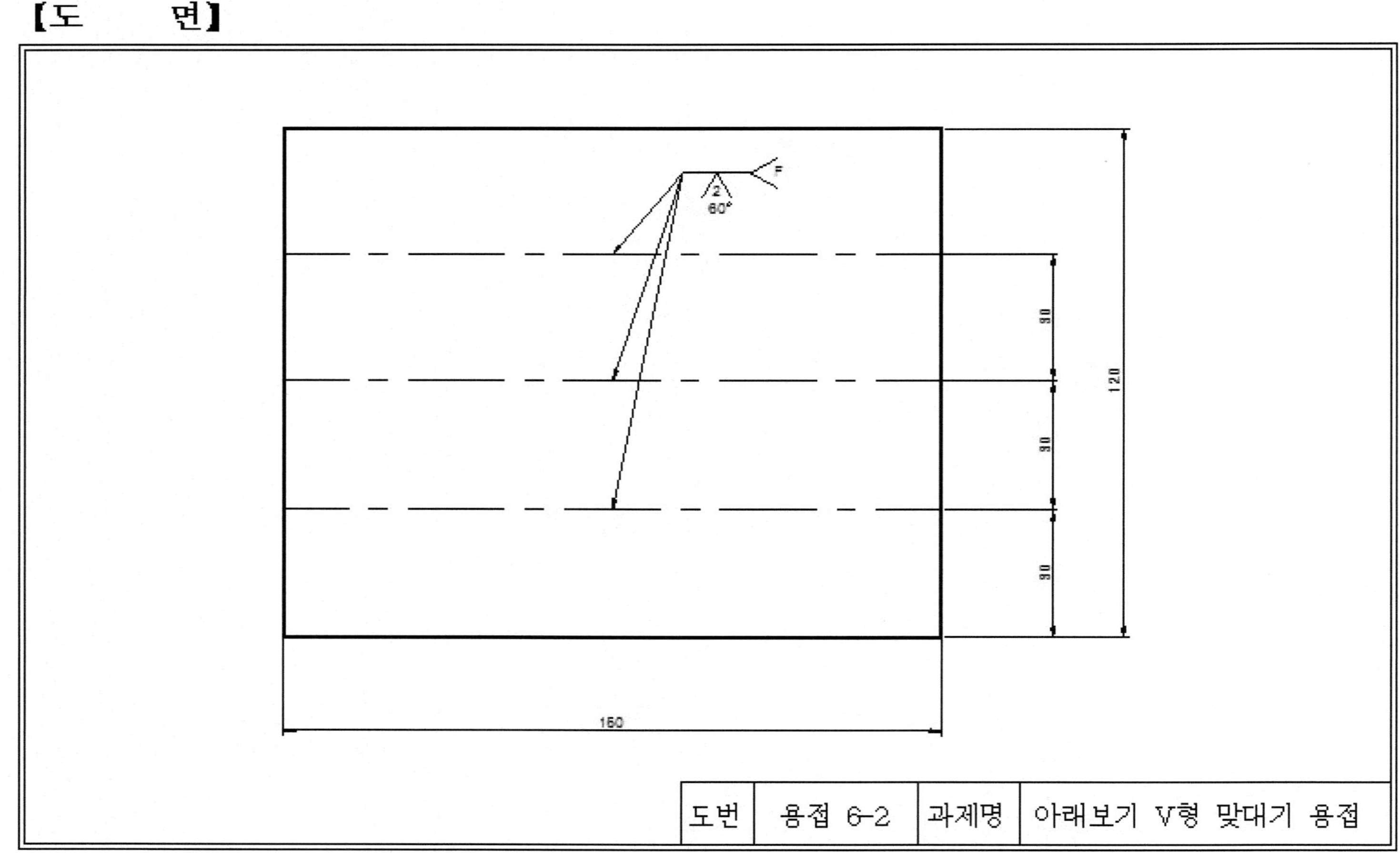
【도 면】
2
60°
F
30
30
30
120
160
도번
용접 6-2
과제명
아래보기 V형 맞대기 용접

【관계 지식: 아래 보기 V형 맞대기 용접】

6-3-1 V 맞대기 이음의 형태

(가) V형 맞대기 용접은 판두께 6~20mm 정도의 이음에 사용되고 이음 형태는 그림 6-32와 같이 3가지 형태가 있다.

(나) 1층 비드는 완전한 용입을 얻기 위하여 3mm 정도의 열쇠 구멍을 만들어 용융지 진행과 더불어 연속적으로 진행하도록 해야 한다.

(다) 1층 용접은 가는 용접봉으로 낮은 전류로 하고, 2층부터는 적정 전류로 한다.

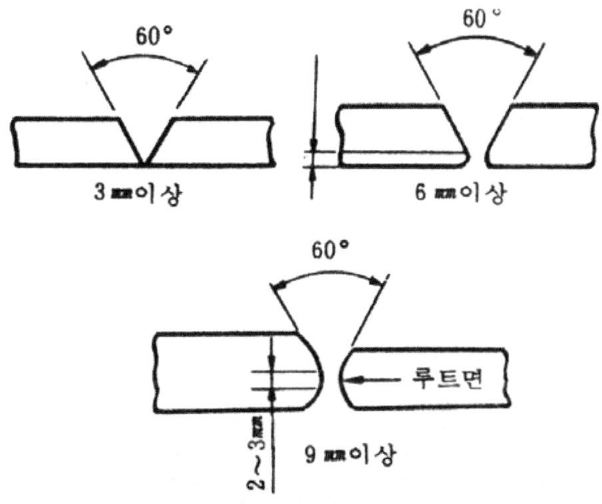

그림 6-32 V 홈 개선 준비

【실습번호 6-4】 수직 넓은 비드 놓기

소요시간 : 3시간

【실습 목적】

1. 언더 컷과 오버 랩이 생기지 않도록 용접할 수 있다.
2. 용접 이음에 있어 폭과 높이가 균일한 넓은 비드를 만들 수 있다.
3. 비드의 처짐을 방지할 수 있다.

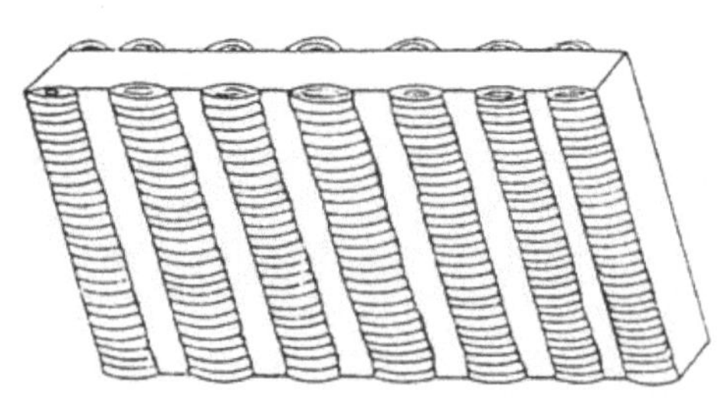

그림 6-33 수직 넓은 비드 용접하기

【도 면】

도번 : 용접 6-3 (P.226)

【재 료】

연강판(100×100×9mm), 용접봉(E4301, E4316) ∅3.2, ∅4.0(mm)

【기계 및 공구】

용접기, 용접 보호구 일체, 용접 해머 등

【실습 순서】 ☞ 아크 용접 관련 동영상 자료 참고

1. 용접 작업을 준비한다.

(1) 용접기와 보호구를 준비한다.

(2) 모재를 100×100×9mm, 1매를 준비한다.

(3) 사용 공구를 작업대 위에 놓고 용접 모재를 쇠솔로 깨끗이 한다.

(4) 용접 전류를 용접봉 ∅3.2(mm)는 전류 90~110A 로 놓고, 용접봉 ∅4.0(mm)는 120~150A로 놓는다.

(5) 용접봉을 홀더에 135° 가 되게 홈에 물린다. (그림 6-34)

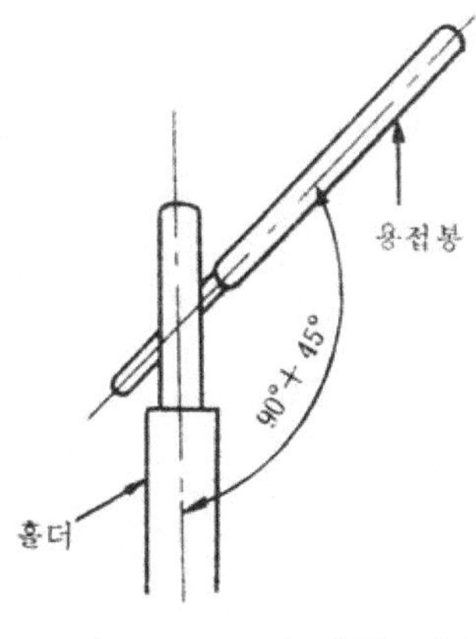

그림 6-34 용접봉 각도

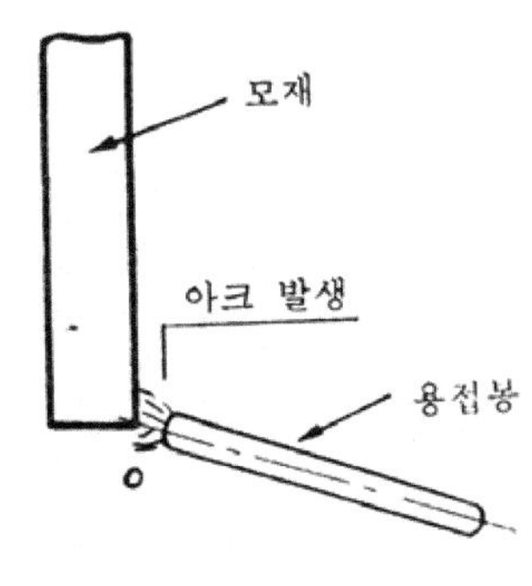

그림 6-35 아크 발생법

2. 자세를 바로 잡는다.

(1) 용접선의 정면에서 앉은 다음 발을 반보정도 벌려주고 상반신은 약간 앞으로 숙인다.

(2) 홀더 선을 직접 손으로 지지하지 말고 무릎 위나 어깨에 얹어 놓는다.

(3) 어깨에 힘을 빼고 팔꿈치를 몸에서 뗀다.

(4) 용접 자세는 위의 범위 내에서 편안하고 안정된 자세를 취한다.

(5) 운봉은 팔목으로 하지 말고 팔전체로 붓글씨 쓰는 것과 같은 기분으로 운봉한다.

3. 아크를 발생시킨다.

시작점 10~20mm 전방에서 아크를 발생하여 아크 길이를 4~5mm로 길게 하여 용접 위치에 와서 예열한다. (그림 6-35)

4. 비드를 놓는다.

(1) 용융지 크기가 너무 커지면 휘핑법(whipping)을 사용하여 용착금속을 흘려 처짐을 막는다. (그림 6-36)

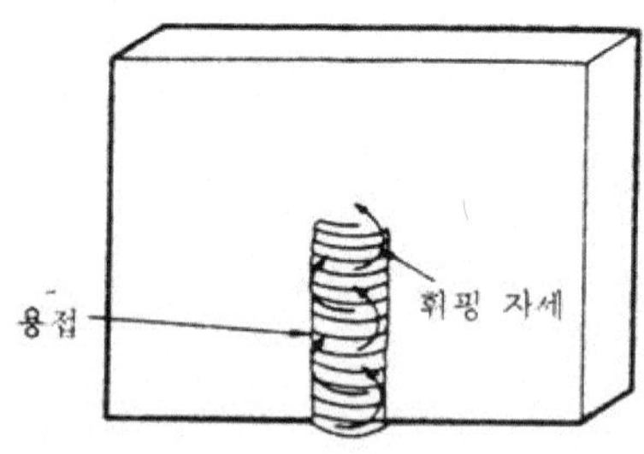

6-36 휘핑법(weaving)

(2) 용접봉과 모재의 각도는 작업각 90°, 진행각 75°~85° 를 유지하며 아래에서 위쪽으로 진행한다. (그림 6-37)

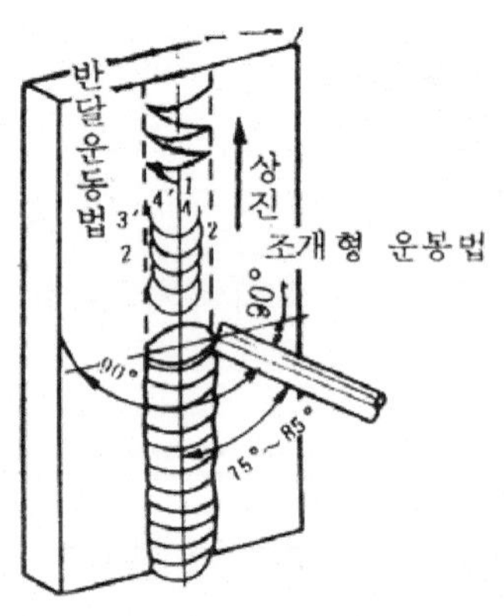

그림 6-37 운봉 각도

(3) 언더 컷, 오버 랩 방지를 위한 운봉 방법은, 중앙은 조금 빨리하고 폭 양끝은 조금 씩 머물러 주며, 손목만으로 운봉하지 말고 팔 전체로 운봉한다.

(4) 아크 길이는 2~3mm 정도로 짧게 한다.

(5) 용접 속도는 용융지의 크기를 일정하게 유지할 수 있게 한다.

5. 아크를 끊는다.

비드가 끝나는 점보다 2~3mm 아래쪽에서 아크 길이를 짧게하여 휘핑하면서 끊는다. (그림 6-37)

6. 비드를 잇는다. (그림 6-38)

(1) 비드를 끊는 부분의 슬랙을 제거하고 깨끗이 청소한다.

(2) 비드가 끝난 부분 10~20mm 앞에서 아크를 발생시켜 아크 길이를 길게 하여 예열하고, 용융되면 아크를 짧게 하여 비드를 잇는다.

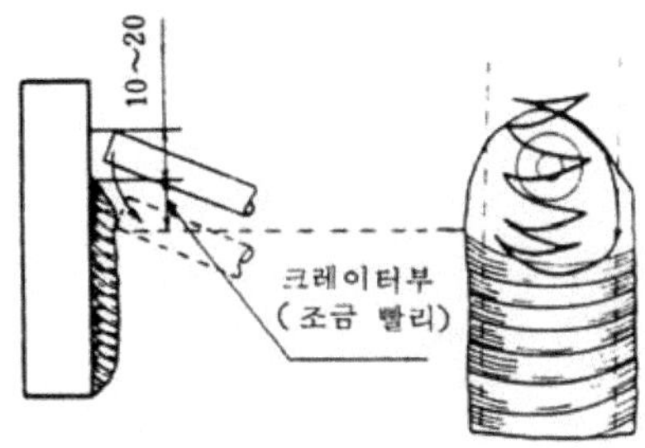

그림 6-38 비드 잇는 법

7. 크레이터를 채운다.

모재의 끝에서 아크 길이를 짧게하여 끊으며 용착 금속을 조금씩 보충하면서 크레이터를 메운다. (그림 6-39)

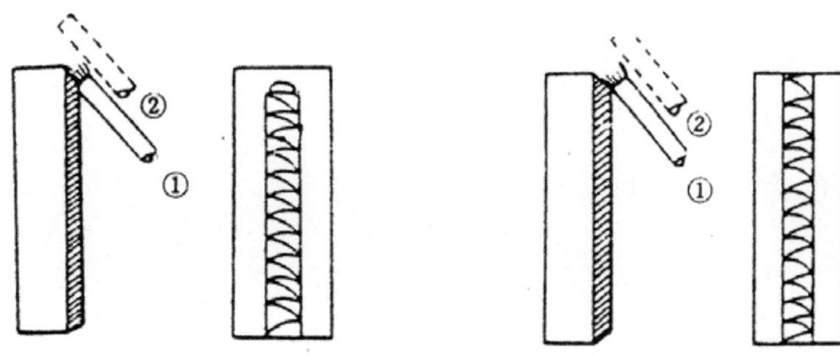

그림 6-39 크레이터 처리

8. 용접부를 청소한다.

용접작업이 완성된 모재는 쇠솔로 털어내고, 정이나 해머를 사용하여 스패터를 떼어 낸다.

9. 검사한다.

(1) 비드의 표면 및 파형의 균일성을 검사한다.

(2) 언더 컷과 오버 랩의 이상 유무를 확인한다. (그림 6-40)

(3) 비드의 시작점과 크레이터를 검사한다.

(4) 비드의 폭과 높이를 검사한다. (그림 6-41)

(5) 이음매 상태를 검사한다.

(6) 청소 상태를 검사한다.

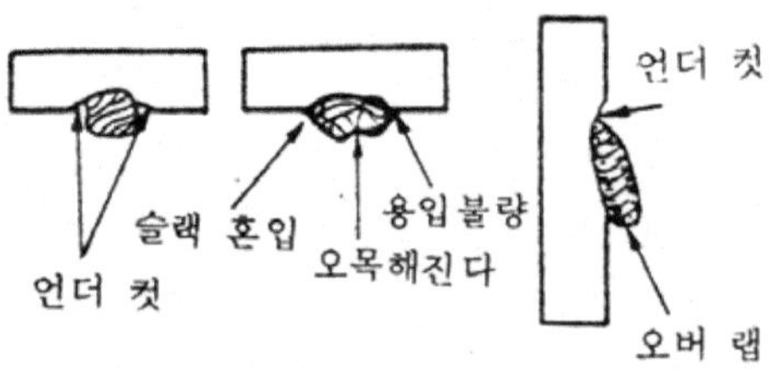

그림 6-40 수직자세의 용접결함

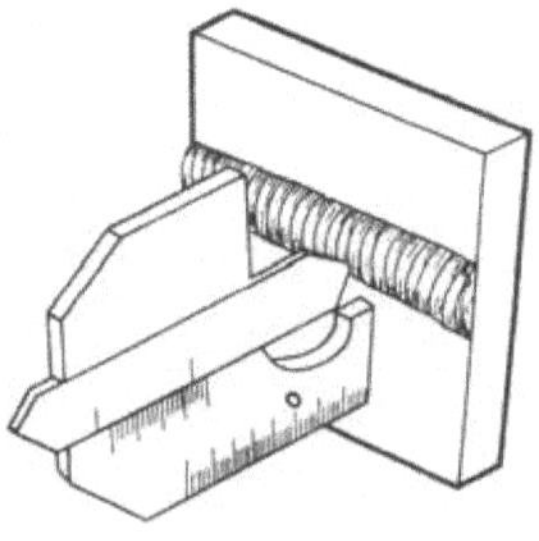

그림 6-41 비드 높이 검사

10. 검사 후 반복실습을 한다.

검사 후 결함 사항에 대하여 숙지하고 계속 실습한다.

11. 전원을 끊는다.

12. 정리 정돈 한다.

【안전 및 유의 사항】

1. 전류가 높으면 용입이 깊고, 쌓임이 적고, 언더 컷이 생기며 비드는 내려 처진다.
2. 홀더의 절연 상태를 확인한다.
3. 작업이 끝나면 반드시 전원 스위치를 끈다.

【평　　가】

평가기준	평가항목		만점	양호	보통	득점	비고
	작품 평가	비드 직선도	10	8	6		
		비드 폭 높이	10	8	6		
		언더컷, 오버랩	10	8	6		
		시작점 및 크레이터	15	12	9		
		비드 이음	15	12	9		
		청소 상태	10	8	6		
	실습 평가	실습 순서	5	4	3		
		작업 안전	5	4	3		
		기계 사용법	5	4	3		
		재료의 경제성	5	4	3		
		실습 시간	10	8	6		
	종합 평가	총　계					

【도 면】

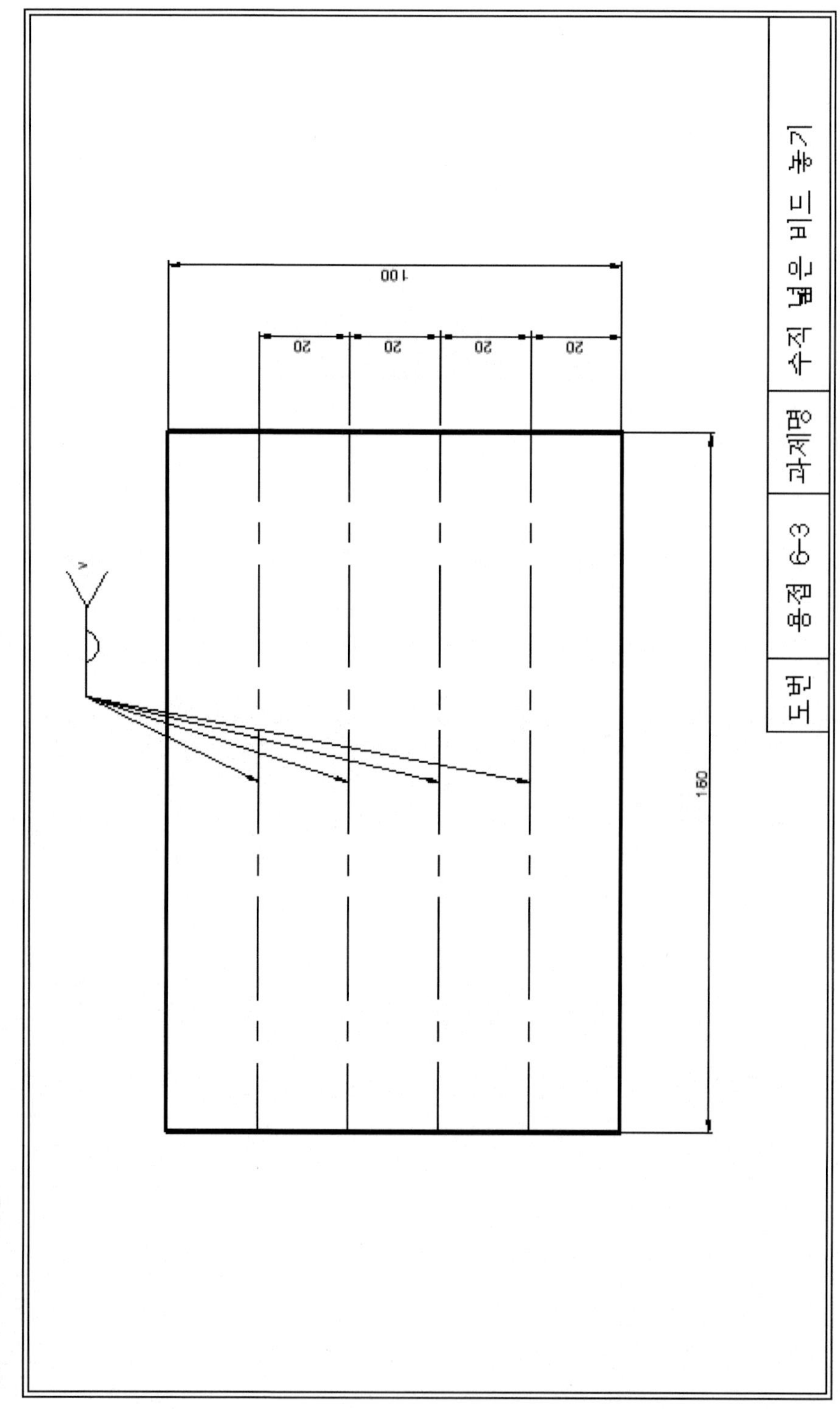

【실습번호 6-5】 수직 V형 맞대기 용접

소요시간 : 3시간

【실습 목적】

1. 표면 비드에 언더 컷, 오버 랩과 이면 비드에 슬랙 혼입이 생기지 않도록 하며 파형이 균일한 비드를 만들 수 있다.
2. 휘핑, 삼각 위빙 운봉법을 사용하여 용융지가 밑으로 처지는 것을 방지할 수 있다.
3. 수직 V형 맞대기 이음의 용융지에 열쇠 구멍을 만들면서 용입과 폭이 균일한 비드를 만들 수 있다.

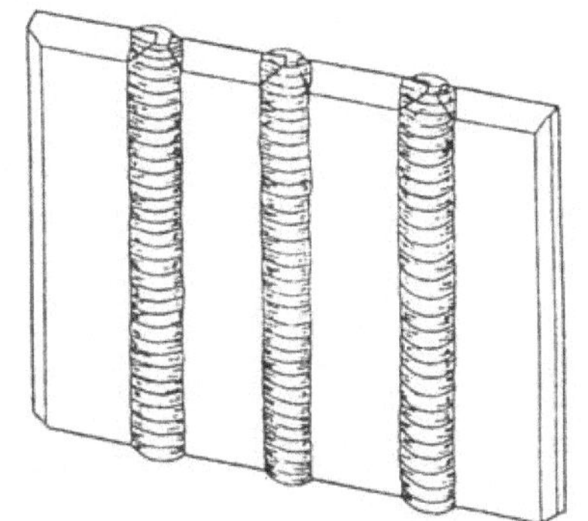

그림 6-42 수직 V형 맞대기 용접

【도 면】

도번 : 용접 6-4 (P.234)

【재 료】

연강판(35×100×9mm), 용접봉(E4301, E4316) ∅3.2, ∅4.0(mm)

【기계 및 공구】

용접기, 용접 보호구 일체, 용접 해머 등

【실습 순서】 ☞ 아크 용접 관련 동영상 자료 참고

1. 용접작업을 준비한다.

(1) 용접기를 준비한다.

(2) 보호구를 착용한다.

(3) 사용공구를 작업대 위에 정리해 놓는다.

(4) 모재 35×100×9mm, 4매를 개선각 30° 그리고 루트면 1~2mm정도를 줄로 가공 한다.

(5) 용접봉 ∅3.2(mm), 전류 80~120A로 놓는다.

2. 가접한다.

(1) 2개의 모재가 하나의 평면이 되게 작업대 위에 놓는다.

(2) 루트 간격은 2~3mm 정도 되게 띄어 놓는다.

(3) 가접은 본 용접에 방해가 되지 않도록 용접면 양 끝에 견고하게 용접한다.

(4) 용접후 변형을 방지하기 위하여 2°~3° 의 역변형을 준다. (그림 6-43)

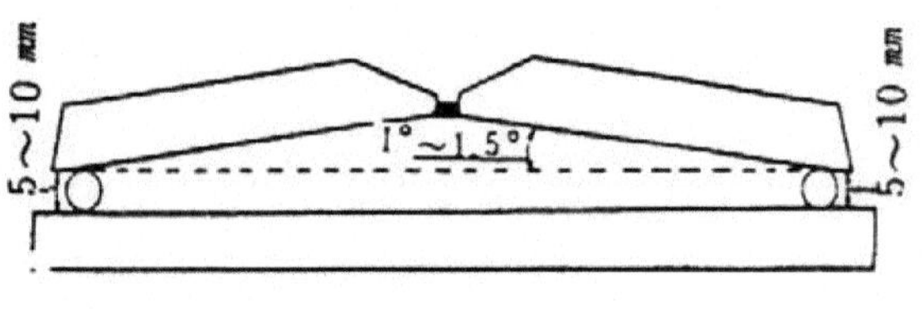

그림 6-43 역변형 주는 법

3. 자세를 바로 잡는다.

(1) 모재를 지그에 수직으로 고정한다.

(2) 용접선의 정면에서 앉은 다음 발은 반보 정도 벌려주고 상반신은 약간 앞으로 숙인다.

(3) 홀더 선을 직접 손으로 지지하지 말고 무릎 위나 어깨에 얹어 놓는다.

(4) 용접자세는 위의 범위 내에서 가장 편안한 자세를 취한다.

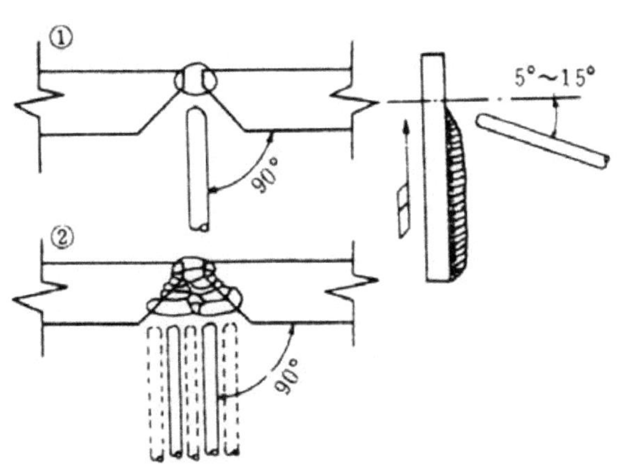

그림 6-44 운봉 각도

4. 아크를 발생시킨다. (그림 6-45)

가접 위치보다 10∼20mm 뒤에서 아크를 발생시켜 아크가 안정되면 본 용접을 한다.

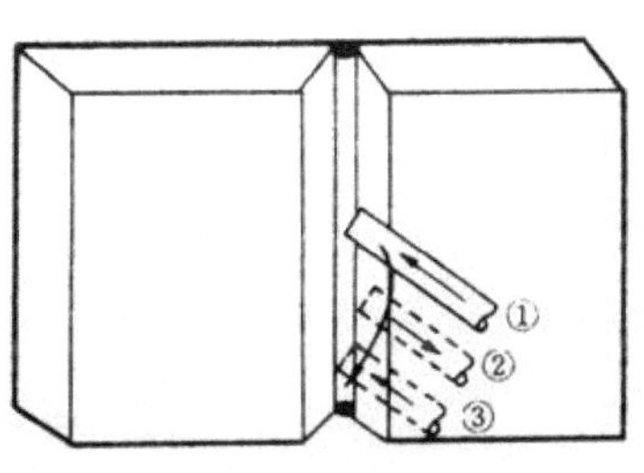

그림 6-45 아크 발생 위치

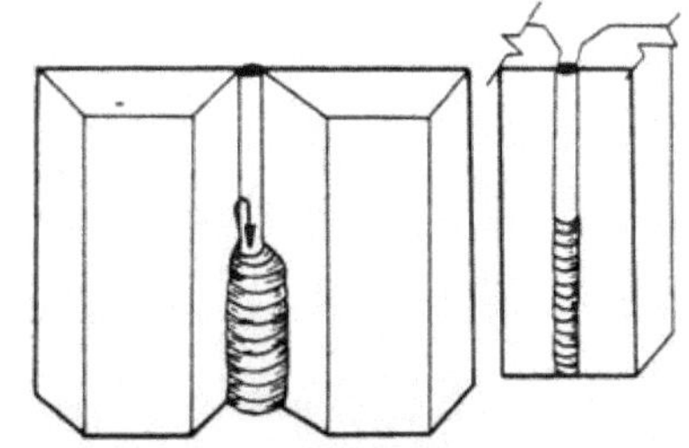

그림 6-46 1층 비드 놓는법

5. 1층 비드를 놓는다. (그림 6-46)

(1) 용접봉 ∅3.2(mm), 전류 80∼110A로 놓는다.

(2) 1층 용접은 아크 길이를 조금 짧게 하고 루트면을 녹여서 루트 간격보다 크고 지름이 3mm 정도의 열쇠 구멍을 만들면서 진행한다.

(3) 열쇠 구멍이 한쪽 모재만 뚫리지 않도록 용접봉의 중심을 루트 홈 중앙에 두며 작업각을 유지한다.

(4) 열쇠 구멍이 너무 커지면 아크를 끊고 전류를 조정 하든지 휘핑법을 쓰면서 진행한다.

6. 아크를 끊는다.

아크를 끊기 직전 열쇠 구멍을 조금 크게 뚫어놓고 아크를 끊는다.(그림 6-47)

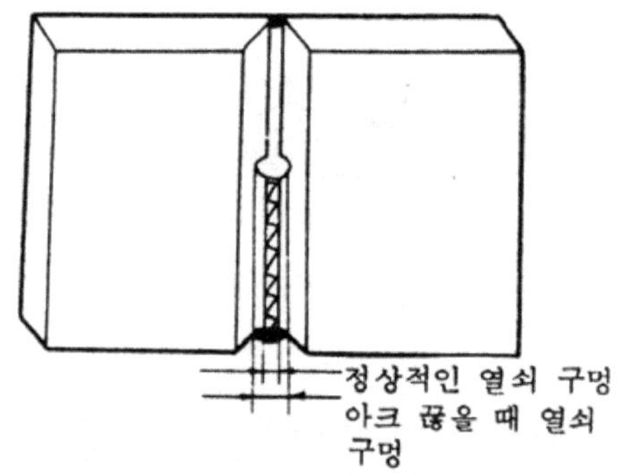

그림 6-47 아크 끊을 때 열쇠 구멍

7. 비드를 잇는다. (그림 6-48)

(1) 이음부 부분의 슬랙을 털어내고 깨끗이 청소한다.

(2) 열쇠구멍이 뚫린 곳 10~20mm 위 지점에서 아크를 발생시켜 아크 길이를 길게 하고, 열쇠 구멍이 뚫린 곳으로 와서 열쇠구멍을 뚫으면서 진행한다.

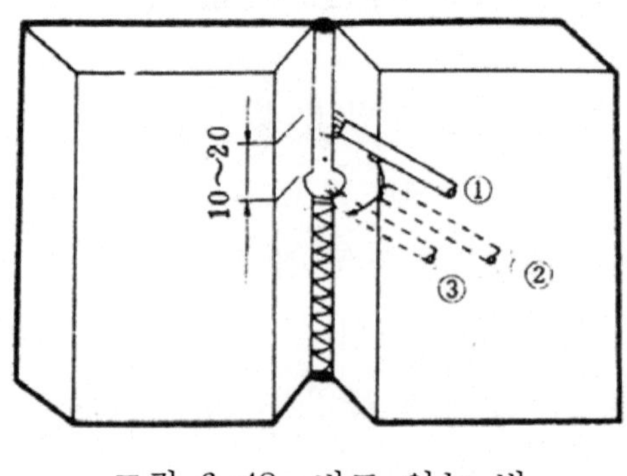

그림 6-48 비드 잇는 법

8. 2층 비드를 놓는다. (그림 6-49)

(1) 1층 용접한 슬랙 및, 스패터를 깨끗이 청소한다.

(2) 용접봉 ∅4.0(mm), 전류 110~150A로 놓는다.

(3) 3층으로 끝낼 경우에는 2층 비드를 모재의 표면보다 1~2mm 아래까지 비드를 채운다.

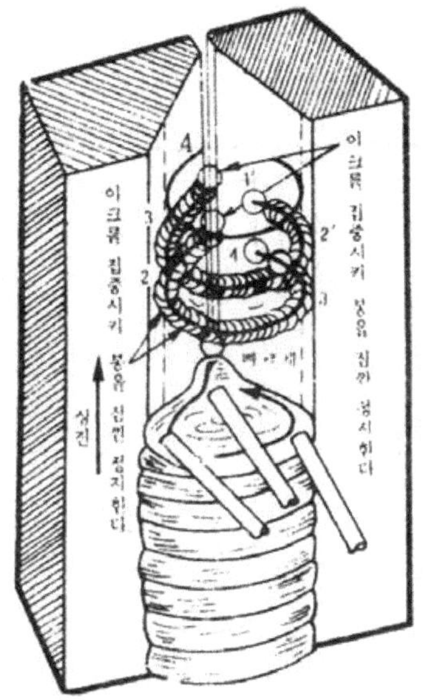

그림 6-49 2층 비드 놓는 법

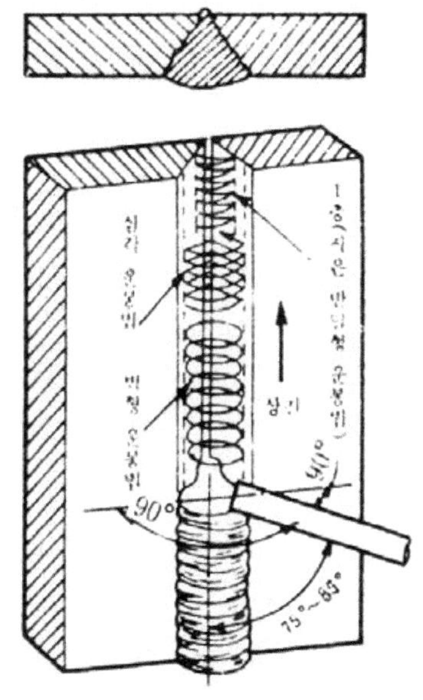

그림 6-50 표면 비드 놓는 법

9. 표면 비드를 놓는다. (그림 6-50)

(1) 2층 용접한 슬랙 및 스패터를 깨끗이 털어낸다.

(2) 용접봉 ∅4.0(mm), 전류는 2층때 보다 5~10A정도 내려준다.

(3) 운봉 폭의 양끝은 머물러 주고 중앙은 빨리 진행한다.

10. 크레이터를 채운다.

11. 용접부를 청소한다.

12. 검사한다.

(1) 비드 폭 높이를 검사한다.

(2) 언더 컷, 오버 랩을 검사한다. (그림 6-51)

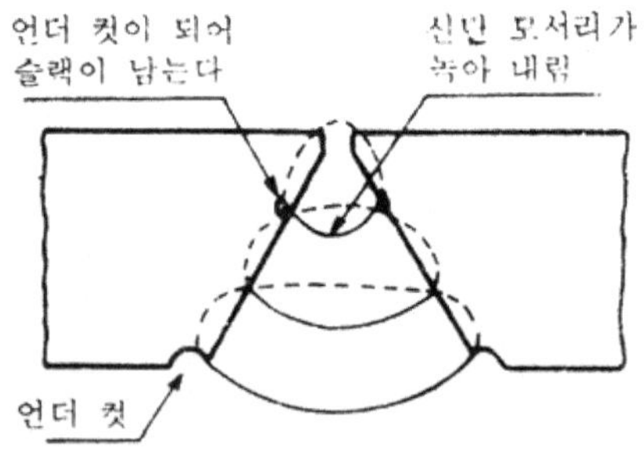

그림 6-51 수직V형 비드의 결함

(3) 굽힘시험(이면, 표면)을 검사한다.

(4) 방사선 투과 검사한다.

13. 검사후 반복 실습한다.

14. 전원을 끊는다.

15. 정리 정돈 한다.

【안전 및 유의 사항】

1. 접촉부의 접촉과 결손이 불완전한 경우에는 케이블이 소손되거나 전력이 낭비되므로 주의를 요한다.
2. 용접부에 불순물이 없도록 깨끗이 청소한다.
3. 슬랙 해머 자국이 나지 않도록 주의하여 슬랙을 털어낸다.

【평　　　가】

	평 가 항 목		만점	양호	보통	득점	비고
평가기준	작품평가	비드의 폭 높이	5	4	3		
		언더컷 , 오버랩	5	4	3		
		시작점 및 크레이터	5	4	3		
		이면 비드 균일도	10	8	6		
		청소 상태	5	4	3		
		표면 굽힘	20	16	12		
		이면 굽힘	20	16	12		
	실습평가	실습 순서	5	4	3		
		작업 안전	5	4	3		
		기계 공구 사용법	5	4	3		
		재료의 경제성	5	4	3		
		실습 시간	10	8	6		
	종합평가	총　계					

【도 면】

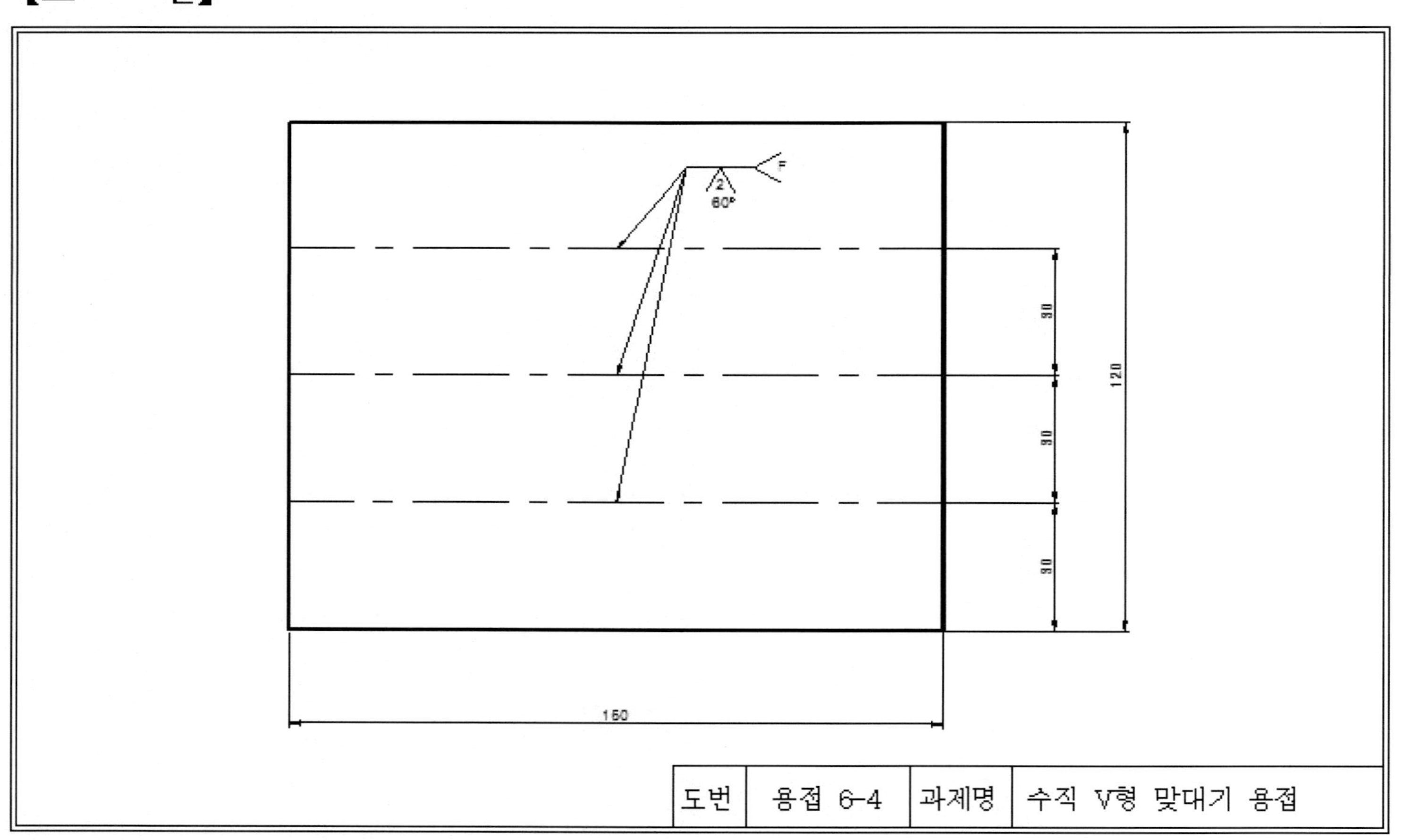

【관계 지식: 수직 V형 맞대기 용접】

6-5-1 수직 운봉법의 종류

(가) 수직 상진 넓은 비드를 만들 때 조개형 운봉법과 반달형 운봉법이 있다. (그림 6-52)

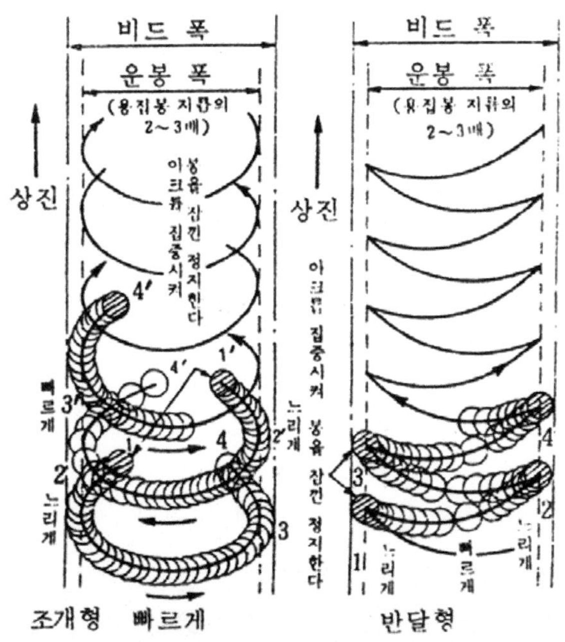

그림 6-52 수직 운봉법의 종류

(나) 아래에서 위로 진행해 가는 것으로 아크를 발생시켜 모재의 일부를 녹이고 용접봉 끝에는 용구가 생긴 순간에 용접봉 끝의 용구를 모재로 이행시킨다.

(다) 용구가 모재로 이행하면, 중력으로 용철은 조금 흘러내리며 모재와 융합이 되어 용융풀이 생긴다.

(라) 상진 용접은 비드 끝이 뾰족하게 흘러내리고 언더 컷이 생기기 쉬우며 전류가 강한 경우나 운봉이 늦은 경우는 이것이 심하게 일어난다.

6-5-2 홈가공 및 가접

(가) 홈 가공에는 기계 가공법과 가스 가공법이 있으며 가스절단으로 홈을 만들 때는 홈면에 요철 부분이 없는 평활한 단면이 되게 하여야 한다.

(나) 가접은 본 용접 못지않게 중요하므로 본 용접보다도 지름이 약간 가는 용접봉을 사용하는 것이 좋다.

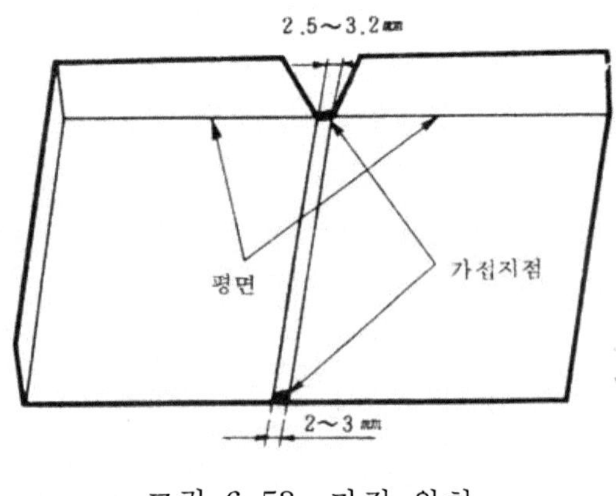

그림 6-53 가접 위치

(다) V홈이 적거나 작업각이 맞지 않으면 열쇠 구멍이 한쪽 모재에만 생기게 된다.

(라) 모재 두께에 따른 홈 형태를 나타낸 것이다.

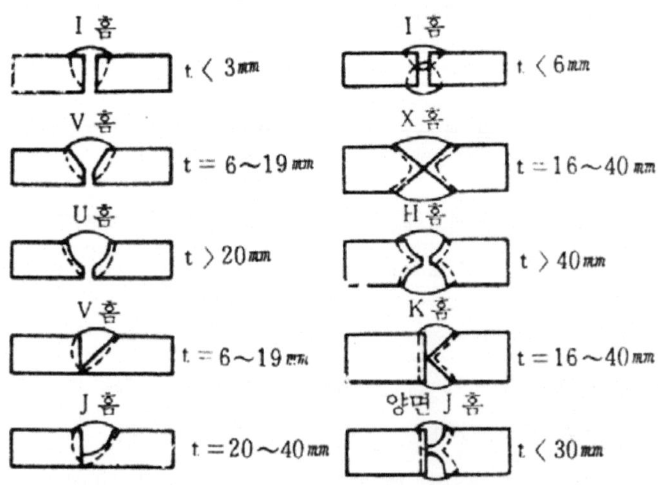

그림 6-54 모재 두께에 따른 홈 가공

제 7 장

제 7장 CNC 실습

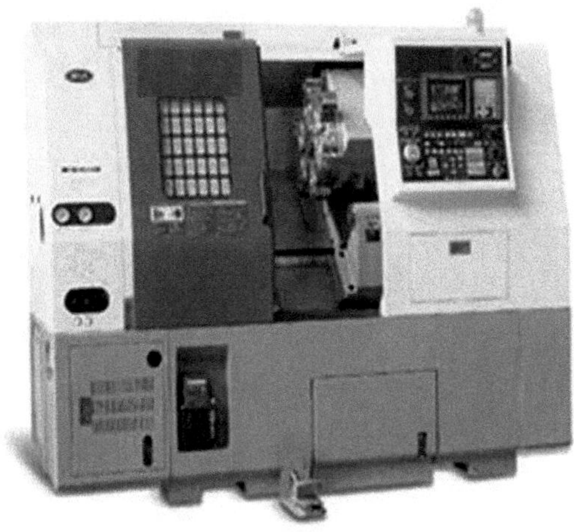

【실습번호 7】 CNC 선반 가공

소요시간 : 9시간

【실습 목적】

CNC의 개요를 이해하고 CNC 선반의 수동프로그램 작성법, 공구보정 요령 및 축 가공을 할 수 있는 기능을 습득한다.

【도 면】

도번 : CNC 7-1 (P.240)

【재 료】

연강봉, 황동봉, 절삭유 등

【기계 및 공구】

CNC 선반, 각종 바이트, 버니어 캘리퍼스 등

【실습 순서】

1. 수동프로그램을 작성한다.
2. CNC 시뮬레이터로 프로그램을 입력하고 모의 가공을 실시한다.
3. DNC 기능을 이용하여 CNC 선반에 프로그램을 전송한다.
4. 전송한 프로그램을 CRT panel에서 호출한 후, 확인한다.
5. 공작물을 척에 고정한다.
6. 공구선택 및 공구보정(tool offset)을 한다.
7. 운전 개시(cycle start)

【안전 및 유의사항】

1. CNC 선반의 유압유, 절삭유등 오일양의 상태를 확인한다.
2. 공구대에 공구를 장착하기 전, 바이트의 상태를 확인한다.
3. 공구 보정(tool offset)시에는 수동운전 모드에서 공구보정을 해야 하며 공구 보정량을 필히 확인한다.
4. CNC 선반의 전면 도어(door)를 닫은 상태에서 가공을 실시한다.

【평 가】

	평 가 항 목	만점	양호	보통	득점	비고
평가기준	1. CNC의 개념을 이해하고 있는가?	20	16	12		
	2. 수동 프로그래밍시 가공조건에 맞는 Code로 작성하였는가?	20	16	12		
	3. CNC 선반의 기능 및 작동법을 숙지하였는가?	20	16	12		
	4. 공구장착시 가공순서에 맞게 장착하였는가?	20	16	12		
	5. 공구보정을 정확히 하였는가?	20	16	12		
	총 계					

【도 면】

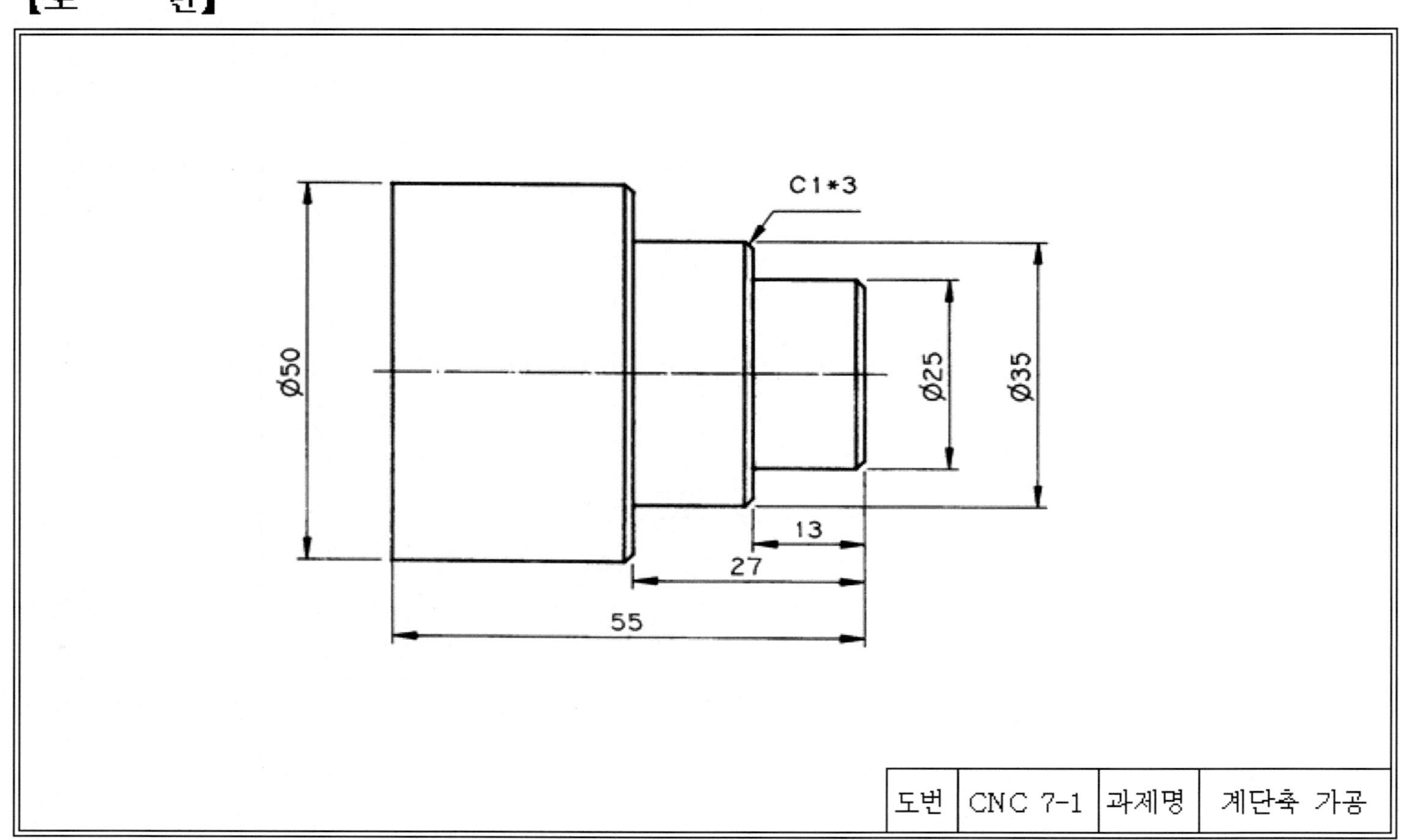

【관계 지식: CNC 선반 가공】

7-1 CNC의 개요

(1) CNC의 의미

CNC란 Computer Numerical Control의 약자로서 컴퓨터 수치 제어라고 한다. 국내에서는 KS B 0125-75에서 수치 제어 공작기계의 용어로서, KS B 0126-77에서 수치 제어 공작기계의 좌표축과 운동 기호로서 1975년도와 1977년도에 제정되었다.

CNC 공작기계는 공작물에 대한 공구의 움직임을 수치나 부호로 구성된 수치 정보에 의해 자동 제어되는 공작기계를 말한다.

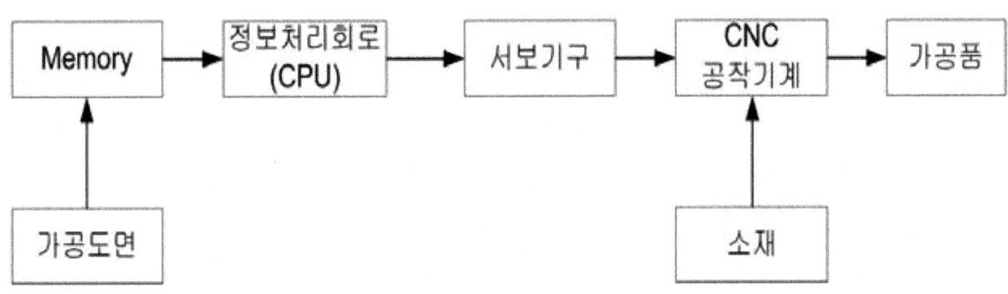

그림 7-1 CNC 공작기계의 정보 흐름

어떤 부품을 수동기계로 가공한다고 가정하면 작업자가 먼저 도면을 검토한 뒤 가공 순서에 따라서 공구를 설치하고 공작기계의 조작장치(스위치, 핸들 등)를 작동시켜 눈금이나 감각으로 절삭하면서 치수를 체크하여 소정의 부품을 가공한다. 그러나 CNC 공작기계는 가공에 필요한 공구 경로 등에 관한 정보를 사전에 수치 정보 형태로서 PC 또는 NC 데이터(data)를 이용하여 이 정보를 수치 제어장치에 입력시켜 기계를 제어하고, 정해진 작업을 자동으로 수행하는 방식이다. 이 방식은 작업 정밀도가 높고 컴퓨터 작업에 적합하기 때문에 공작기계를 중심으로 여러 분야에서 신속하게 발전되고 있다.

(2) CNC 공작기계의 역사

CNC를 처음 시도한 것은 1801년 프랑스의 Joseph Jacquard(직조기 설계사)에 의하여 펀치 카드를 이용한 지령문으로서 직물 기계의 무늬 제작을 위하여 만든 자동 Pattern 직조기에서 시작되었다.

공작기계를 제어하기 위하여 좌표 데이터가 수록된 천공 카드법을 고안한 것은 1947년 헬기 날개의 윤곽을 검사하는 게이지를 1949년에 M.I.T대학에서 미공군의 기술 개발 용역으로 연구한 결과 3년 후에는 진공관 식으로 된 최초의 NC 밀링머신을 개발하였다.

그 후 트랜지스터가 개발되어 NC장치의 부피가 적어지면서 선진국에서 연구개발한 결과 1970년대에서는 컴퓨터를 이용한 제조개념 CAM이 도입되어 사용되기 시작했다.

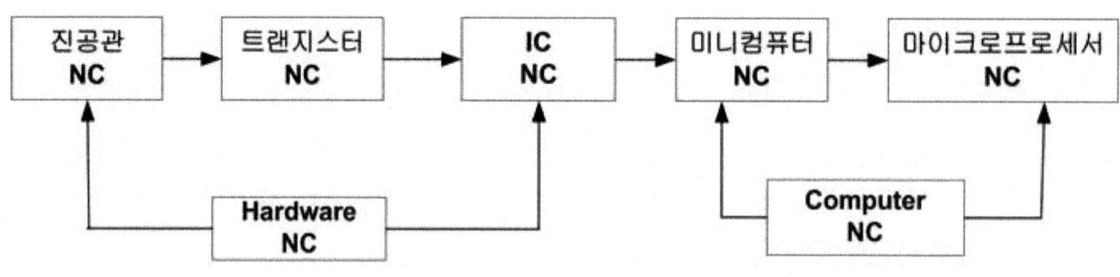

그림 7-2 NC 장치의 발달과정

지금은 그 응용 부분이 확대 발전되어 CNC, DNC, FMS, CIMS로 응용되고 있는 실정이다.

NC의 발달과정을 5단계로 분류하면 다음과 같다.

제1단계 : 공작기계 1대를 NC 1대로 단순 제어하는 단계(NC)

제2단계 : 공작기계 1대를 NC 1대로 제어하는 복합기능 수행단계(CNC)

제3단계 : 여러 대의 공작기계를 컴퓨터 1대로 제어하는 단계(DNC)

제4단계 : 여러 대의 공작기계를 컴퓨터 1대로 제어하며 생산관리 수행단계 (FMS)

제5단계 : 여러 대의 공작기계를 컴퓨터 1대로 제어하며 FMS를 포함한 무인화 단계 (CIMS)

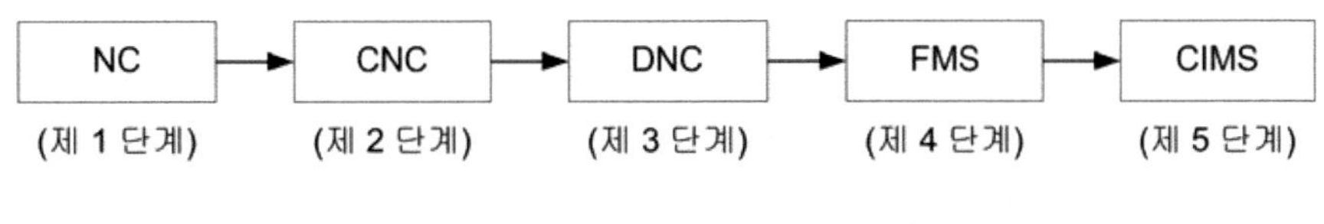

그림 7-3 NC 장치의 발달과정

(3) CNC 공작기계의 특징

CNC 공작기계의 특징은 다음과 같다.

(가) 가공정밀도가 향상되고, 치수 균일화로 품질관리가 용이하다.

(나) 다품종 소량 생산에도 유리하고, 치수변경에 용이하다.

(다) 자동화에 따라 제조원가 및 인건비를 절감할 수 있다.

(라) 표준공구의 사용이 용의하여 공구관리비가 감소된다.

(마) 작업자의 숙련도가 덜 요구되고, 작업자의 피로도 감소된다.

(바) 복잡한 형상과 다공정 부품의 가공에 뛰어난 성능을 발휘한다.

7-2 CNC 프로그래밍의 기초

(1) CNC의 구성

CNC의 구성은 하드웨어(hard ware)와 소프트웨어(soft ware)로 분류된다. 하드웨어는 공작 기계 본체 제어 장치 및 주변 장치 모두를 통칭하며 주변 장치란 서보시스템 검출장치 제어용 컴퓨터, 인터페이스 등이 여기에 해당된다.

소프트웨어는 CNC 공작기계를 운전하기 위해 필요로 하는 전용 소프트웨어 등을 포함시키며, 일반적으로는 프로그래밍 기술, 자동 프로그래밍용 컴퓨터를 말한다. 다시 말해서 소프트웨어는 가공 도면을 가지고 CNC 장치가 이해할 수 있도록 하는 수단으로 바꾸어 놓은 것으로 디스크 또는 단말장치 등을 사용하여 가공 내용을 작성하는데 필요한 과정을 말한다. NC코드를 작성하는 과정에서 NC 파트 프로그래밍(NC part programing)

은 수동 프로그램과 자동 프로그래밍의 두 가지로 나누어진다.

(가) 입력 방법

범용 공작기계는 작업원의 기능만 있으면 기계조작이 가능하지만 CNC 공작기계는 자동적으로 운전되므로 도면의 형상치수, 가공기호, 가공순서 등의 정보를 CNC 공작기계가 알아들을 수 있는 프로그램을 작성하여 이 정보를 CNC 장치에 입력시킨다.

① CNC 공작기계의 컨트롤러에 키보드(key board)를 이용하여 직접 입력시키는 MDI(manual data input)방법.

② PC와 통신장치를 이용하여 CNC 장치에 정보를 전송시키는 방법.

이와 같이 CNC 공작기계가 알아들을 수 있는 언어로 작성되는 일련의 과정을 파트 프로그램이라 하며, 이 작업을 수행하는 전문가를 파트 프로그래머(part programer)라고 한다.

CNC 공작기계의 생산성은 프로그래머 능력에 따라 그 영향이 크게 되므로 프로그래머의 능력과 역할이 매우 중요하게 나타난다.

(나) 부품 도면

제품의 설계도가 생산부서로 오면 CNC 가공을 위하여 약간의 수정을 가한 부품도로 된 도면을 말한다.

(다) 가공 계획

부품 도면을 바탕으로 하여 치공구의 선정, 절삭조건의 결정 등 가공 계획을 세운다.

① CNC에서 가공할 범위와 사용할 CNC 공작기계의 선정

② 공작물의 설치 방법 및 치공구의 선정

③ 가공공정 결정

④ 절삭공구의 선정 및 공구 배치

⑤ 절삭조건 결정(절삭속도, 이송, 절삭깊이, 절삭유 등)

(라) CNC 파트 프로그래밍

CNC 공작기계를 이용한 절삭가공을 하기 위해서는 부품도면의 정보를 CNC 장치가 알 수 있는 NC 정보인 NC코드로 변환하여야 한다. 이러한 일련의 과정을 파트 프로그래밍이라 하며, 이에는 수동 프로그래밍과 자동 프로그래밍의 두 가지 방법이 사용된다.

① 수동 프로그래밍(manual programming)

공구선정과 공구경로, 부품도면에 따른 좌표값, 공정순서와 절삭조건 등을 정확하게 계산하여 사람이 손으로 직접 프로그래밍 하는 방법으로써 작업이 단순한 가공이나, CNC 선반이나 머시닝센터의 경우에는 사용이 가능하지만 복잡한 곡면을 처리하는 작업에는 계산이 복잡하여 사용에 불편이 있다. 최근에는 검증용 소프트웨어들이 개발되어 PC 화면에서 사전에 가공가능 여부에 대한 정보를 검증할 수 있다.

② 자동 프로그래밍(auto programming)

공구위치 부품도면의 좌표 등을 컴퓨터가 계산하고, CNC 공작기계가 인식할 수 있는 정보로 변환하는 것을 자동 프로그래밍이라 한다. 전문 소프트웨어를 사용하여 프로그래밍 하는 방법으로 CAM용 소프트웨어의 발달로 인하여 점차로 증가하고 있다. 자동 프로그래밍에는 다음과 같은 장점이 있다.

- CNC 프로그램 작성에 시간과 노력이 줄어든다.
- 프로그램 검증이 용이하고, 프로그램상의 오류를 줄일 수 있다.
- 인간의 능력으로 불가능한 형상에 대한 프로그래밍도 가능하다.

(2) 좌표축과 운동기호

CNC 공작기계의 좌표축과 운동 기호는 KS B 0126으로 제정되었으며, 외국 규격으로는 ISO, EIA, JIS 등이 있다. 이 규격은 제작 회사에 따라서 나타나는 혼란을 예방하기 위함이다.

또 이것은 공구가 공작물에 접근하는지, 공작물이 공구에 접근하는지를 모른다 하더라도 프로그래머는 공작물에 대한 공구의 운동을 고려하여 프로그래밍이 가능하도록 한 것이다.

(가) 오른손 직교 좌표계

공작기계는 공구와 공작물이 상대운동을 하기도한다. 그러나 축방향을 결정하는 데는 공작물이 고정되어 있고 공구가 움직이는 것으로 한다.

따라서 오른손 직교 좌표계를 표준 좌표계로 하고 있다 또 회전축에 대해서도 X축의 주위를 선회하는 것이 A, Y축 주위를 선회하는 것이 B, Z축의 주위를 선회하는 것이 C로 규정되어 있다.

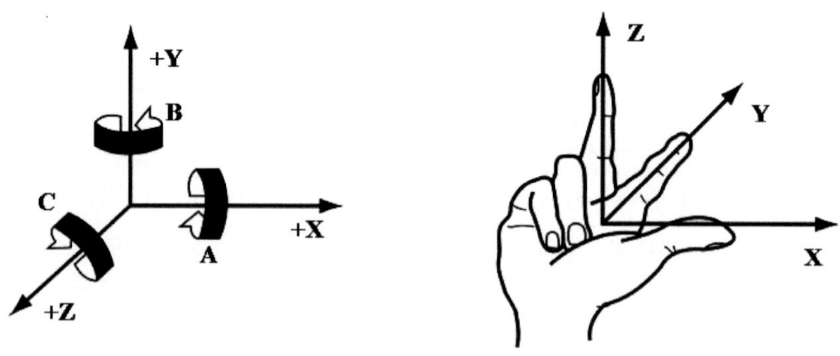

그림 7-4 오른손 직교 좌표계

(나) 공작기계의 좌표축

공작기계의 좌표축 기호는 X, Y, Z를 사용하고, 좌표축에 평행한 중요한 직선 운동 호는 각각 U와 P, V와 Q및 W와 R을 사용한다.

좌표축 주위의 회전 운동 또는 선회 운동 기호는 A, B및 C를 사용한다.

좌표축 기호를 사용할 때는 먼저 X, Y, Z, A, B, C를 결정하고 이것을 보충하는 형으로서 U, V, W가 사용된다. 이것을 정리하면 표7-1과 같다.

표 7-1 공작기계에 사용되는 축

구분 / 기준축	1차 보조축	2차 보조축	선회축	결 정 방 법
X축	U	P	A	가공의 기준이 되는 축
Z축	W	R	C	절삭동력이 전달되는 축
(Y축)	V	Q	B	X축과 직각을 이루는 각

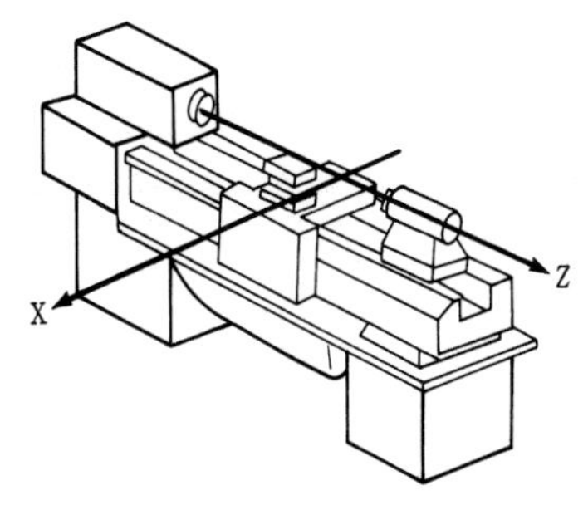

그림 7-5 선반의 좌표축

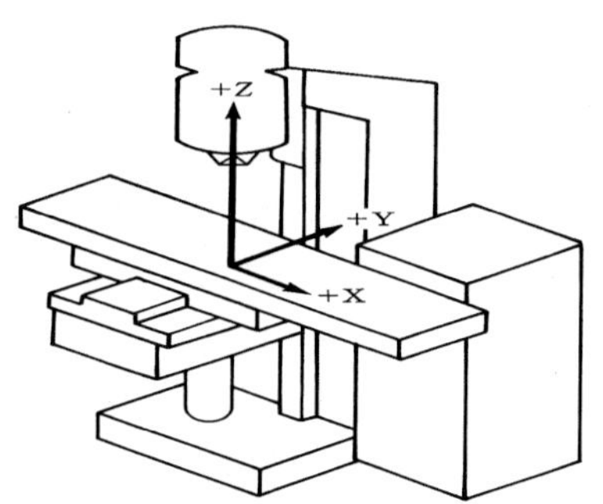

그림 7-6 머시닝센터의 좌표축

7-3 CNC 프로그램의 구성

(1) 프로그램 순서

CNC 공작기계는 CNC 컨트롤러에 입력된 프로그램의 지시에 따라 움직인다. 부품을 CNC 공작기계에서 가공할 경우 공구의 경로, 가공 조건을 고려하여 프로그램 한다.

도면의 이해 → 공정분할(사용공구) 및 가공순서 결정 → 절삭조건 선정 → 프로그래밍 → 시뮬레이션 → 공구세팅 → 옵셋 데이터 작성 → PC에서 프로그램 전송 입력 → 옵셋 데이터 작성 및 입력 → 프로그램 검토(dry run) → 프로그램 수정 → 시제품 가공 → 절삭조건 수정 → 연속 가공

표 7-2 주소의 의미와 지령범위

기 능	주 소			의 미	지령 범위
프로그램 번호	EIA형 O ISO형 :			Program Number	1~9999
전개 번호	N			Sequence Number	1~9999
준비 기능	G			이동 형태(직선, 원호 보간 등)	0~99
좌표치	X	Y	Z	절대 방식의 이동 위치	±0.001~±99999.999
	U	V	W	증분 방식의 이동 위치	
	A	B	C	회전축의 이동 위치	
	I	J	K	원호 중심의 위치	
	R			원호 반경, 모서리R 등	
이송 기능	F			회전당 이송 속도	0.01~500.000mm/rev
				분당 이송 속도	1~1500mm/min
				나사의 리드	0.001~500mm
	E			나사의 리드	0.0001~500.0000
주축 기능	S			주축 속도	0~9999
공구 기능	T			공구 번호 및 공구 보정 번호	0~9932
보조 기능	M			기계 작동 부위의 ON/OFF 지령	0~99
휴지	P. U. X			휴지 시간(Dwell)	0~99999.99sec
공구 보정 번호	H. D			공구 반경 보정 및 공구 보정 번호 지령	0~64
프로그램 번호 지정	P			보조 프로그램 번호의 지정	1~9999
전개 번호 지정	P, Q			복합 반복 주기의 호출, 종료 전개 번호	1~9999
반복 횟수	L			보조 프로그램의 반복 횟수	1~9999
매개 변수	A. D. I. K			가공 주기에서의 파라미터	

(2) 프로그램의 구성

프로그램은 주프로그램과 보조프로그램으로 나누어진다. CNC는 주프로그램의 지시에 따라 움직이지만 주프로그램중 “보조 프로그램의 지시에 따를 것” 이라는 지령이 있으면 CNC는 보조프로그램의 지시에 따른다. 또 보조프로그램 지시 중 “주프로그램으로 돌아갈 것” 이라는 지령이 있으면 CNC는 주프로그램의 지시를 따른다.

(가) 어드레스(address:주소)

어드레스는 영문자(A-Z)중 1개로 표시되며, 표 7-2와 같다.

(나) 단어(word)

블록을 구성하는 요소로서 워드가 있다. 워드는 어드레스와 데이터(data)로 구성된다.

(다) 블록(block)

지령절이라고 하며, 프로그램은 몇 개의 지령절로 구성되어 있는데 그 각각의 지령절 단위를 블록이라고 한다. 이때 하나의 블록은 EOB(end of block)로서 구분된다. CNC 장치는 EOB까지를 읽고 그 블록의 명령을 동시에 수행시킨다. 하나의 블록을 보면 다음과 같다.

N___G___X___Z___S___M___T___F___;

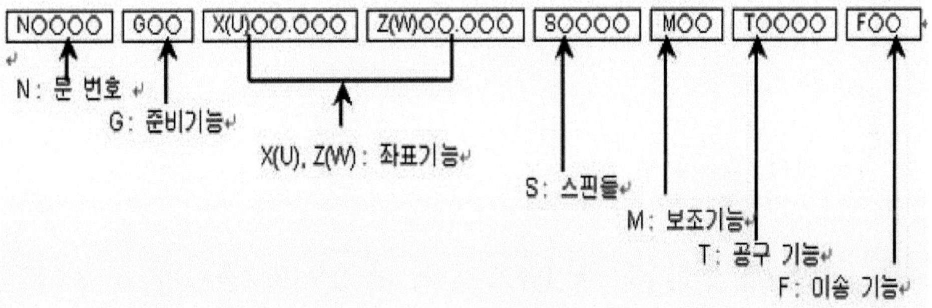

(3) 입력방식

(가) 입력단위

① O, N, S, T는 4자리까지, G, M은 2자리까지 입력이 가능하다.

② X, Z, U, W, R, I, K, F, E는 ±를 표기하며,+는 생략된다. 또한 소수점 3자리까지 쓸 수 있다.(다만 F는 소수점이하 2자리까지이다.)

③ CNC 장치에는 소수점을 입력시킬 수 있는데 거리, 시간 및 속도의

단위를 갖는 것에 사용되며 소수점을 입력시키는 주소는 좌표치 의미인 X, Z, W, R, I, K, F, E, A, C 이다. 그러나 소수점을 생략하면 CNC 장치는 0.001을 곱한 값을 수치로 처리한다.

(나) 프로그램 번호

CNC 장치에 프로그램을 등록하거나 CNC 장치 내에 등록되어 있는 프로그램의 호출시에 식별이 가능하도록 프로그램 첫 머리에 프로그램 번호를 지령한다. 프로그램 번호는 주소 "O"에 이어지는 4자리 이내의 수치로서 지령한다. 또한 프로그램 번호는, 주프로그램 번호에 이어서 프로그램명을 쓸 수가 있고 프로그램 번호로 시작하고 프로그램 끝(M30 또는 M02)으로 종료시킨다.

(다) 문장번호

문장의 구분이나 식별을 위하여 문장의 첫머리에 문장번호를 지령한다. 문장번호는 주소 "N"에 이어지는 4자리 수치로 지령하며, 1문장씩 순번으로 지령할 수도 있으며, 특정 문장만 지령하는 것도 가능하다.

(4) 좌표계와 프로그램 원점

(가) 제어축

기본 제어축은 2축, 즉 제 1축은 X축, 제 2축은 Z축이며 제 3축(C축) 제 4축(Y축)이 있다. 제 3축 제어는 X, Z, C축인데 X-Z(직선 및 원호 보간), X-C(직선 보간만), Z-C(직선 보간만)로 3기능을 추가할 수 있고 제 4축 제어는 X, Z, C, Y의 4축이며, X-Z축은 직선 및 원호 보간이 가능하고, 그 외의 2축 제어는 직선 보간만 가능하다.

(나) 좌표계

좌표축은 주축 방향을 Z축으로 잡고, 지름 방향을 X축으로 잡는다. 이 경우 원점을 중심으로 공구의 개념이 위쪽에 있는 것을 오른손 좌표계(표준 좌표계)이다. 아래쪽에 있는 것을 왼손 좌표계라고 하며, 대부분이 표준 좌표계를 채택하고 있다.

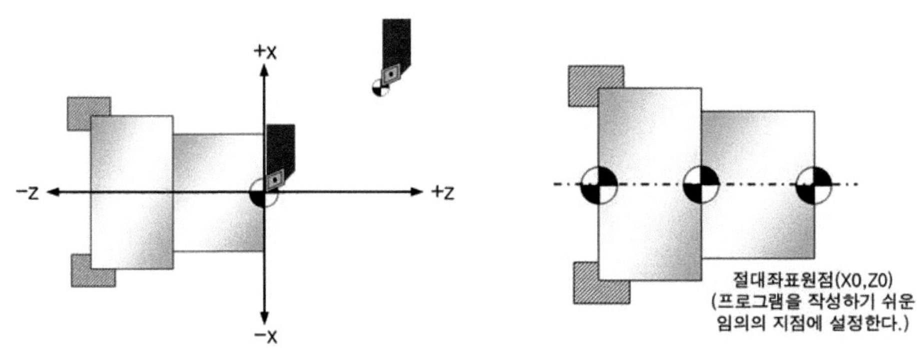

그림 7-7 선반의 좌표계

① 기계 좌표계

원점복귀(수동 및 자동 원점복귀)를 할 때 공구대가 정지한 점을 기계 원점이라 하며, 이 점을 중심으로 정한 좌표계를 기계 좌표계라고 한다. 기계 좌표계는 전원 공급 후, 원점복귀하면 설정된다. 기계에 고정되어 있는 좌표계로서 X0.0, Z0.0으로 설정되며 경계구역 설정 등을 설정하는 기준이 된다.

② 공작물 좌표계

가공프로그램을 편리하게 작성하기 위하여 도면상의 임의의 점(일감의 왼쪽 또는 오른쪽)을 원점으로 하는 좌표계를 설정하고, 이 좌표계에 따라서 프로그램을 작성하는데, 이 좌표계를 공작물 좌표계라고 하며 G50 지령으로 설정한다.

③ 상대 좌표계

임시 좌표를 설정하여 사용할 수 있는 좌표계가 상대 좌표계이다. 간단한 조작으로 공구의 현재 위치를 원점으로 정한 좌표계가 설정되며, 주로 수동운전에 사용한다.

(다) 프로그램 원점

일반적으로 Z축 원점은 주축 중심선 위에서 선정한다.

그러나 X축의 원점은 일감의 왼쪽 끝면이나, 오른쪽 끝면에 정한다. 왼쪽 끝면의 경우는 도면치수와 같은 치수로 지령값을 줄 수가 있어, 가공치수의 프로그램 작성이 쉽다.

오른쪽 끝면의 경우는 절삭시 Z축 방향의 지령값은 모두 (-)지령값이 되므로 비절삭(에어커트) 프로그램 확인이 쉽다.

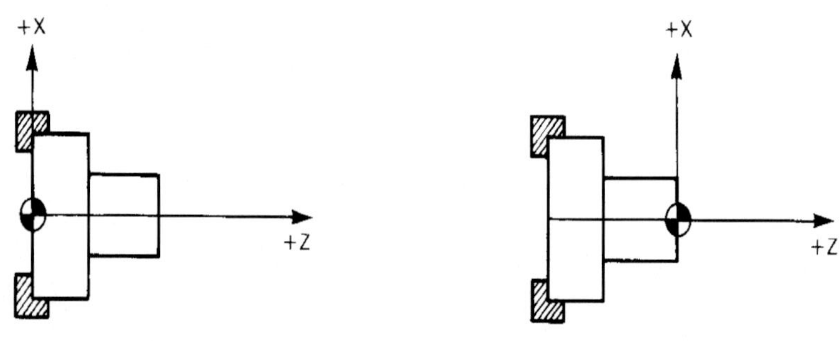

그림 7-8 프로그램 원점

(라) 반지름 지정과 지름 지정

① 반지름 지정 : X축 좌표값을 일감의 반지름 치수로 지정하는 프로그램이며, 공구 이동량의 2배가 일감의 지름치수에 영향을 준다.

② 지름 지정 : CNC 선반 가공은 공작물을 회전시키면서 가공하는 원리이므로 공구 이동량을 지름단위로 지령하면 치수관리가 편리하게 된다. 따라서 대부분 이 방식을 사용한다.

(마) 절대지령과 증분지령

공작물을 척에 물리고 원점의 위치를 지령한 후 작업을 시작할 때 공구 이동지령시 그 방법은 다음의 2가지가 있으며 혼합사용도 가능하다.

① 절대지령 : 공구의 이동량은 프로그램 원점으로부터 계산한 값으로 지령하는 방법이며 지령값은 X, Z 좌표값을 사용한다.

② 증분지령 : 공구의 이동량은 현재 위치로부터 이동끝점까지의 거리를 지령하며 U, W 좌표값을 사용한다.

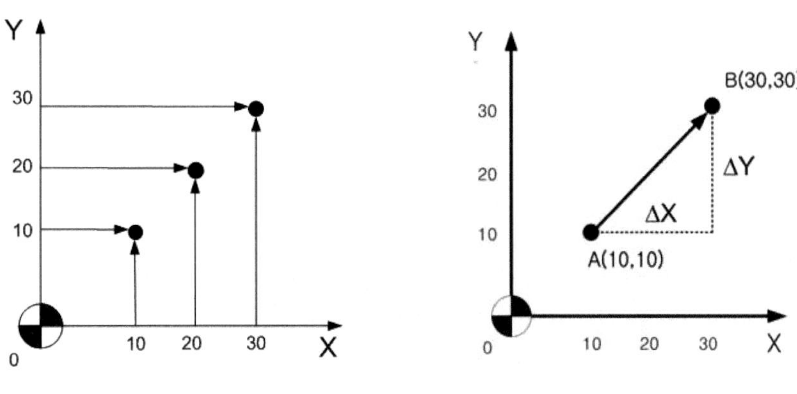

그림 7-9 절대 좌표 방식

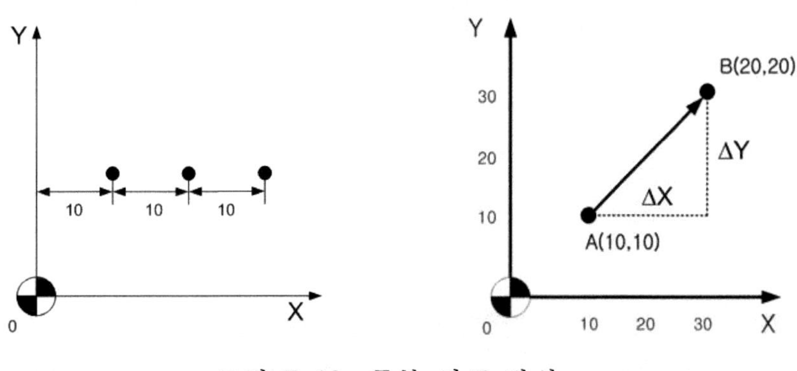

그림 7-10 증분 좌표 방식

7-4 CNC 선반의 구성

CNC 선반은 범용선반(수동선반)에 컨트롤러(controller)를 장착한 공작기계이다. CNC 선반이 범용선반과 다른 것은 CNC 선반은 프로그램에 의해 자동으로 각종 부품을 가공할 수 있다는 점이다.

자동으로 기계를 동작시킬 수 있는 전자장치의 컨트롤러와 기계장치의 기계본체로 구성되어 있다. 전자장치인 컨트롤러는 기계를 작동시킬 수 있는 CNC 시스템 프로그램, PLC 프로그램, 서보모터 등으로 구성되어 있고, 기계 본체로는 범용선반의 구조와 유사하게 구성되어 있고 주축대(head Stock), 척(chuck), 회전 공구대(turret tool post), 심압대(tail stock), 베드(bed), 왕복대, 이송장치, 유압장치 등으로 구성되어 있다.

그림 7-11 CNC 선반

CNC 선반 가공에서는 일반 범용선반의 작업에다 원호가공만이 추가되지만 CNC 선반에서는 회전 공구대를 설치하여 프로그램에 의하여 뒷면가공과 밀링가공 기능 그리고 드릴링기능 및 태핑가공 기능 등이 추가되어 성력화가 가능하게 되었다. 척은 크기나 처킹 방법에 따라 콜릿 척, 유압 척 등이 있지만 현재 유압 척이 가장 많이 사용되고 있다.

공작물은 주축 모터에 의해 주축대의 회전에 의해 회전된다. 주축에는 주축 1회전 검출 신호를 CNC 장치에 보내기 위해 포지션 검출기(position coder)가 부착되어 있다. 이것은 공구대의 이송속도를 제어하는 장치의 하나이다. 즉 이송속도는 밀링과는 달리 회전 당 이송속도(m/rev)로 표시되므로 주축의 회전수를 검출하는 것이다.

공구대를 구동시키는 구동 모터를 서보모터(servo motor)라 하며 세로방향(전후방향: X축) 가로방향(좌우방향: Z축)으로 2대가 부착되어 있다.

CNC 장치에서의 이동지령에 의해 각 서보 모터가 구동되어 볼 스크류를 통하여 정밀이송(단위: 1mm)시켜 공작물을 절삭한다. 그 외에 컨트롤러, 조작반, 로딩장치, ATC 공구대, 심압대(유압 구동방식), 유압 유니트, 절삭 유니트, 윤활 유니트 등이 부착되어 있다.

(1) 주축대(head stock)

CNC 선반에서는 주축의 분할기능과 정위치 정지 기능, 더불어 주축의 동기 기능 등이 있으며, 모터는 AC 스핀들 모터가 채용되고 있다. 주축 회전수가 높게 되면 표면조도, 생산성이 증가하며, 경제성에 도움이 크므로 고속회전은 CNC 성능을 평가하는 하나의 기준이 되어 왔다. 또한 지금은 AC 스핀들 모터를 채용하여 변속 장치가 불필요하게 되었다. 아울러 주축대는 초정밀급 베어링의 채용에 의해 주축대의 흔들림을 극소화시켰으며, 윤활방법도 강제 급유식과 함유 베어링식을 택하고 있다.

(2) 공구대(tool post)

공구대는 절삭공구를 부착하고 공구를 이동시켜 공작물을 절삭하는 부분이며 별도의 AC 모터에 의하여 X, Z 축 방향으로 이동한다. 또한 공구를 설치하면 각 공구마다 절삭유가 나오도록 되어 있다. 공구대 형식을 분류하면 다음과 같다.

(가) 터릿 공구대(turret tool post)

터릿 공구대는 선반의 크기에 상관없이 광범위하게 사용되며, 대부분의 CNC 선반에서는 이 방식을 채용하고 있다. 터릿의 분할(indexing)은 고정밀도를 가진 큐빅 커플링(cubic coupling)에 의해 회전된다.

공구 호출시 에는 임의 선택 방식(random selection)을 취하여 공구 순서는 부착 순서에 관계없이 호출 공구에 대해서 해당 공구는 작업 위치로 오도록 구성되어 있다. 사용 공구 수량은 보통 8각, 12각 공구대로 되어있어 8개 에서 12개까지 설치하도록 되어 있다. 회전 공구대에서는 엔드밀, 태핑, 드릴링 작업이 가능하도록 기능이 부가되어 있어 복합 가공이 가능하도록 되어 있다.

그림 7-12 자동 터릿 공구대

그림 7-13 나열형 공구대

(나) 나열형 공구대(gang type tool post)

나열형 공구대(gang type tool post)는 전후, 좌우 방향으로 이동하면서 작업을 하므로 분할장치가 필요 없으며, 작업 시 공작물과 공구의 간섭이 없도록 해야 하고, 공구대의 이동을 적게 해야 하므로 사용공구는 3-5개 정도이다. 또한 심압대가 없으므로 길이가 짧은 소형 부품 가공에 적합하며 주로 소형 CNC 선반에 많이 사용된다.

(3) 유압 척

CNC 선반에 사용되는 척은 주로 유압을 이용한 연동척을 사용하고 있으나 소형 CNC 자동선반에서는 콜릿 척도 사용하며, 그 외 기종에서는 유압 척을 사용하는 것이 보편화되어 있다. 유압 척에 사용되는 죠오(jaw)는 열처리된 경화 죠오도 사용하지만 대부분은 강력절삭과 정밀도를 높이기 위하여 사용 재료의 지름에 따라 죠오를 기계 가공하여 사용할 수 있도록 소프트 죠오로 되어있다. 또한 죠오의 재료는 경강 또는 특수강을 사용한다. 공작물의 클램핑(clamping)은 수동 작업 또는 프로그램에서 직접 수행하고 재료 자동 공급 장치 등과 조합하여 제어시키면 전자동 운전이 가능하다.

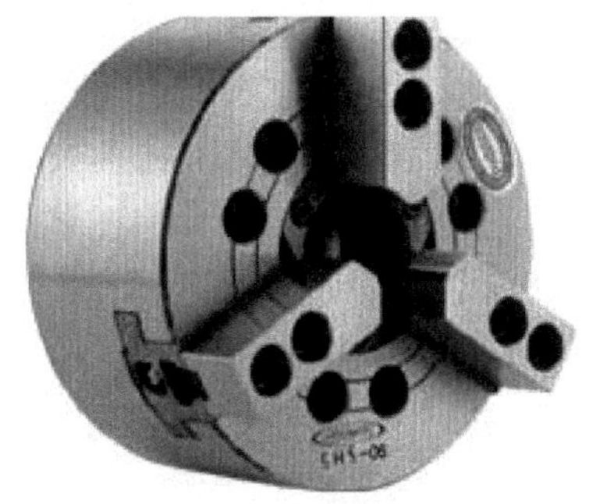

그림 7-14 유압 척

그림 7-15 심압대

(4) 심압대(tail stock)

범용선반과 같이 공작물의 길이가 길거나, 절삭력을 많이 받을 때 공작물의 중심을 지지하는 역할을 한다. 심압대의 작동은 주로 유압식을 사용하며, 보조 기능으로 프로그램으로 지령된다.

7-5 CNC 선반 프로그램

(1) 시작점

공작물을 가공하기 위해서는 프로그램시 사용한 좌표계를 CNC 장치에 입력시켜야 한다. 공구는 시작점(start point)에서부터 이동하기 시작하고 프로그램도 시작점에서부터 시작되므로 공구를 이동시키기 전에 CNC 장치에 시작점에 있는 공구의 위치가 좌표계의 어느 위치에 있는가를 가르

쳐 주어야 한다. 이 위치를 시작점이라 하며, 여기서 공구교환을 한다. 이 것으로 S점에 대한 가공물 좌표계가 설정된다.

일반적으로 G50 Xα Zβ ; 에서 α, β의 기준값은 공구교환시 간섭현상이 없고, 기계가공에 문제가 없으면 된다. 특히 드릴, 보링 가공시는 주의하며, 일반적으로는 공구의 날끝이 공작물로부터 최소 30mm 이상 떨어지도록 한다.

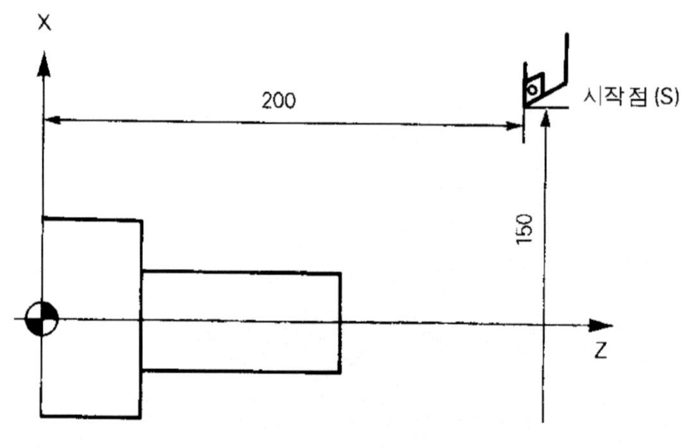

그림 7-16 시작점

(2) 이송 기능

이송 기능은 비절삭시 이송되는 급속 이송(rapid traverse)과 절삭시 사용되는 절삭 이송(feed rate)이 있다.

(가) 급속 이송

급속 이송은 각 축이 독립적으로 결정된 급속 이송속도로 움직인다. 이 급속 이송속도는 기계 제작회사에 따라서 결정되며, 제작화사에서 출하전에 파라미터에 설정되는 것이 일반적이다. 각축이 독립적으로 움직이기 때문에 서로 다른 시간에 각 축의 끝점에 도달한다. 최근에는 분당 30M 이송되는 성능을 갖고 있다.

(나) 절삭이송

공구를 어느 정도의 속도로 이송시킬 것인가를 F 다음의 수치로서 표시한다, 지정 방법에는 분당 이송속도와 회전당 이송속도의 2가지가 있다.

(다) 나사의 리드

나사절삭시 나사의 리드는 F 또는 E 다음에 수치로서 지령한다. 나사를 절삭할 때는 G32, G92, G76으로 지령한다.

① G32 code: L회 나사 절삭만 행한다(1회).

② G92 code: L회 나사 절삭 후 되돌아온다(1 cycle)

③ G76 code: 연속 나사 절삭(중복 cycle)

④ F 지령 범위: 0.01-500.0mm

⑤ E 지령 범위: 0.0001-500.0mm

(라) 자동 가감속

공구의 이동 개시, 정지에는 자동 가감속이 일어나므로 절삭 이송시 모서리 부분 가공시에는 둥글게 되는 일이 발생된다. 이 경우 모서리 부분을 직각으로 가공하고 싶을 때는 지령절 사이에 휴지 기능(dwell)을 지령하면 공구는 프로그래밍대로 이동을 할 수 있다.

(3) 준비 기능

준비기능은 주소 G와 2자리 숫자로 지정하여 공구이동, 주축회전 등을 나타내며, 1회 유효지령(one shot G code)과 연속 유효지령(modal G code)이 있다.

1회 유효지령은 지령된 문장에만 유효하며 표 7-3에서 00 군은 이 지령을 의미한다. 또한 연속 유효지령은 동일 군 내의 다른 G코드가 나타날 때까지 계속 유효하다. 한 블록 내에서는 여러 군의 G코드는 지령할 수 있지만, 동일군 내의 G코드는 마지막 G코드만 유효하다.

표 7-3 선반용 준비기능

(주) * 표시는 전원 투입시 설정되는 기능임.

G code체계	group	기　　　능
* G00	01	위치 결정 (급속이송)
G01		직선 보간 (절삭이송)
G02		원호 보간 (시계방향)
G03		원호 보간 (반시계방향)
G04	00	드웰(휴지)
G09		정위치 정지
G27		원점 복귀 체크
G28		원점 복귀
G29		원점에서 복귀
G30		제 2 원점으로 복귀
G32	01	나사 절삭
* G40	07	날끝 R 보정 해제
G41		날끝 R 보정 좌
G42		날끝 R 보정 우
G50	00	좌표계 설정, 주축최고속도 지정
G70		정삭 사이클
G71		외경 황삭 사이클
G72		단면 황삭 사이클
G73		형상 반복 사이클
G74		Z 방향 팩 드릴링
G90	01	외경,내경 선삭 사이클
G92		나사 절삭 사이클
G94		단면 선삭 사이클
G96	12	주속 일정 제어
* G97		주속 일정 제어 취소
G98	05	분당 이송
* G99		회전당 이송

(가) 위치 결정

G00으로 위치 결정을 지령하며, 비절삭시 공구의 이동에 사용한다. 좌표계에서 현재의 점으로부터 지령점 X, Z(또는 U, W)까지 공구가 각축, 각각의 급속 이동속도로 이동한다.

공구 이동시에는 1개의 직선이 아닌 2직선으로 이동하기 때문에 공구 경로에 장애물이 없는가를 확인한다. G00지령은 연속 유효 지령이므로 연속 불록인 경우는 G00을 생략한다.

G00 X____Z____;

G00 U____W____;

G00 X80.0 Z100.0;

또는 G00 U-60.0 W-90.0;

또는 G00 X80.0 W-90.0;

또는 G00 U-60.0 2100.0;

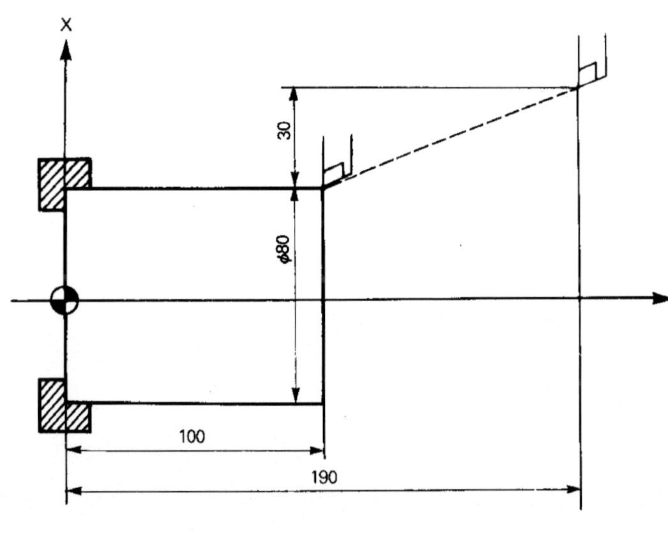

그림 7-17 위치결정

(나) 직선 보간

좌표계의 (X, Z)점 또는 현재의 점(U, W)으로부터 얼마간 떨어진 점까지를 F로서 지령된 이송속도로 공구를 직선으로 이동시키는 것을 직선 보간이라 하며, G01로서 지령한다. 이 지령은 단면가공, 터닝, 테이퍼가공, 드릴링, 보링가공, 홈가공, 절단가공 등 가장 폭 넓게 사용된다.(F는 연속 유효지령이다.)

G01 X____Z____F____;

G01 U____W____F____;

G01 X100.0 Z30.0 F0.15;

또는 G01 U60.0 W-80.0 F0.15;

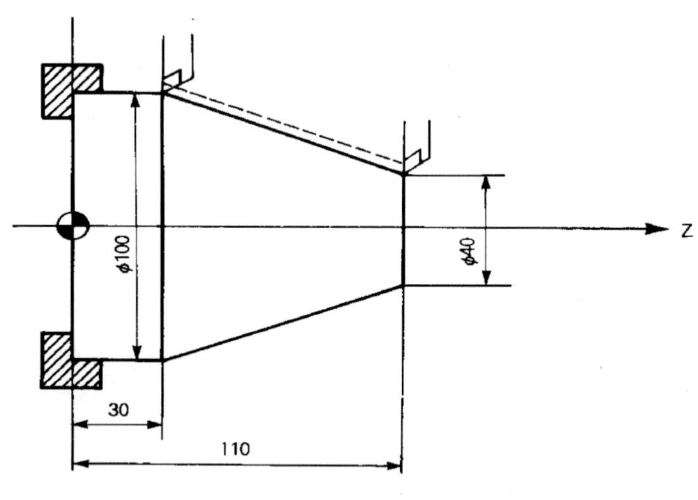

그림 7-18 직선 보간

(다) 자동 모따기와 모서리 R

자동 모따기(automatic chamfering)와 모서리 R(corner R)은 직각으로 만나는 두 개의 면 사이에서 발생하는 모따기, 모서리 R은 G01지령과 X축, Z축 중 1개의 지령절로서 C 및 R을 사용하여 가공할 수 있다.

G01 X____C____F____;

G01 Z____C____F____;

G01 X____R____F____

G01 Z____R____F____;

표 7-4 모따기 및 코너 R

항 목	지 령	공구의 이동
모따기 Z축에서 X축 방향	G01 Z(b) C±I G01 W(b) C±I	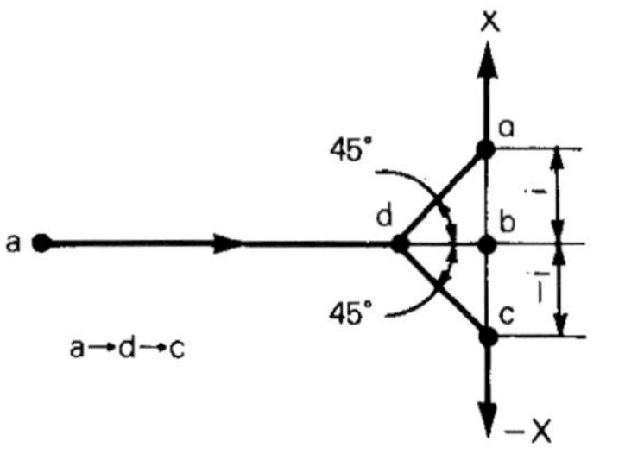 X, a, 45°, d, b, I, -I, 45°, c, a→d→c, -X
모따기 X축에서 Z축 방향	G01 X(b) C±I G01 U(b) C±I	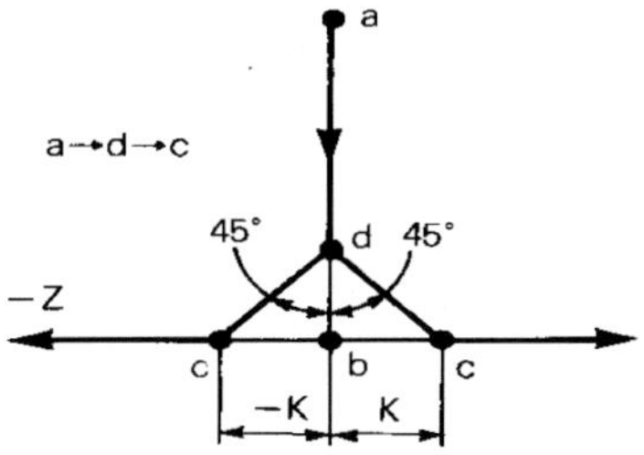 a, a→d→c, 45°, d, 45°, -Z, c, b, c, -K, K
코너 R Z축에서 X축 방향	G01 Z(b) R±I G01 W(b) R±I	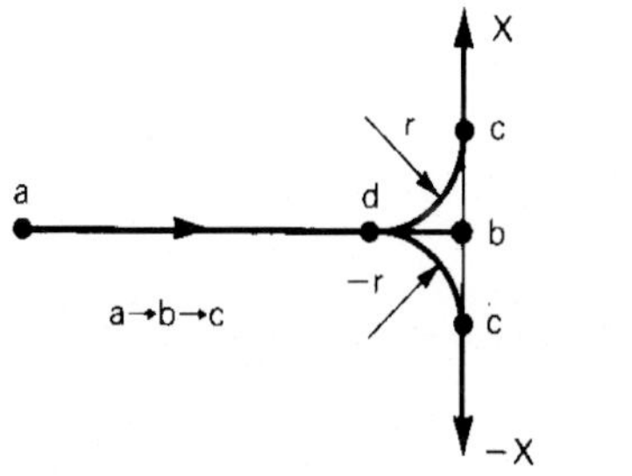 X, r, c, a, d, b, -r, a→b→c, c, -X
코너 R X축에서 Z축 방향	G01 X(b) R±I G01 U(b) R±I	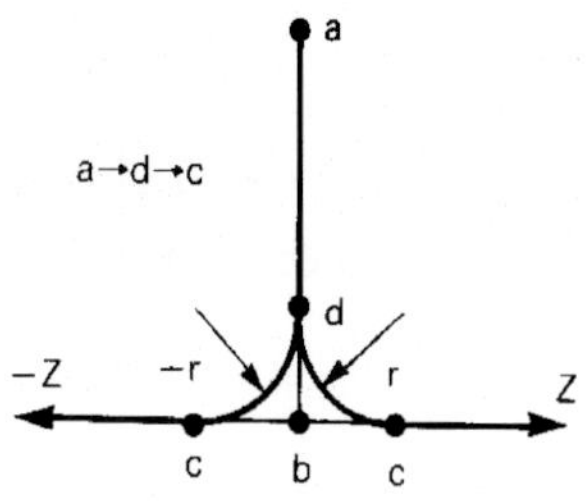 a, a→d→c, d, -Z, -r, r, Z, c, b, c

(라) 원호 보간

원호가공은 동시 2축 제어 가공이며, 다음과 같은 지령에 의해 프로그램이 가능하다.

G02 X____Z____R____F____;

G03 X____Z____R____F____;

G02 U____W____R____F____;

G03 U____W____R____F____;

표 7-5 원호가공 조건

조 건		지정	의 미	
			오른손 좌표계	왼손 좌표계
1	회전방향	G02	시계 방향(CW)	반시계 방향(CCW)
		G03	반시계 방향(CCW)	시계 방향(CW)
2	끝점의 위치	X,Z	좌표계에서 끝점의 위치 X,Z	
	끝점까지 거리	U,W	시작점에서 끝점까지의 거리	
3	원호 반지름	R	원호의 반지름(180°이하의 원호)	

(마) 자동 원점 복귀

① G27 (원점 복귀 점검)

G27 X____Z____; 또는 G27 U____W____;

입력되는 수치값은 좌표계 상의 원점 위치이다. 원점(reference point)은 기계에 고정된 어떤 점으로, 수동 원점 복귀에 의해 그 점으로 갈 수 가 있다. G27원점 복귀 점검은 원점으로 가도록 작성된 프로그램이 정확히 원점으로 복귀 하였는가를 점검(check)하는 기능이다. 이 지령에 의해 공구는 급속 이송으로 지령된 위치에 위치 결정한다. 이때 도달한 위치가 원점이면 원점 복귀 램프가 켜진다. 한 축만 원점 복귀하면 그 축의 램프만 점등한다. 또 G27 지령시에는 반드시 보정량(offset)을 취소해야 한다.

② G28 (자동 원점 복귀)

G28 X____Z____; 또는 G28 U____W____;

입력되는 수치값은 중간 경유점의 좌표값이다.

위 지령에 의해 지령된 축이 자동으로 원점 복귀한다. 이 블록으로 지령된 점을 원점 복귀 중간점이라고 부른다. G28 블록의 동작은 지령된 축이 급속 이송 속도로 중간점을 거쳐 원점으로 복귀한다.

G28 X190.0 Z50.0;

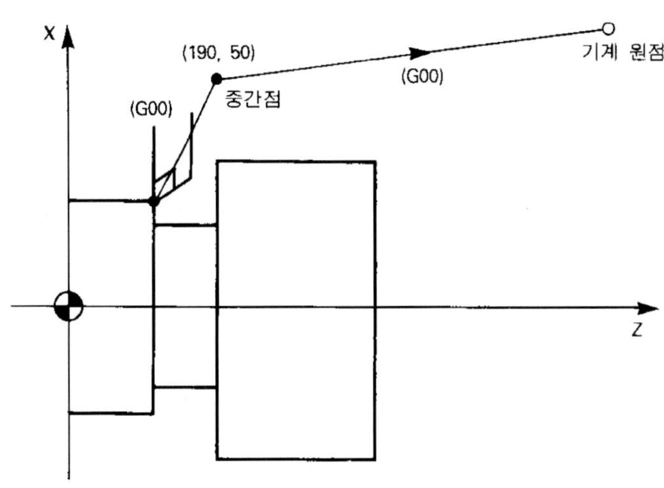

그림 7-19 자동 원점복귀

G28 지령에 의한 중간점 설정은 공구와 공작물간의 간섭을 피하기 위한 것이 일반적 이며, 이 지령 전에 원칙적으로 공구 인선 반경 보정, 공구 위치 보정은 취소하여야 한다.

③ G29 (원점으로부터의 자동 복귀)

G29 X____Z____;

G29 U____W____;

원점에서 자동 복귀점 위치를 위 지령에 의해 지령할 수 가 있다. G28

의 명령을 수행 할 때 기억된 중간점을 거쳐 지령된 위치에 위치 결정시킬 수 있으며, 일반적으로 G28 또는 G30지령 직후에 쓰인다. 또 G29 블록의 동작은 지령된 축이 앞의 블록인 G28 또는 G30에서 지령된 중간점으로 급속 이송으로 위치 결정한 후, 그 중간점에서 지령된 점으로 위치 결정을 한다.

④ G30 (제 2원점 복귀)

G30 X____Z____;

G30 U____W____;

G30의 지령으로 중간점의 수치값을 주면 지령된 축을 자동적으로 제2원점으로 복귀시킬 수 있다. 제 2원점 위치는 미리 기계 원점으로부터 떨어진 거리를 계산하여 파라미터(parameter 735, 736)에 입력시켜 두어야 한다. 이 명령은 자동 공구교환(ATC) 위치가 기계 원점과 다를 때 사용한다. 이 기능은 제2, 제3, 제4 원점 복귀 설정도 할 수 있다.

(바) 나사 가공

나사 가공은 G32, G92, G76의 준비기능을 사용함으로서 가능하며 평형나사(straight thread), 테이퍼나사(taper thread), 태엽형나사(scroll thread) 가공을 할 수 있다.

다음의 지령에 의해 F 코드, E 코드에 수치로서 피치를 지정해 나사를 가공할 수 있다. 끝점의 위치를 좌표계에서 X, Z로 지정하든가, 시작점에서 끝점까지의 거리 U, W로 지정 한다.

G32 X____Z____F____;

G32 U____W____F____;

이 외에 나사 절삭 사이클도 있다. 그 차이는 다음과 같다.

G32: 한 경로에 4개의 지령절이 요구된다.

G92: 한 경로에 1개의 지령절이 요구된다.

표 7-6 나사가공의 절삭 횟수 (SM45C를 초경공구로 가공한 경우)

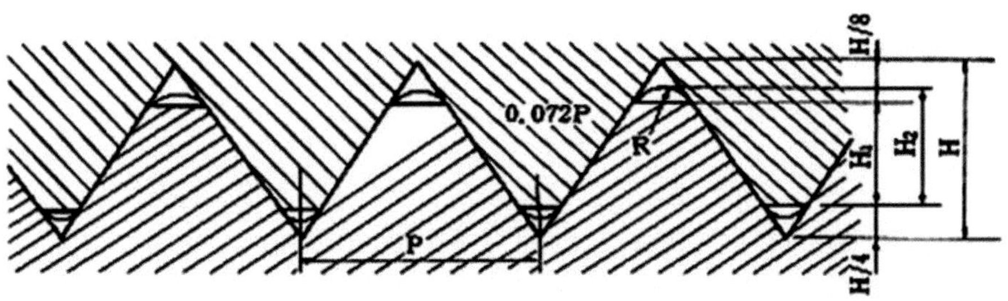

피치	P	1.0	1.25	1.5	1.75	2.0	2.5	3.0	3.5	4.0
절입 깊이	H2	0.6	0.74	0.89	1.05	1.19	1.49	1.79	2.08	2.38
접촉 높이	H1	0.54	0.68	0.81	0.95	1.08	1.35	1.62	1.89	2.17
반경	R	0.0	0.09	0.11	0.13	0.14	0.18	0.22	0.25	0.29
나사 절삭 횟수	1	0.25	0.30	0.30	0.30	0.30	0.30	0.35	0.35	0.35
	2	0.20	0.20	0.20	0.25	0.25	0.28	0.30	0.35	0.35
	3	0.10	0.11	0.14	0.16	0.20	0.24	0.26	0.30	0.30
	4	0.05	0.08	0.12	0.12	0.14	0.20	0.22	0.25	0.26
	5		0.05	0.08	0.10	0.11	0.15	0.18	0.20	0.23
	6			0.05	0.07	0.08	0.11	0.13	0.15	0.20
	7				0.05	0.06	0.09	0.10	0.12	0.17
	8					0.05	0.07	0.08	0.10	0.14
	9						0.05	0.07	0.08	0.10
	10							0.05	0.08	0.10
	11							0.05	0.05	0.08
	12								0.05	0.05
	13									0.05

표 7-6은 나사 가공시, 각 피치에 따른 절삭깊이와 절삭횟수를 나타낸 자료이며 이 값을 참고로 나사가공을 하면 좋다. 가공할 공작물의 재료는 SM45C(기계구조용 탄소강)를 기준으로 한 것이므로 재료의 성질 및 가공 조건에 따라서 가공회수를 적절히 조절함이 바람직하다.

(4) 주축 기능

주소 S에 이어서 4자리 수치로서 절삭속도 일정제어, 주축 회전수 일정 제어 및 최고 제한 회전수를 지정할 수 있다.

(가) 주속 일정 제어

G96 S____로 지정한 수치값은 절삭속도(m/min)를 나타낸다. CNC 장치는 S의 값을 읽고 절삭속도가 S값으로 유지되도록 주축의 회전수를 제어하게 된다. 이때 공구 날끝 위치를 일감의 지름으로 가정한 값으로 계산된다.

V = πDN/1000에서 V=일정(S값) 이므로

△D = C X △N (C:상수)

가 되어 D의 변화가 N의 변화임을 알 수 있다.

(나) 주축회전수 일정 제어

G97 S____로 지정한 수치값은 주축 회전수(rpm)를 나타내며 공구 날끝 위치에 관계없이 수행된다. 이 기능은 나사절삭 및 구멍 뚫기에 사용된다.

(다) 주축 회전수 제한

G50 S____에서 S로 지정한 수치값은 주축 최고 회전수를 제한한다. 기계의 최대 출력 회전수를 일정폭 이하로 제한하여 기계의 안전을 도모한다.

(보기) G50 S1500 : 주축 회전수를 1500rpm 이하로 운전한다.
G96 S80 : 절삭 속도를 80m/min으로 제어한다.
G97 S800 : 주축 회전을 800rpm으로 제어한다.

(5) 보조기능

주소 M에 이어 2자리의 수치값(M00~M99)으로 주어지는 보조기능은 기계의 On/Off 기능, 주축의 회전 동작, 공구 교환, 절삭유 기능, 척 기능, 심압대 기능 등 기계의 보조적 동작을 나타낸다.

표 7-7 보조 기능

지 령	기 능	지 령	기 능
M00	프로그램 일시 정지	M11	심압축 후퇴
M01	선택적 프로그램 정지	M17	터릿 정방향 분할
M02	프로그램 종료	M18	터릿 역방향 분할
M30	프로그램 종료 + 리셋	M19	주축 정위치 정지
M03	주축 정회전	M24	자동문 열림
M04	주축 역회전	M25	자동문 닫힘
M05	주축 정지	M68	유압척 물림(clamp)
M08	절삭유 on	M69	유압척 벌림(unclamp)
M09	절삭유 off	M98	보조 프로그램 호출
M10	심압축 전진	M99	보조 프로그램 종료

(6) 공구 기능

(가) 공구 선택

T 코드(code)에 4자리 숫자로서 공구의 선택을 지령한다. 또 그 수치의 일부는 공구 보정(offset)량을 지정하는 번호로 사용된다.

T △△ ○○

여기서 △△ : 공구에 부여하는 공구번호

○○ : 위치보정을 위한 보정번호

(나) 공구 보정 번호

공구 보정(tool offset) 번호를 부여할 때는 다음과 같이 한다.

① 공구 보정 번호를 지정하면 글 번호에 해당하는 보정량을 고른다는 의미와 보정을 시작한다는 의미가 있다.

② 공구 보정 번호가 00이라는 것은 보정양이 제로(zero)로써 보정은 취소한다는 의미가 있다.

③ 보정양은 그 해당하는 번호에 MDI로, 미리 보정 메모리(memory)에 입력시켜 둔다.

④ 지정된 보정 번호에 해당하는 보정량에는 3가지의 보정량이 있다.

⑤ X, Z의 보정량에 의한 보정을 공구 위치보정이라 하고 R의 보정량에 의한 보정을 인선 R보정이라고 한다. 공구위치 보정은 T 코드로 지정되는 보정 번호가 00이 아닐 때에 유효하며 00일때는 취소된다. 보정양으로 설정할 수 있는 값은 0～±999.999mm이다.

예를 들면,

G50 X100.0 Z100.0 S900 T0200; (2번 공구가 선택됨)

G96 S80 M03;

G00 X0.0 Z3.0 T0202 M08; (2번 공구가 2번 보정량 사용)

G00 X100.0 Z100.0 T0200 M09; (2번 공구의 2번 보정 취소)

(다) T 코드만 지령할 때

어떤 한 개의 블록(block)에 T 코드만 지령되었을 때 이동 지령이 없어도 보정양 만큼 이동을 하는데 그 때의 이동속도는 G00 모드(mode)에서는 급속으로 이동하고 기타 다른 모드에서는 절삭속도로 이동한다.

보정번호가 00인 T 코드가 단독으로 지령되었을 때에도 보정취소를 하는 이동을 한다.

(프로그램 예)

보정 번호	인선 좌표치(X, Z)	공구 번호
1번 공구	B(0.20, 0.12)	01
2번 공구	C(-1.05, -2.11)	02

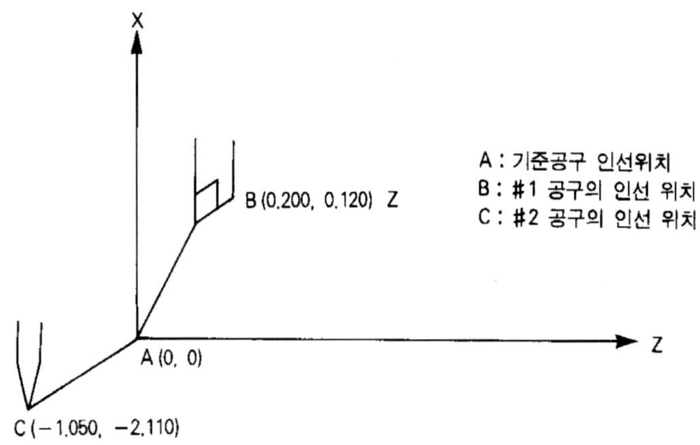

보정 번호	X	Z
01	-0.20	-0.12
02	1.05	2.11

(7) 보조 프로그램

보조 프로그램(sub program)은 프로그램 중에 어떤 고정된 Sequence나 계속 반복되는 패턴(pattern)이 있을 때, 이것을 보조 프로그램 메모리에 미리 입력시켜 두고서 필요할 때마다 호출하여 사용하는 것으로 프로그램을 간단히 할 수 있다.

보조 프로그램은 메모리 운전시 또는 다른 상태에서도 호출할 수 있으며, 호출된 보조 프로그램이 또 다른 보조 프로그램을 호출할 수도 있다. 1회 호출 지령으로 보조 프로그램을 9999회까지 연속적으로 반복하여 호출할 수 있다.

(가) 보조 프로그램의 작성

보조 프로그램은 다음과 같이 작성 된다.

O XXXX;

:

M99 ;

보조 프로그램의 첫머리 O에 이어서 보조 프로그램의 번호를 부여한다.

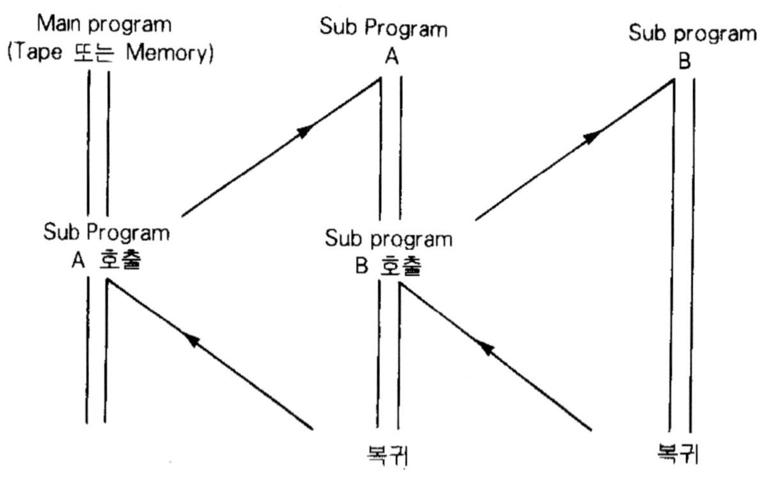

그림 7-20 보조 프로그램의 사용

(나) 보조 프로그램의 실행

보조 프로그램은 주 프로그램 으로부터 호출되어 실행된다. 보조 프로그램의 호출은 다음과 같이 한다.

M99 P xxxxkkkk ;

여기서

x : 반복 회수

k : 보조 프로그램 번호

M99 P23000;은 3000인 보조 프로그램을 2회 연속으로 호출이라는 의미가 된다. 만약 반복 회수를 생략하면 호출 회수는 1회가 된다. 그러나 기종에 따라서는 M99 Pxxxx Leeee ; 로 사용한다.

이 경우는 P는 보조 프로그램 번호, L은 반복회수가 된다.

7-7 프로그램 종합 예제

(1) 다음 도면을 보고 가공 프로그램을 작성하시오.

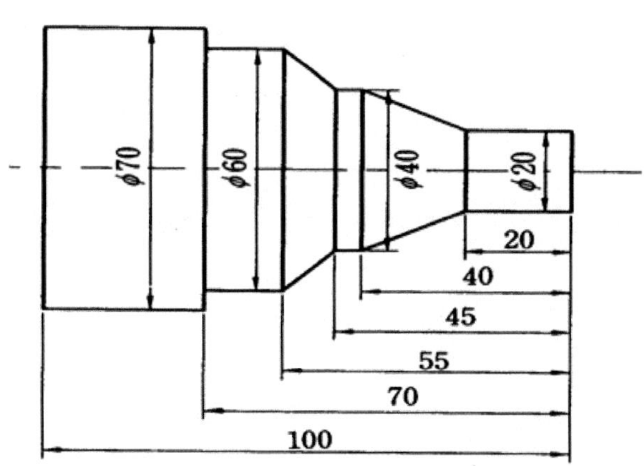

그림 7-21 CNC 선반 가공 공작물 형상(1)

```
O1234 ;
```

◎ 황삭가공

```
N1 G50 X150.0 2100.0 S1500 T0100 ;
N2 G96 S120 M03 ;
N3 G00 X76.0 Z0.5 T0101 M08 ;
N4 G01 X-2.0 F0.15 ;
N5 U1.0 W1.0 ;
N6 G00 X66.0 ;
N7 G01 Z-69.5 F0.2 ;
N8 W1.0 W1.0 ;
N9 G00 Z1.0 ;
N10 X62.0 ;
N11 G01Z-69.5 ;
N12 U1.0 W1.0 ;
N13 G00 Z1.0 ;
```

```
N14 X58.0 ;
N15 G01 Z-52.0 ;
N16 U1.0 W1.0 ;
N17 G00 Z1.0 ;
N18 X54.0 ;
N19 G01 Z-49.0 ;
N20 U1.0 W1.0;
N21 G00 Z1.0;
N22 X50.0;
N23 G01 Z-47.0;
N24 U1.0 W1.0;
N25 G00 Z1.0 ;
N26 X46.0 ;
N27 G01 Z-45.0 ;
N29 G00 Z1.0 ;
N30 X42.0;
N31 G01 Z-43.0 ;
N32 U1.0 W1.0 ;
N33 G00 Z1.0 ;
N34 X38.0 ;
N35 G01 Z-31.0 ;
N36 U1.0 W1.0 ;
N37 G00 Z1.0 ;
N38 X34.0 ;
N39 G01 Z-31.0 ;
N40 U1.0 W1.0 ;
N41 G00 Z1.0 ;
N42 X30.0 ;
N43 G01 Z- 27.0 ;
```

```
N44 U1.0 W1.0 ;
N45 G00 Z1.0 ;
N46 X26.0 ;
N47 G01 Z- 23.0 ;
N48 U1.0 W1.0 ;
N49 G00 Z1.0 ;
N50 X22.0 ;
N51 G01Z-19.0 ;
N52 U1.0 W1.0 ;
N53 G00 X150.0 Z100.0 T0100 M09 ;
N54 M01;
```

◎ 정삭가공

```
N55 G50 X150.0 Z100.0 S2500 T0200 ;
N56 G96 S180 M03 ;
N57 G00 G41 X23.0 Z0.0 T0202 M08 ;
N58 G01 X-2.0 F0.15 ;
N59 U1.0 W1.0 ;
N60 G00 G42 X20.0 ;
N61 G01 Z- 20.0 ;
N62 X40.0 Z-40.0 ;
N63 Z-45.0 ;
N64 X60.0 Z-55.0 ;
N65 Z-70.0 ;
N66 X70.0 C-0.5 ;
N67 U1.0 W1.0 ;
N68 G00 G40 X150.0 Z100.0 T0200 M09 ;
N69 M30 ;
```

(2) 다음 도면을 보고 가공 프로그램을 작성하시오.

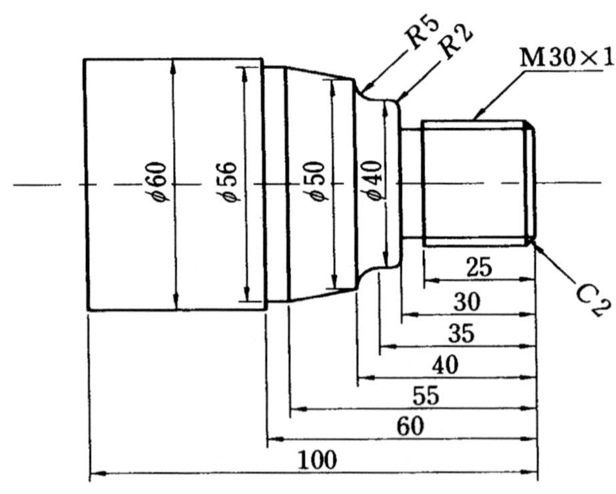

그림 7-22 CNC 선반 가공 공작물 형상(2)

O1234 ;

◎ 외경 황삭 가공

N1 G50 X150.0 2200.0 T0100 ;

N2 G96 S120 M03 ;

N3 G00 X66.0 Z0.5 T0101 M08 ;

N4 G01 X-2.0 F0.2 ;

N5 G00 U1.0 W1.0 ;

N6 X58.0 ;

N7 G90 X57.0 2-59.0 ;

N8 X53.0 Z-42.0 ;

N9 X49.0 Z-38.5 ;

N10 X45.0 Z-37.5 ;

N11 X41.0 Z-31.0 ;

N12 X37.5 Z-38.5 ;

N13 X33.0 Z-29.0 ;

N14 X31.5 Z-29.0 ;

N15 G00 X150.0 Z200.0 T0100 M09 ;
N16 M01;

◎ 홈 가공

N17 G50 X150.0 Z200.0 S1500 T0200 ;
N18 G96 S80 M03 ;
N19 G00 X43.0 Z-30.0 T0202 M08 ;
N20 G01 X26.0 F0.1 ;
N21 G04 X1.0 ;
N22 X33.0 ;
N23 W1.0 ;
N24 X26.0 ;
N25 G04 X1.0 ;
N26 G01 X33.0 ;
N27 G00 X150.0 Z200.0 T0200 M09 ;
N28 M01 ;

◎ 정삭 가공

N30 G50 X200.0 Z200.0 S1500 T0300 ;
N31 G96 S180 M03 ;
N32 G00 G41 X2.0 Z1.0 T0303 M08 ;
N33 G01 Z0.0 F0.1 ;
N34 X-1.5 ;
N35 X30.0 C-2.0 ;
N36 G42 Z-30.0 ;
N37 X40.0 R-2.0 ;
N38 Z-40.0 R5.0 ;
N39 X56.0 W-15.0 ;

```
N40 W-5.0 ;
N41 X62.0 ;
N42 G00 G40 X150.0 Z200.0 T0300 M09 ;
N43 M01;
```

◎ 나사 가공

```
N44 G50 X150.0 2200.0 T0400 ;
N45 G96 S800 M03 ;
N46 G00 X33.0 Z3.0 T0404 M08 ;
N47 G92 X29.5 Z-25.0 F1.0 ;
N48 X29.1 ;
N49 X28.9 ;
N50 X28.8 ;
N51 G00 X150.0 Z200.0 T0400 M09 ;
N52 M30
```

기계가공실습

2014년 4월 25일 초판 1쇄 발행
저　자 / 김 광 래
발행자 / 김 천 수
발행처 / **大 英 社**

주 소 / 서울특별시 성동구 성수동2가 3동 277-17
등 록 / 제9-204호
전 화 / 02-393-0417~8
F A X / 02-313-0104
E-mail / dypub@naver.com

정 가 16,000

ISBN 978-89-7163-346-5　93560

파본 및 낙장본은 교환하여 드립니다.

(인덕대학교 연구비에 의하여 수행되었음)